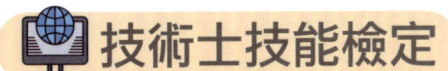

技術士技能檢定

網路架設 2025版
丙級技能檢定學術科
Network Construction

從事資訊工作與專業證照教學數年，看到學生學習的問題，常常思考如何讓學生快速簡單的取得證照，藉由自己親身去考試與練習，盡可能提供我技術上的諮詢與學習問題的處理。因此，本書主要針對證照考試的解題技巧與方法，理論部分較少著墨。書中疏漏之處，請各位先進不吝指教。

感謝在這段整理資料期間幫助過我的好朋友們。謝謝我的技術顧問蕭信中老師，將自己的心血毫無保留交給我，協助解決我遭遇的問題與困難，真不愧是首屈一指的監評老師，感謝您大力的協助。謝謝李成祥(士官長)老師網路架設技術經驗傳授分享。非常謝謝各位好朋友的幫助，讓本書能順利完成。

僅以此書，獻給最摯愛的家人與朋友！

於桃園市中壢區

2025.01

第一章　計算子網路遮罩與 IP 1

第二章　網路線製作與資訊端子 17
- 2-1　RJ-45 接頭 (水晶接頭) 製作 18
- 2-2　資訊插座製作 22
- 2-3　整合式面板製作 23

第三章　術科試題實作說明 25
- 3-1　17200-940301 正規術科解題作法 26
- 3-2　17200-940302 實戰技巧解題作法 61
- 3-3　17200-940303 術科小板解題作法 96
- 3-4　17200-940304 術科小板作法 126

第四章　學科測驗試題 155
- 工作項目 01　識圖與製圖及相關法規 156
- 工作項目 02　作業準備 165
- 工作項目 03　網路架設佈線 174
- 工作項目 04　網路元件及軟體安裝與應用 194
- 90006　職業安全衛生共同科目 225
- 90007　工作倫理與職業道德共同科目 237
- 90008　環境保護共同科目 256
- 90009　節能減碳共同科目 268
- 90011　資訊相關職類共用工作項目 不分級
  - 工作項目一：電腦硬體架構 282
  - 工作項目二：網路概論與應用 287
  - 工作項目三：作業系統 293
  - 工作項目四：資訊運算思維 295
  - 工作項目五：資訊安全 300

附錄 A　考前祕笈及注意事項 307

附錄 B　網路架設丙級技術士技能檢定術科測試應檢參考資料 .. 311

第 1 章
計算子網路遮罩與 IP

這單元對術科考試非常重要，應檢人必須完全了解如何計算子網路遮罩與自己工作崗位的 IP，所以把這單元放在最前面，考生務必了解範例 1~10 題。

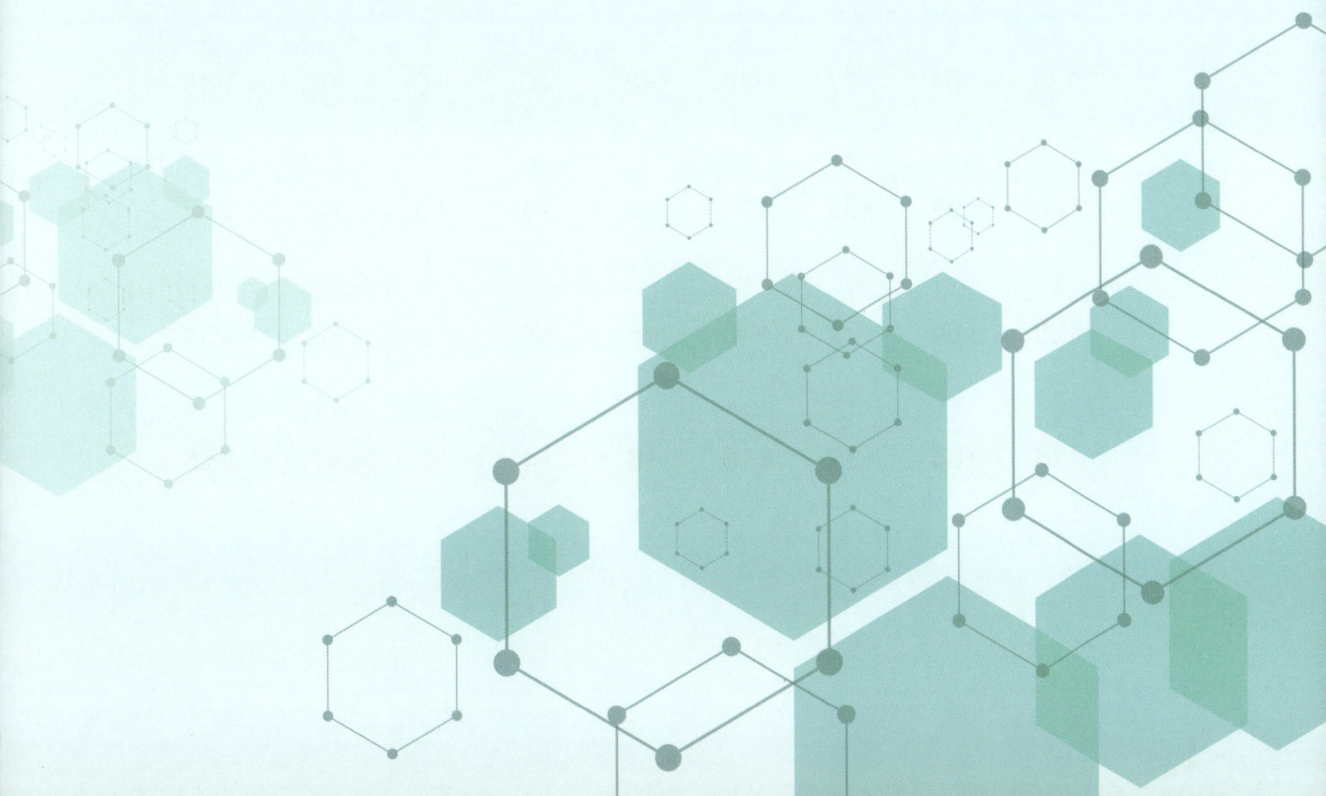

A 二進制轉 10 進制 (8 個位元) 取有 1 的位元相加

2 的次方	2^7	2^6	2^5	2^4	2^3	2^2	2^1	2^0
數值	128	64	32	16	8	4	2	1

二進制轉 10 進制,取有 1 的位元相加。

①

1	0	0	0	0	0	0	0(2)	= 128(10)
128	+0	+0	+0	+0	+0	+0	+0	= 128

②

1	1	0	0	0	0	0	0(2)	= 192(10)
128	+64	+0	+0	+0	+0	+0	+0	= 192

③

1	1	1	0	0	0	0	0(2)	= 224(10)
128	+64	+32	+0	+0	+0	+0	+0	= 224

④

1	1	1	1	0	0	0	0(2)	= 240(10)
128	+64	+32	+16	+0	+0	+0	+0	= 240

⑤

1	1	1	1	1	0	0	0(2)	= 248(10)
128	+64	+32	+16	+8	+0	+0	+0	= 248

⑥

1	1	1	1	1	1	0	0(2)	= 252(10)
128	+64	+32	+16	+8	+4	+0	+0	= 252

⑦

1	1	1	1	1	1	1	0(2)	= 254(10)
128	+64	+32	+16	+8	+4	+2	+0	= 254

⑧

1	1	1	1	1	1	1	1(2)	= 255(10)
128	+64	+32	+16	+8	+4	+2	+1	= 255

計算子網路遮罩與 IP

B 切割子網路遮罩計算

❶ 255.255.255.0 轉換二進制，是有 24 個連續 1，所以用 /24 表示子網路遮罩。

第四段 IP 子網域未被切割【24 − 24 = 0】，$2^0 = 1$ 分割一區段 (0 〜 255)，區段有 256 個 IP 可使用。

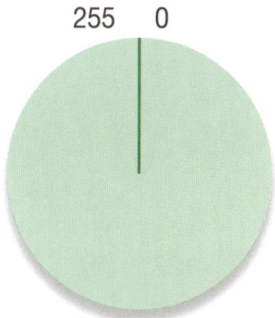

❷ 255.255.255.128 轉換二進制，是有 25 個連續 1，所以用 /25 表示子網路遮罩。

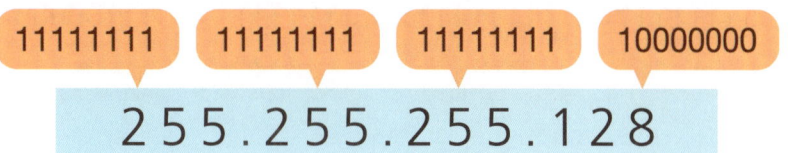

第四段 IP 子網域被切 1 刀【25 − 24 = 1】，$2^1 = 2$ 切割段為兩區，〈0 〜 127〉與〈128 〜 255〉每個區段有 128 個 IP 可使用。

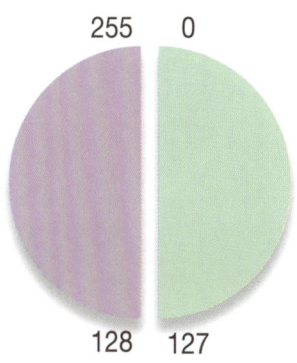

❸ 255.255.255.192 轉換二進制，是有 26 個連續 1，所以用 /26 表示子網路遮罩。

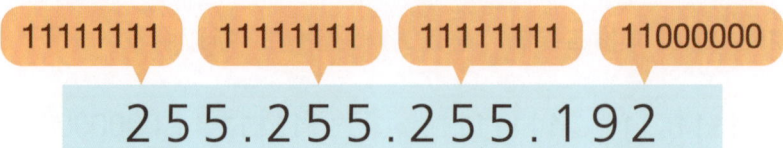

第四段 IP 子網域被切 2 刀【26－24＝2】，$2^2＝4$ 切割段為四區，〈0～63〉〈64～127〉〈128～191〉〈192～255〉每個區段有 64 個 IP 可使用。

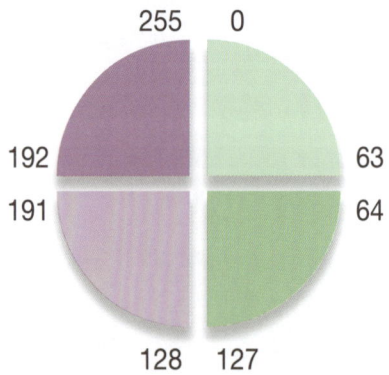

❹ 255.255.255.224 轉換二進制，是有 27 個連續 1，所以用 /27 表示子網路遮罩。

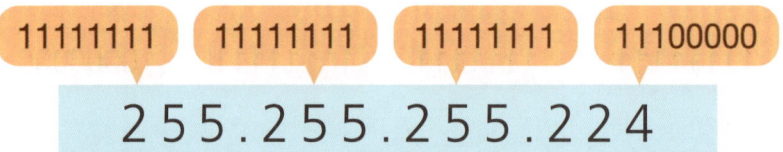

第四段 IP 子網域被切 3 刀【27－24＝3】，$2^3＝8$ 切割段為八區，每個區段有 32 個 IP 可用：〈0～31〉〈32～63〉〈64～95〉〈96～127〉〈128～159〉〈160～191〉〈192～223〉〈224～255〉

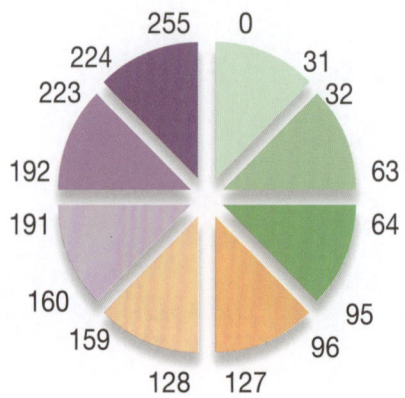

❺ 255.255.255.240 轉換二進制，是有 28 個連續 1，所以用 /28 表示子網路遮罩。

11111111　11111111　11111111　11110000

255.255.255.240

第四段 IP 子網域被切 4 刀【28 － 24 ＝ 4】，2^4 ＝ 16 切割段為 16 區，每個區段有 16 個 IP 可使用，但不夠 20 位應檢人考試使用，所以 /28 以後不會考。

〈0～15〉〈16～31〉〈32～47〉〈48～63〉〈64～79〉〈80～95〉〈96～111〉〈112～127〉〈128～143〉〈144～159〉〈160～175〉〈176～191〉〈192～207〉〈208～223〉〈224～239〉〈240～255〉

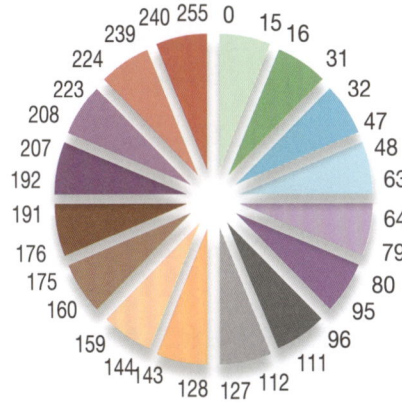

❻ 255.255.255.248 轉換二進制，是有 29 個連續 1，所以用 /29 表示子網路遮罩。

11111111　11111111　11111111　11111000

255.255.255.248

第四段 IP 子網域被切 5 刀【29 － 24 ＝ 5】，2^5 ＝ 32 切割段為 32 區，每個區段有 8 個 IP 可使用。

C 工作崗位 IP 計算《IP 計算用網路 IP ＋工作崗位號碼即可》切割子網路後，第一個 IP 為網路 IP，第二個 IP 起才是有效 IP，最後一個 IP 為廣播 IP

所以切割子網路後，頭、尾共兩個 IP 不可以使用。

網路 IP 不能使用	第一個 有效 IP	第二個 有效 IP	第三個 有效 IP	第 N 個有效 IP	最後一個 有效 IP	廣播 IP 不能使用

例如：工作崗位 3 號，IP 網路區段 192.168.1.0/26，伺服器位址 192.168.1.158

得知切割 4 區段〈0～63〉〈64～127〉〈128～191〉〈192～255〉

網路 IP 不能使用	第一個 有效 IP	第二個 有效 IP	第三個 有效 IP	第 N 個有效 IP	最後一個 有效 IP	廣播 IP 不能使用
一	0	1	2	3	4、5、6、、、、	62	63
二	64	65	66	67	68、69、70、、、	126	127
三	128	129	130	131	132、133、134、、	190	191
四	192	193	194	195	196、197、198、、、	254	255

工作崗位 3 號 IP 為 0 ＋ 3 ＝ 3 或是 64 ＋ 3 ＝ 67 或是 128 ＋ 3 ＝ 131 或是 192 ＋ 3 ＝ 195

由此判別伺服器第四組 IP 為 158，坐落在 128～191 區間，所以計算值為 128 ＋ 3 ＝ 131

故工作崗位 IP 為 192.168.1.131

/26 子網路遮罩為 255.255.255.192

子網路遮罩		切割區塊	頭尾佔用 IP 數	全部可使用 IP	每區塊可使用 IP	每區塊剩下有效 IP
/24	255.255.255.0	1	2	254	256	254
/25	255.255.255.128	2	4	250	128	126
/26	255.255.255.192	4	8	248	64	62
/27	255.255.255.224	8	16	240	32	30
/28	255.255.255.240	16	32	224	16	14
/29	255.255.255.248	32	64	192	8	6

計算子網路遮罩與 IP

範例 1　應檢人工作崗位 8 號，IP 網路區段 198.168.1.X/25，伺服器位址 198.168.1.116。

步驟 1： 先計算子網路遮罩，由 /25 得知子網路遮罩 255.255.255.128。

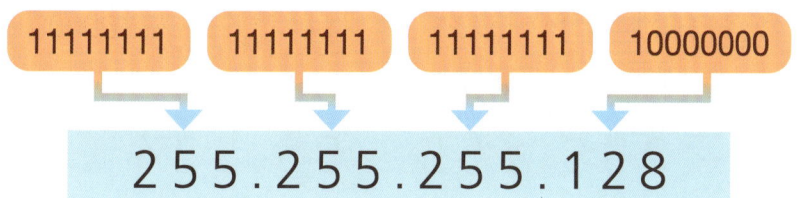

步驟 2： 第四段 IP 子網域被切 1 刀【25－24＝1】，$2^1 = 2$ 切割段為兩區，每個區段有 128 個 IP 可使用：〈0～127〉〈128～255〉。

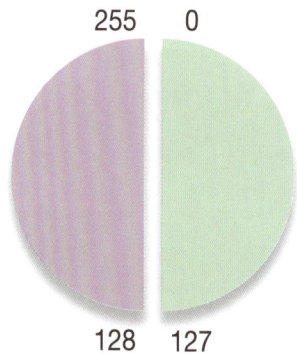

步驟 3： 題目伺服器位址 198.168.1.116，由此判別伺服器第四段 IP 為 116，坐落在〈0～127〉區段。

步驟 4： IP 計算用網路 IP ＋工作崗位號碼 0＋8＝8

應檢人 IP 為 198.168.1.8

將計算出來答案填入評分表黑色深框欄位內，注意遮罩跟 IP 位址不要填反。

設定子網路遮罩	255.255.255.128	設定 IP 位址	198.168.1.8

 **範例 2** 應檢人工作崗位 8 號，IP 網路區段 18.112.81.X/27，伺服器位址 18.112.81.189

步驟 1： 先計算子網路遮罩，由 /27 得知子網路遮罩 255.255.255.224。

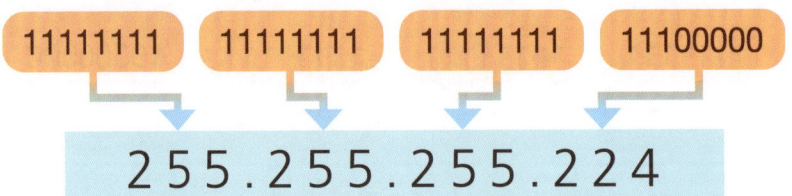

步驟 2： 第四段 IP 子網域被切 3 刀【27 − 24 = 3】，$2^3 = 8$，所以切割段為八區，每個區段有 32 個 IP 可使用：〈0 ～ 31〉〈32 ～ 63〉〈64 ～ 95〉〈96 ～ 127〉〈128 ～ 159〉〈160 ～ 191〉〈192 ～ 223〉〈224 ～ 255〉。

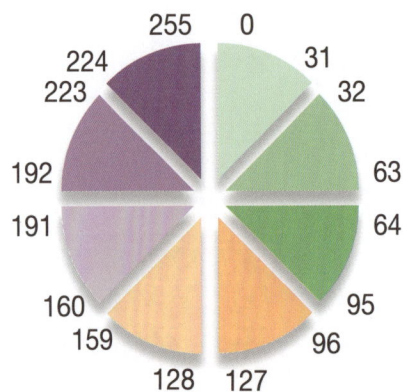

步驟 3： 題目伺服器位址 18.112.81.189，由此判別伺服器第四段 IP 為 189，坐落在〈160 ～ 191〉區段。

步驟 4： IP 計算用網路 IP ＋工作崗位號碼 160 ＋ 8 ＝ 168
應檢人 IP 為 18.112.81.168
將計算出來答案填入評分表黑色深框欄位內，注意遮罩跟 IP 位址不要填反。

| 設定子網路遮罩 | 255.255.255.224 | 設定 IP 位址 | 18.112.81.168 |

計算子網路遮罩與 IP

範例 3　應檢人工作崗位 8 號，IP 網路區段 18.226.15.X/27，伺服器位址 18.226.15.220

步驟 1： 先計算子網路遮罩，由 /27 得知子網路遮罩 255.255.255.224。

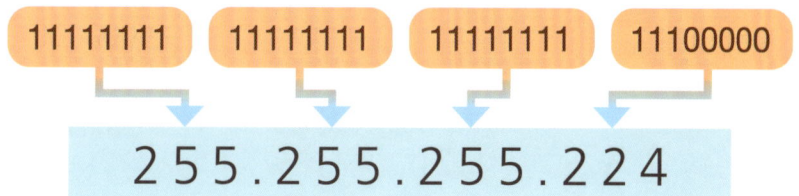

步驟 2： 第四段 IP 子網域被切 3 刀【27－24＝3】，$2^3＝8$，所以切割段為八區，每個區段有 32 個 IP 可使用：〈0～31〉〈32～63〉〈64～95〉〈96～127〉〈128～159〉〈160～191〉〈192～223〉〈224～255〉。

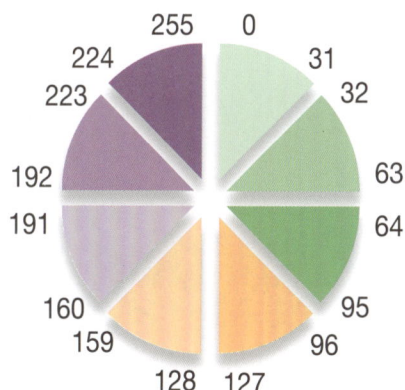

步驟 3： 題目伺服器位址 18.226.15.220，由此判別伺服器第四段 IP 為 189，坐落在〈192～223〉區段。

步驟 4： IP 計算用網路 IP ＋工作崗位號碼 192＋8＝200

應檢人 IP 為 18.226.15.200

將計算出來答案填入評分表黑色深框欄位內，注意遮罩跟 IP 位址不要填反。

設定子網路遮罩	255.255.255.224	設定 IP 位址	18.226.15.200

 **範例 4**　應檢人工作崗位 8 號，IP 網路區段 18.61.11.X/26，伺服器位址 18.61.11.189

步驟 1： 先計算子網路遮罩，由 /26 得知子網路遮罩 255.255.255.192。

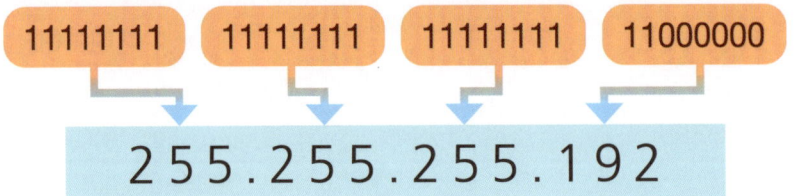

步驟 2： 第四段 IP 子網域被切 2 刀【26－24 = 2】，2^2 = 4 切割段為四區，每個區段有 64 個 IP 可使用：〈0～63〉〈64～127〉〈128～191〉〈192～255〉。

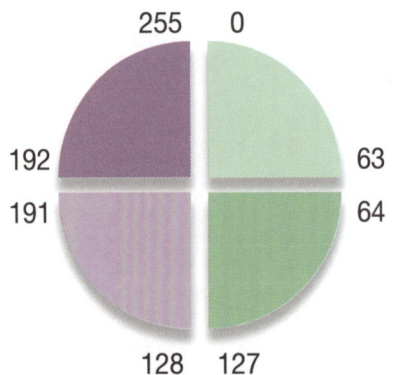

步驟 3： 題目伺服器位址 18.61.11.189，由此判別伺服器第四段 IP 為 189，坐落在〈128～191〉區段。

步驟 4： IP 計算用網路 IP ＋工作崗位號碼 128 ＋ 8 = 136

應檢人 IP 為 18.61.11.136

將計算出來答案填入評分表黑色深框欄位內，注意遮罩跟 IP 位址不要填反。

設定子網路遮罩	255.255.255.192	設定 IP 位址	18.61.11.136

計算子網路遮罩與 IP

| 範例 5 | 應檢人工作崗位 8 號，IP 網路區段 178.16.208.X/27，伺服器位址 178.16.208.157 |

步驟 1： 先計算子網路遮罩，由 /27 得知子網路遮罩 255.255.255.224。

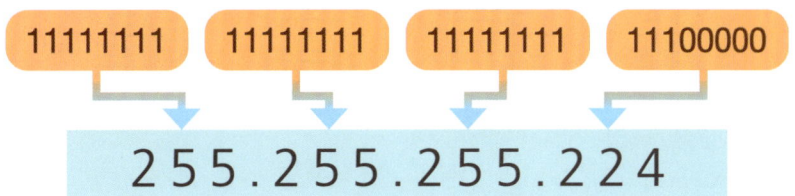

步驟 2： 第四段 IP 子網域被切 3 刀【27－24＝3】，$2^3＝8$，，所以切割段為八區，每個區段有 32 個 IP 可使用：〈0～31〉〈32～63〉〈64～95〉〈96～127〉〈128～159〉〈160～191〉〈192～223〉〈224～255〉。

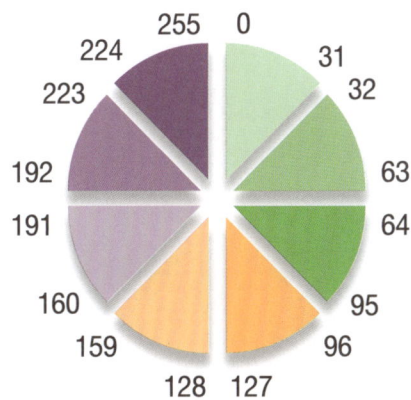

步驟 3： 題目伺服器位址 178.16.208.157，由此判別伺服器第四段 IP 為 157，坐落在〈128～159〉區段。

步驟 4： IP 計算用網路 IP ＋工作崗位號碼 128＋8＝136

應檢人 IP 為 178.16.208.136

將計算出來答案填入評分表黑色深框欄位內，注意遮罩跟 IP 位址不要填反。

| 設定子網路遮罩 | 255.255.255.224 | 設定 IP 位址 | 178.16.208.136 |

範例 6　應檢人工作崗位 8 號，IP 網路區段 178.30.23.X/27，伺服器位址 178.30.23.125

步驟 1： 先計算子網路遮罩，由 /27 得知子網路遮罩 255.255.255.224。

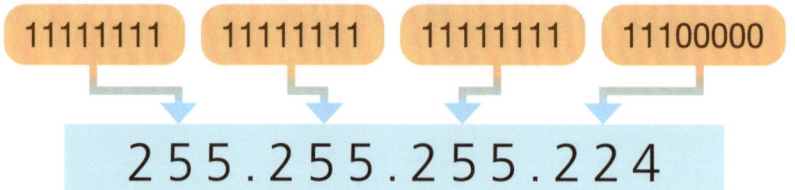

步驟 2： 第四段 IP 子網域被切 3 刀【27 − 24 = 3】，$2^3 = 8$，，所以切割段為八區，每個區段有 32 個 IP 可使用：〈0～31〉〈32～63〉〈64～95〉〈96～127〉〈128～159〉〈160～191〉〈192～223〉〈224～255〉。

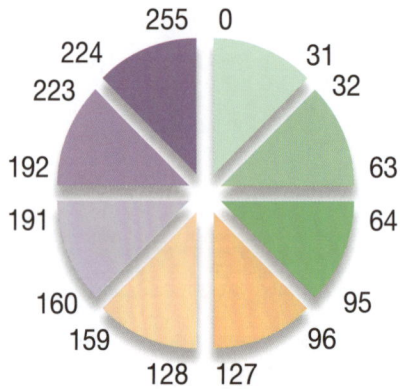

步驟 3： 題目伺服器位址 178.30.23.125，由此判別伺服器第四段 IP 為 125，坐落在〈96～127〉區段。

步驟 4： IP 計算用網路 IP ＋工作崗位號碼 96 ＋ 8=104

應檢人 IP 為 178.30.23.104

將計算出來答案填入評分表黑色深框欄位內，注意遮罩跟 IP 位址不要填反。

設定子網路遮罩	255.255.255.224	設定 IP 位址	178.30.23.104

計算子網路遮罩與 IP 1

範例 7　應檢人工作崗位 8 號，IP 網路區段 198.168.245.X/27，伺服器位址 198.168.245.93

步驟 1：先計算子網路遮罩，由 /27 得知子網路遮罩 255.255.255.224。

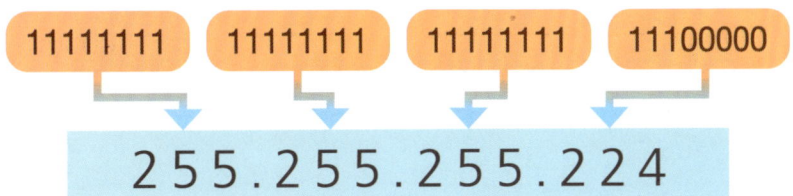

步驟 2：第四段 IP 子網域被切 3 刀【27 － 24 ＝ 3】，$2^3 = 8$，所以切割段為八區，每個區段有 32 個 IP 可使用：〈0～31〉〈32～63〉〈64～95〉〈96～127〉〈128～159〉〈160～191〉〈192～223〉〈224～255〉。

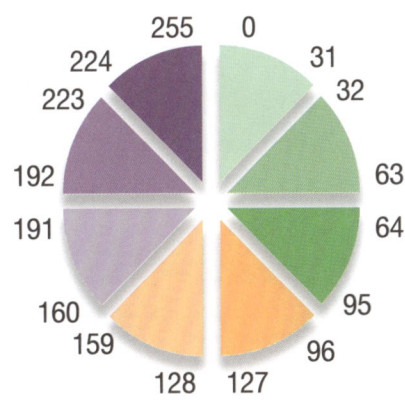

步驟 3：題目伺服器位址 198.168.245.93，由此判別伺服器第四段 IP 為 93，坐落在〈64～95〉區段。

步驟 4：IP 計算用網路 IP ＋工作崗位號碼 64 ＋ 8 ＝ 72

應檢人 IP 為 198.168.245.72

將計算出來答案填入評分表黑色深框欄位內，注意遮罩跟 IP 位址不要填反。

設定子網路遮罩	255.255.255.224	設定 IP 位址	198.168.245.72

 **範例 8** 應檢人工作崗位 8 號，IP 網路區段 18.226.189.X/27，伺服器位址 18.226.189.61

步驟 1： 先計算子網路遮罩，由 /27 得知子網路遮罩 255.255.255.224。

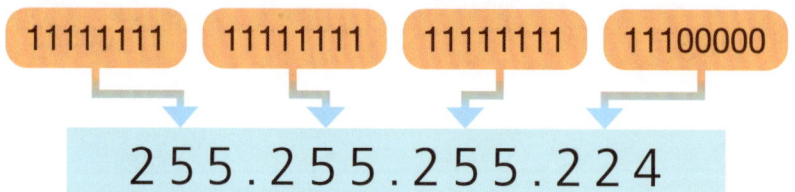

步驟 2： 第四段 IP 子網域被切 3 刀【27 － 24 = 3】，$2^3 = 8$，，所以切割段為八區，每個區段有 32 個 IP 可使用：〈0～31〉〈32～63〉〈64～95〉〈96～127〉〈128～159〉〈160～191〉〈192～223〉〈224～255〉。

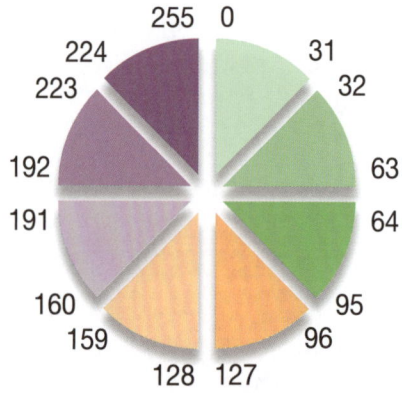

步驟 3： 題目伺服器位址 18.226.189.61，由此判別伺服器第四段 IP 為 61，坐落在〈32～63〉區段。

步驟 4： IP 計算用網路 IP ＋工作崗位號碼 32 ＋ 8 = 40

應檢人 IP 為 18.226.189.40

將計算出來答案填入評分表黑色深框欄位內，注意遮罩跟 IP 位址不要填反。

設定子網路遮罩	255.255.255.224	設定 IP 位址	18.226.189.40

計算子網路遮罩與 IP 1

 **範例 9** 應檢人工作崗位 8 號，IP 網路區段 178.8.196.X/26，伺服器位址 178.8.196.100

步驟 1： 先計算子網路遮罩，由 /26 得知子網路遮罩 255.255.255.192。

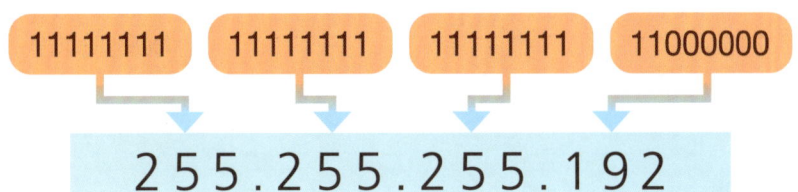

步驟 2： 第四段 IP 子網域被切 2 刀【26 − 24 = 2】，$2^2 = 4$ 切割段為四區，每個區段有 64 個 IP 可使用：〈0 ～ 63〉〈64 ～ 127〉〈128 ～ 191〉〈192 ～ 255〉。

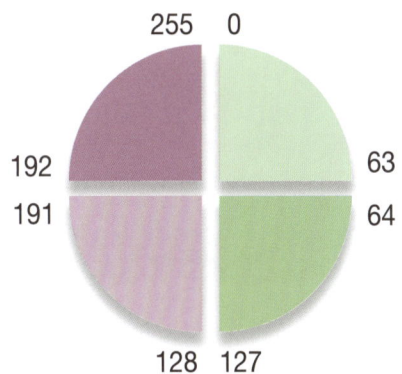

步驟 3： 題目伺服器位址 178.8.196.100，由此判別伺服器第四段 IP 為 100，坐落在〈128 ～ 191〉區段。

步驟 4： IP 計算用網路 IP ＋工作崗位號碼 64 ＋ 8 ＝ 72

應檢人 IP 為 178.8.196.72

將計算出來答案填入評分表黑色深框欄位內，注意遮罩跟 IP 位址不要填反。

設定子網路遮罩	255.255.255.192	設定 IP 位址	178.8.196.72

範例 10 應檢人工作崗位 8 號，IP 網路區段 198.168.79.X/24，伺服器位址 198.168.79.100

步驟 1： 先計算子網路遮罩，由 /24 得知子網路遮罩 255.255.255.0。

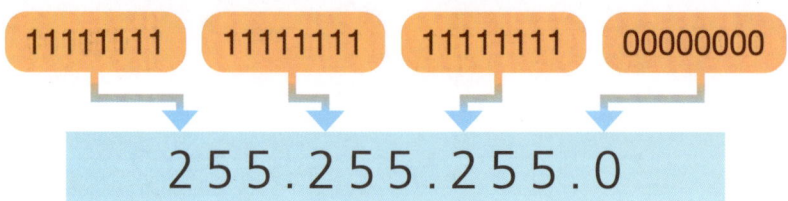

步驟 2： 第四段 IP 子網域未被切割【24 － 24 ＝ 0】，$2^0 = 1$ 分割一區段〈0 ～ 255〉，區段有 256 個 IP 可使用。

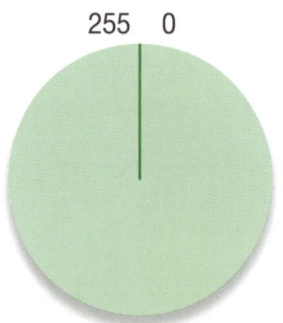

步驟 3： 題目伺服器位址 198.168.79.100，由此判別伺服器第四段 IP 為 100，坐落在 〈0 ～ 255〉區段。

步驟 4： IP 計算用網路 IP ＋ 工作崗位號碼 0 ＋ 8 ＝ 8
應檢人 IP 為 198.168.79.8
將計算出來答案填入評分表黑色深框欄位內，注意遮罩跟 IP 位址不要填反。

設定子網路遮罩	255.255.255.0	設定 IP 位址	198.168.79.8

第 2 章
網路線製作與資訊端子

這單元對術科考試極為關鍵,應檢人必須多練習 RJ-45 壓接,另外資訊插座部分,因製造廠牌不同而色塊排列有所不同,不要看錯必須使用 568B 色塊。

2-1 RJ-45 接頭 (水晶接頭) 製作

這單元對術科考試最關鍵最重要，應檢人必須多練習 RJ-45 壓接，檢測時全程使用 TIA/EIA568B 之標準製做 RJ45 接頭與資訊座，建議購買便利的 RJ-45 壓接鉗。

TIA/EIA568A 腳位色碼							
1	2	3	4	5	6	7	8
白綠	綠	白橙	藍	白藍	橙	白棕	棕

TIA/EIA568B 腳位色碼							
1	2	3	4	5	6	7	8
白橙	橙	白綠	藍	白藍	綠	白棕	棕

網路線製作與資訊端子

RJ-45 有四對線，
第一對線➡藍白色＋藍色
第二對線➡橙白色＋橙色
第三對線➡綠白色＋綠色
第四對線➡棕白色＋棕色

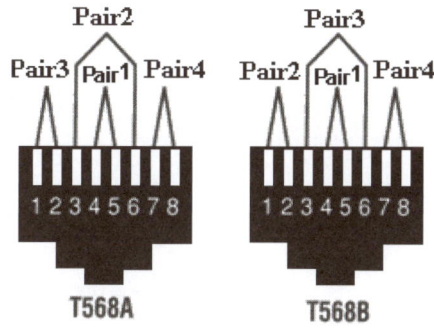

Pair 1 與 Pair 4 不變動，Pair 2 與 Pair 3 有變動

▲ T568A&T568B 比較

依照建築物屋內外電信設備設置技術規範第 18.5.1 條測試型態：以 TIA/EIA568B 之標準，配線系統之測試，所以建議考丙級網路架設全程使用 TIA/EIA568B 之標準製做 RJ45 接頭與資訊座。

步驟 1： 用剝線器剝除電纜外被 2~3 公分。

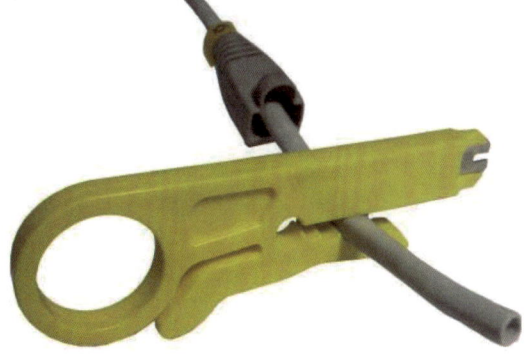

步驟 2： 用右手大拇指與食指將網路芯線大約拉直。

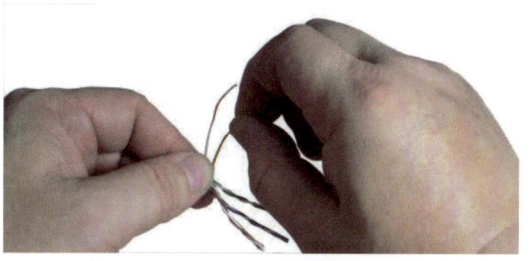

步驟 3： 依照 568B 排列

TIA/EIA568B 色碼								
1	2	3	4	5	6	7	8
白橙	橙	白綠	藍	白藍	綠	白棕	棕

步驟 4： 將 8 芯網路線依序合併一起,並裸露在外被 8 芯線揉一揉,多揉幾次,讓銅線與絕緣塑膠彈性疲乏,這步驟很重要,可以避免待會剪線後造成伸縮,8 芯線不齊的現象。

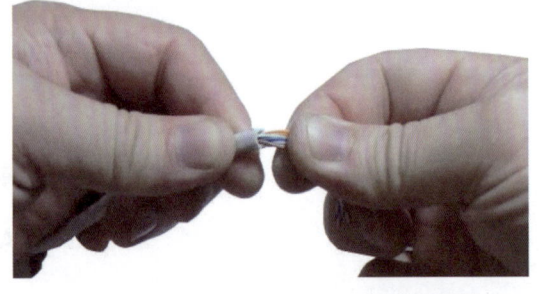

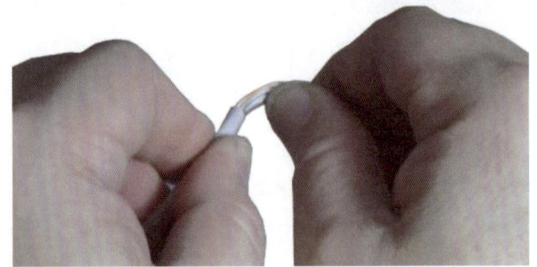

步驟 5： 以斜口鉗剪齊,使露出電纜外被的芯線長度約 1.2~1.4cm。

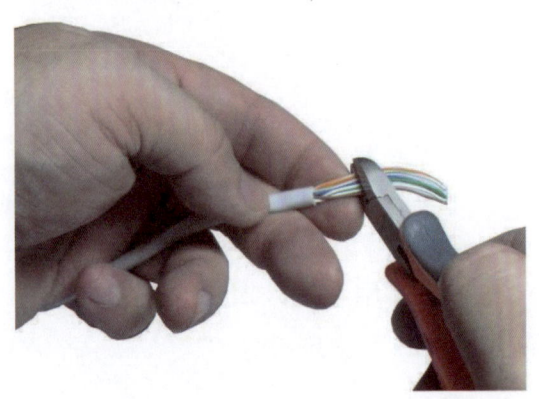

網路線製作與資訊端子　**2**

步驟 6： 各芯線緊密平行並排，再次確定資訊插頭的色碼排列方式是正確的，然後將芯線插入資訊插頭之凹槽內。

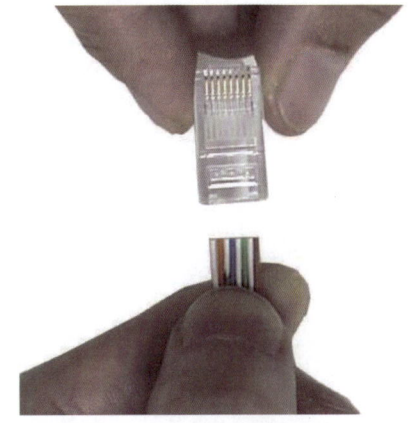

步驟 7： 每一芯線前緣皆應對到凹槽的底邊，且電纜外被剛好置於資訊插頭夾板位置。

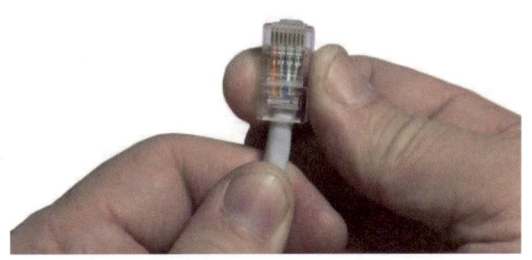

步驟 8： 以夾線工具一次壓接到底，壓接電纜與 RJ45 資訊插頭。

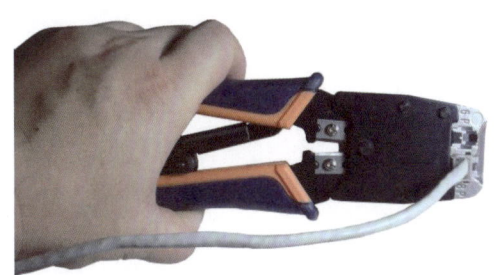

步驟 9： 套上 RJ45 保護套與識別環，用網路線測試器測量是否 8 芯線都導通。

2-2 資訊插座製作

檢測時全程使用 TIA/EIA568B 之標準製做資訊座，資訊插座因製造廠牌不同而色塊排列有所不同，不要看錯必須使用 568B 色塊。

 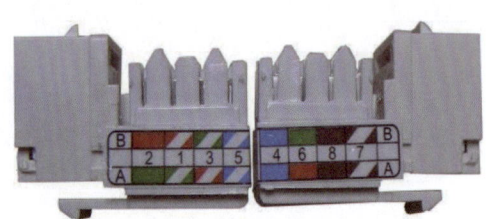

▲ 資訊插座

步驟 1： 剝除電纜外被 2~3 公分。

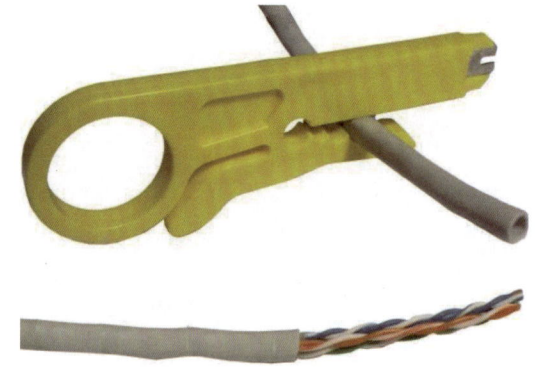

步驟 2： 電纜芯線看側邊色塊依序壓接。

正確芯線由內而外　　　芯線外而內，錯誤打線法

步驟 3： 用束線帶固定線纜。

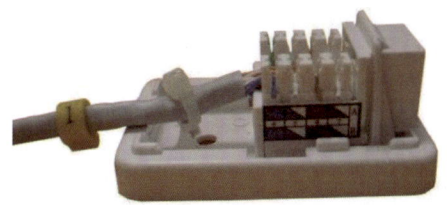 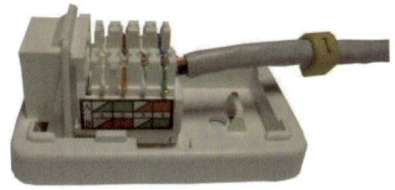

　　　　　正確　　　　　　　　　　　不正確，未使用束線帶

2-3 整合式面板製作

整合式面板購買不易且貴，練習時可用資訊插座替代，打線方式類似，注意檢測時全程使用 TIA/EIA568B 之標準製作，不要看錯必須使用 568B 色塊。

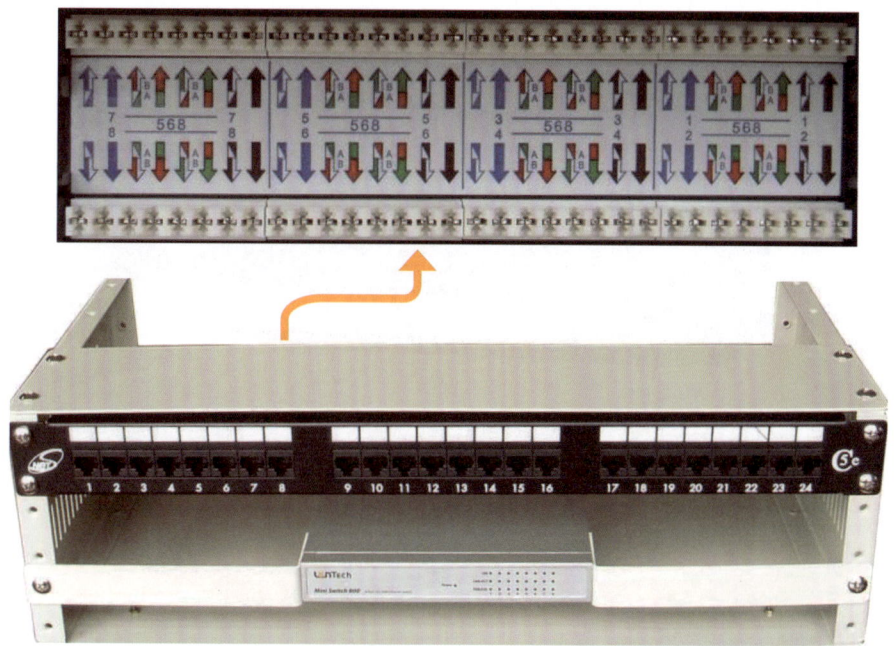

步驟 1： 將網路線 8 芯剝開，依照 568B 色塊排列，這是考試時最容易失誤的地方，上下排會錯打成 568A，所以考試時務必先仔細觀察再施工。

步驟 2： 利用剝線器前端壓線，手握住打線器與整合式面板垂直壓下，此時會有抖動感覺，表示網路線正確切入資訊槽內。

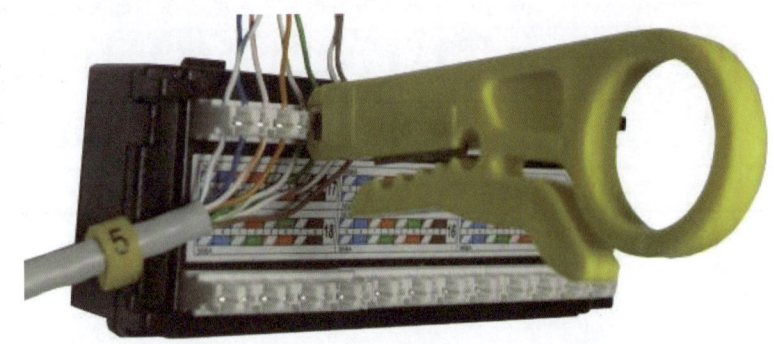

步驟 3： 將 8 芯線都完成後，使用斜口鉗將裸露在整合式面板外多餘的線剪掉。

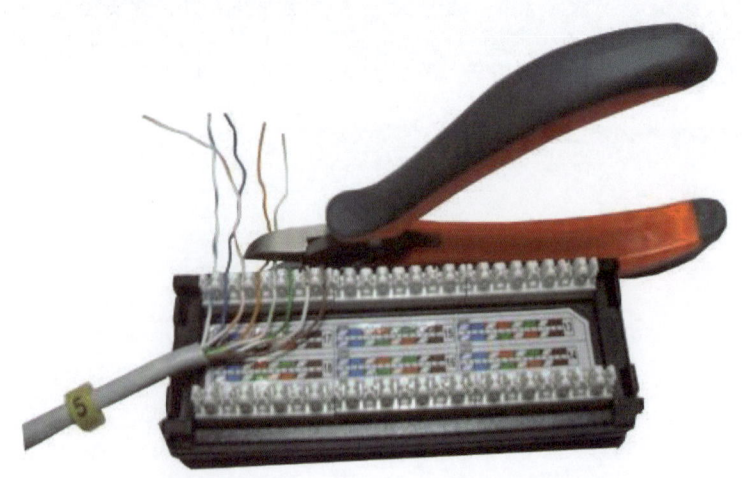

第 3 章
術科試題實作說明

試題編號：17200-940301
　　　　　17200-940302
　　　　　17200-940303
　　　　　17200-940304

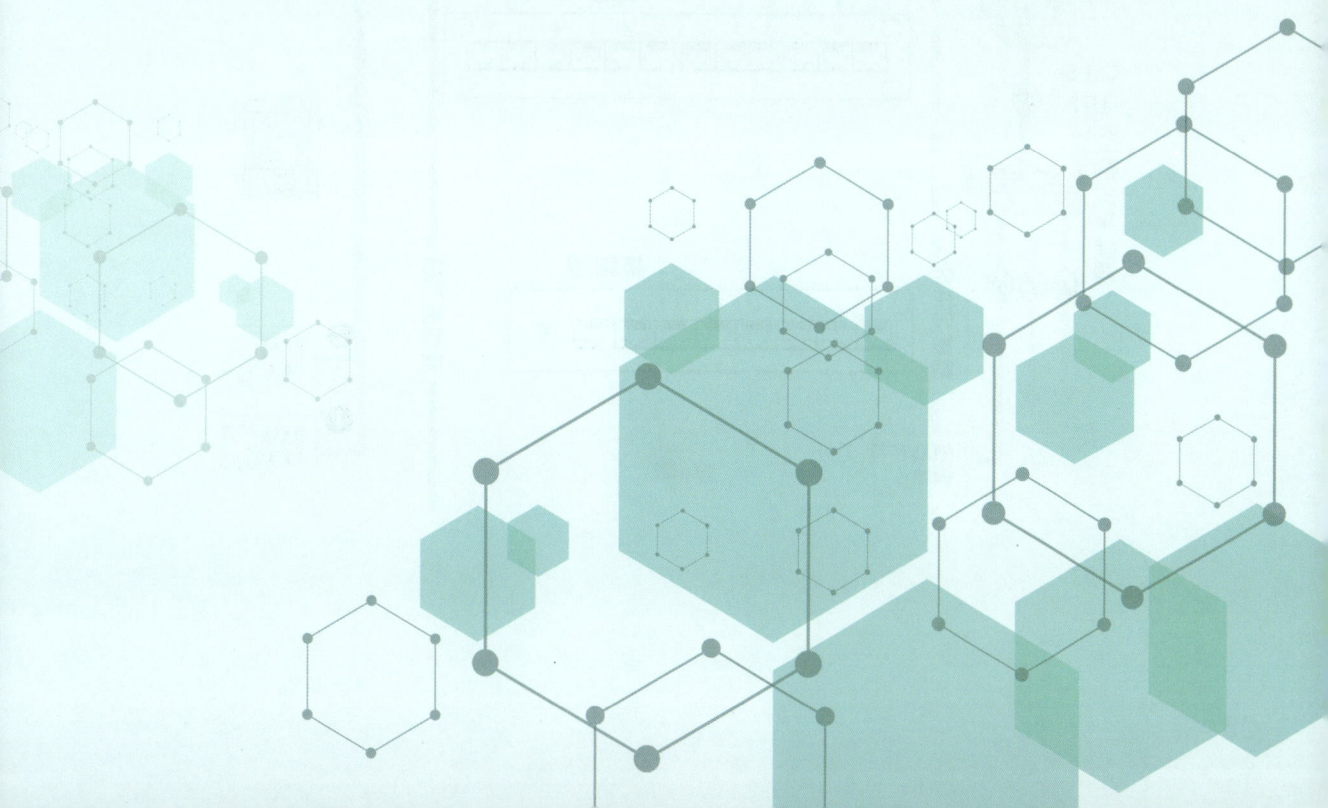

3-1 17200-940301 正規術科解題作法

▶ 考題說明

建築物施工（蓋房屋時），建築人員事先將 PVC 管、接線盒、埋入式資訊插座預埋在鋼筋水泥裡，即所謂的暗管配線。當大樓主架構鋼筋水泥都完成後，配線人員利用穿線繩（穿線器）拉配網路線，由主機房端使用 Cat.5eUTP 網路線做鏈結，將網路線配置到各層樓客戶端，並配置線槽與壓條保護網路線。在客戶端一樓裝設桌上型資訊插座，二樓裝設埋入式資訊插座，三、四、五樓製作 RJ45 接頭。

此考題模擬大樓架構，使用木板模擬牆壁，配置 PVC 管，再使用 11 個管夾來固定 PVC 管，當住戶未事先預埋 PVC 管，或是裝配很多條網路線時，就需利用配線槽（方形壓條）來裝配網路線，即所謂的明管配線，又因電腦放置位置距離資訊插座太遠，避免網路線拌腳所以裝配圓形壓條。

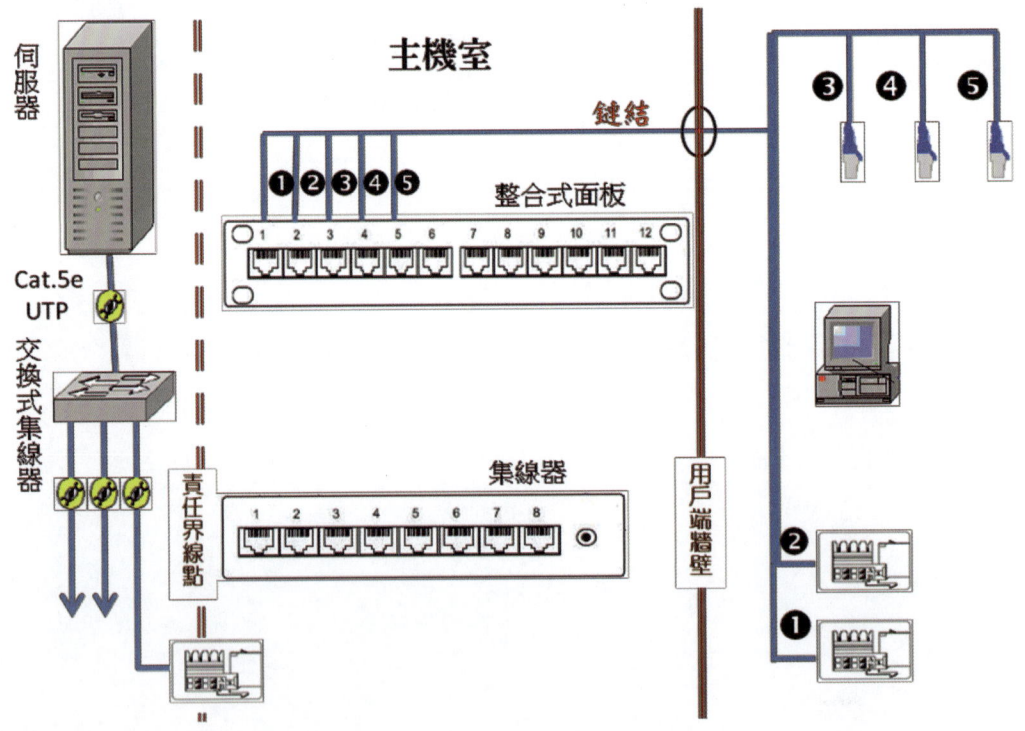

3 術科試題實作說明

> **補充**
> 鏈結：鏈結是指配線系統中兩個介面之間的傳輸路徑，不包括任何的跳接線，是屬於永久配線的部分，本題 ❶❷❸❹❺ 表示鏈結網路編號。

配線完工，必須每個樓層與主機房使用網路測試器測試網路線 (8 芯) 是否都導通。

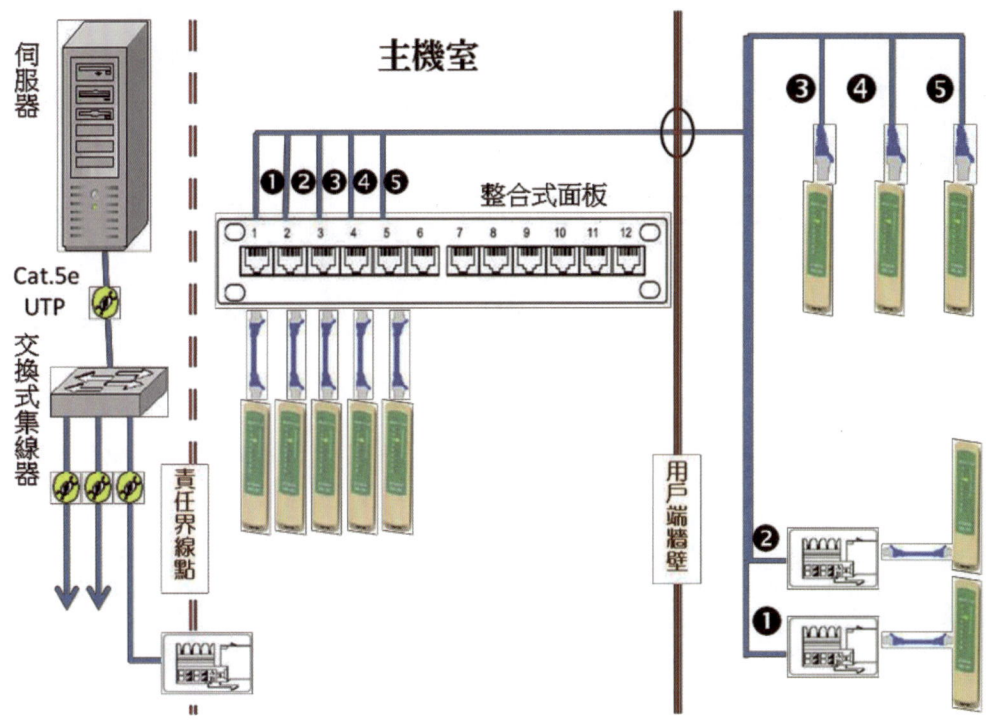

接著由 MIS 電腦資訊管理人員設定伺服器 IP 與遮罩，並製作 6 條跳線，將 ①②③④ 號跳線連接整合式面板與集線器，將 ⑤ 號跳線連接集線器與伺服器，⑥ 號跳線連接電腦與 ❶❷ 號資訊插座。當各樓層客戶繳交網路費用後，MIS 電腦資訊管理人員就會給予客戶配與的 IP 與遮罩，客戶依據配發的 IP 與遮罩設定電腦，便可連線到伺服器。

> **注意**
> 此考題五樓客戶未繳交網路費用，所以五樓客戶只做鏈結線，無跳線連接整合式面板與集線器，故五樓客戶必須借用 ④ 號跳線連接測試。另外電腦應該放置在客戶端，但礙於考場空間，所以暫放置在主機房，利用 ⑥ 號跳線連接電腦。

27

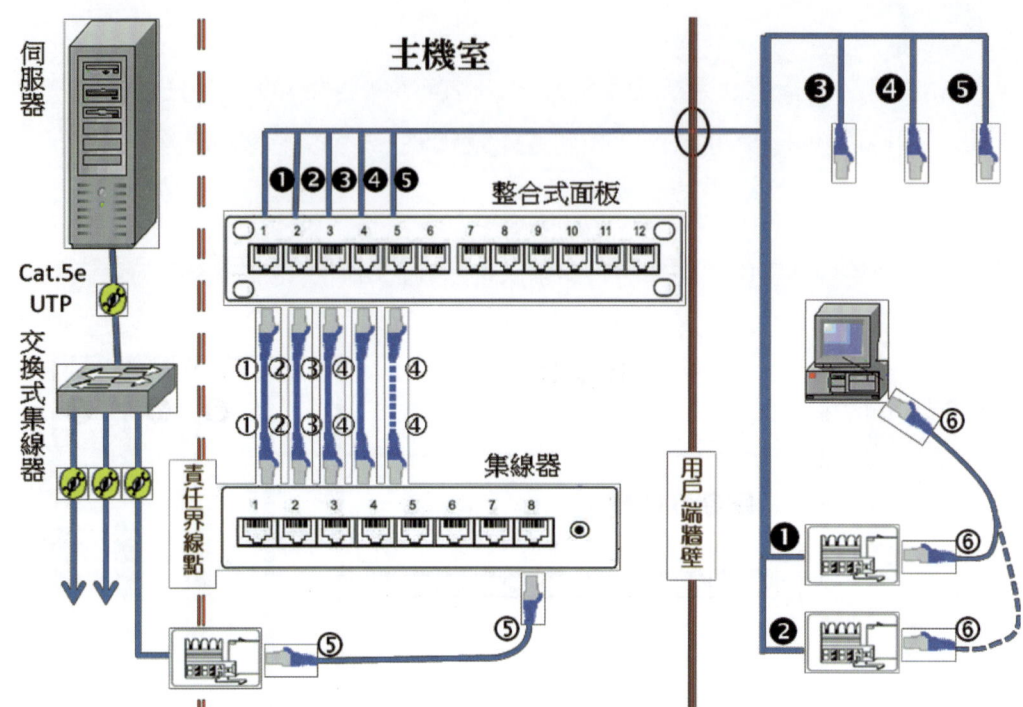

> **補充**
> 跳線：跳線是指設備與設備連接的導通線，本題 ①②③④⑤⑥ 表示跳線網路編號。

第一題　試題編號：17200-940301 水平佈線圖

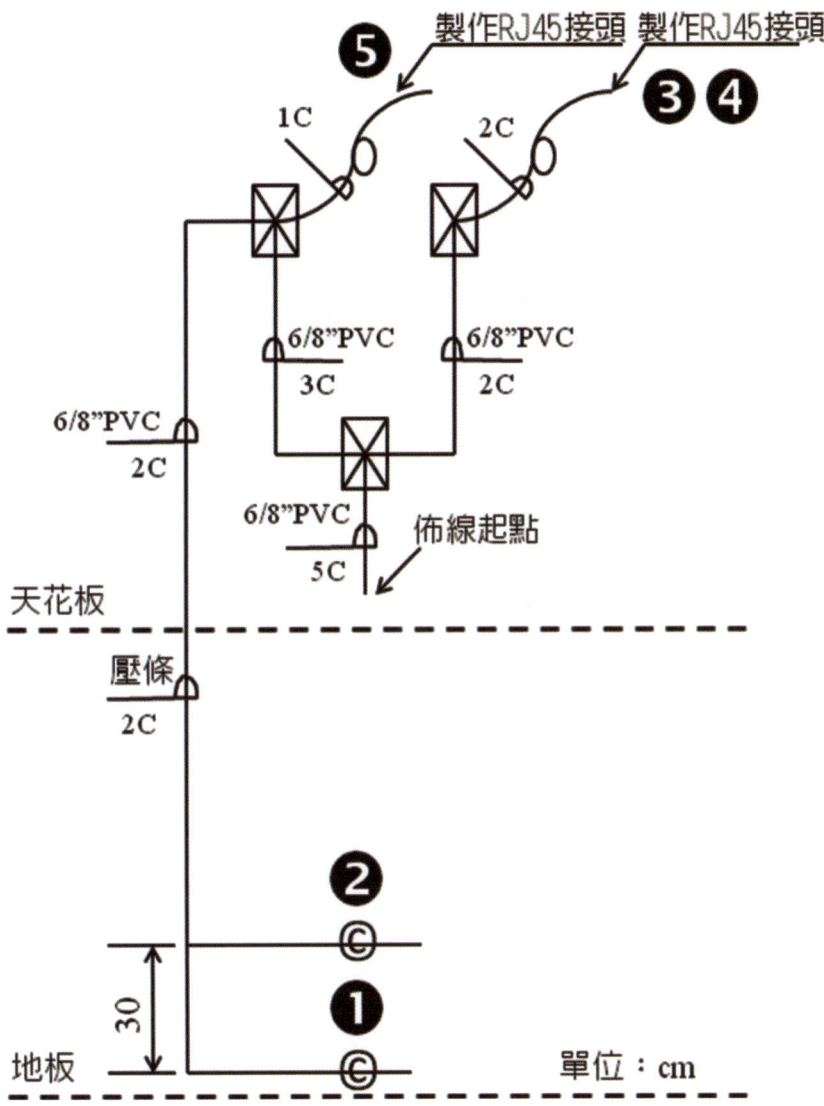

註：1. 製作 RJ-45 UTP 線，須將兩端加套識別環以資識別。
　　2. 圖中出線的標號與整合式跳線面板號碼要相互對應。

≫ 試題解析 17200-940301

一、測試前檢查器材，並測試網路連線階段（共 15 分鐘，不納入評分）

> **試題編號：17200-940301（第一題）**
>
> **一、檢定範圍：**網路架設
>
> **二、測試前檢查器材，並測試網路連線階段**（共 15 分鐘，不納入評分）：
>
>   （一）依場地機具設備表、場地工具表及材料表，檢查機具設備、工具及材料。
>
>   （二）預先測試網路連線：依據附圖三檢查個人電腦與伺服器之間連線是否正常，在測試階段伺服器的 IP 位址為 192.168.168.168，應檢人的 IP 位址為 192.168.168.X（X 表示應檢人工作崗位號碼，01-20），網路遮罩設為 255.255.255.0，請應檢人自行檢查工作崗位電腦是否可連上伺服器首頁，無異議者，視同個人電腦及網路連線正常，之後不得再提異議。
>
> **三、測試時間：**3 小時（不包含測試前器材檢查、測試網路連線階段）

《前置作業一》 設定應檢人個人電腦測試用 IP 及網路遮罩，並做網路連線測試。

1 依考題考場會提供 1 條測試用網路線，直接連接伺服器資訊座到個人電腦，應檢人自己要測試網路是否正常連接到伺服器。

2 但一般考場會提供應檢人 2 條測試用網路線，1 條網路線連接伺服器資訊座接到集線器，另外 1 條網路線連接集線器接到個人電腦，應檢人自己要測試集線器與網路線是否正常連接到伺服器。

術科試題實作說明 3

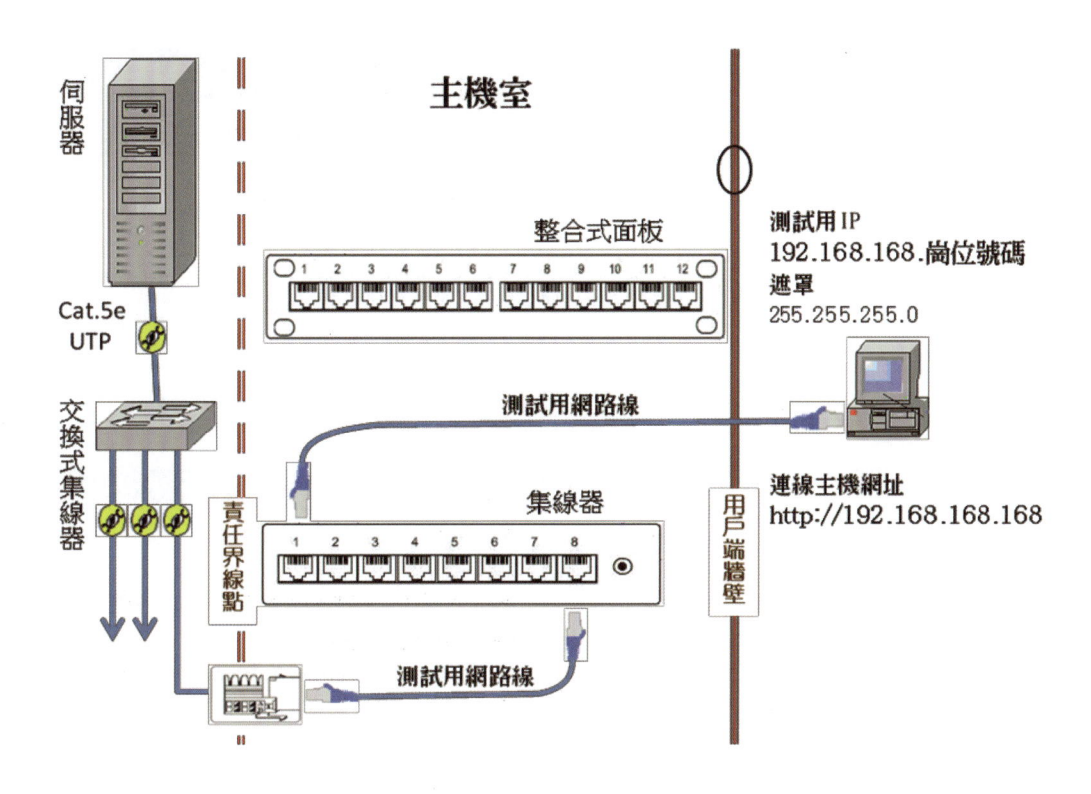

3 例：應檢人李成祥，抽到考試題目第 1 題，工作崗位 8 號。

由應檢人代表抽 IP 網路區段 198.168.1.X/25，伺服器位址 198.168.1.116 所以將測試用階段 IP 位置依考題設為 192.168.168.8 工作崗位，網路遮罩 255.255.255.0

步驟 1： 電腦桌面選網路上芳鄰，按滑鼠右鍵➔點選內容➔開啟網路連線視窗。

步驟 2： 點選區域連線按滑鼠右鍵➔點選內容➔開啟區域連線內容視窗。

31

步驟 3： 選擇 (TCP/IP) ➜ 按內容。

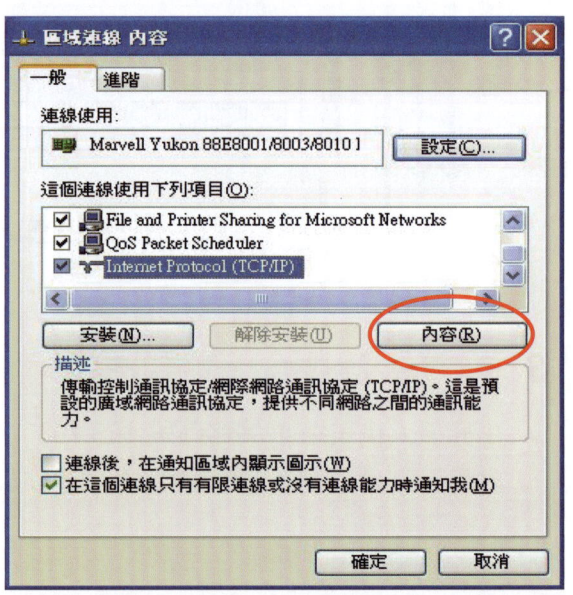

步驟 4： 在測試階段李成祥的 IP 位置為 192.168.168.8 工作崗位，網路遮罩 255.255.255.0。

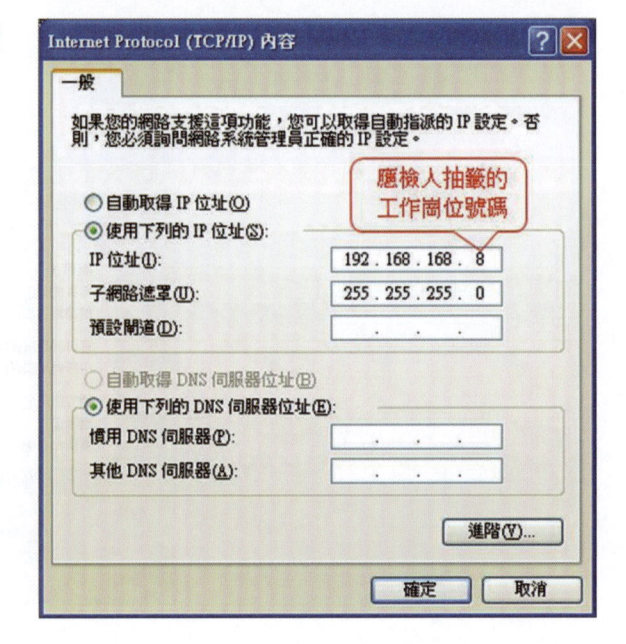

術科試題實作說明　3

> **注意**
> 以上 ①～④ 步驟為應檢人李成祥工作崗位個人電腦與主機伺服器連線測試動作，試場服務生都會在所有應檢人未進入試場前，預先將 2 條網路線連接並測試完成，應檢人李成祥只需關閉 IE 瀏覽器，再重新開啟一次 IE 瀏覽器，做動作 ⑤ 即可。但平常練習時必須 ①～⑤ 步驟自己操作一次。

步驟 5： 依試題規定，測試階段伺服器的 IP 位址為 192.168.168.168 建議將 IE 瀏覽器關掉，再重新開啟一次 IE 瀏覽器，網址上輸入 http://192.168.168.168。

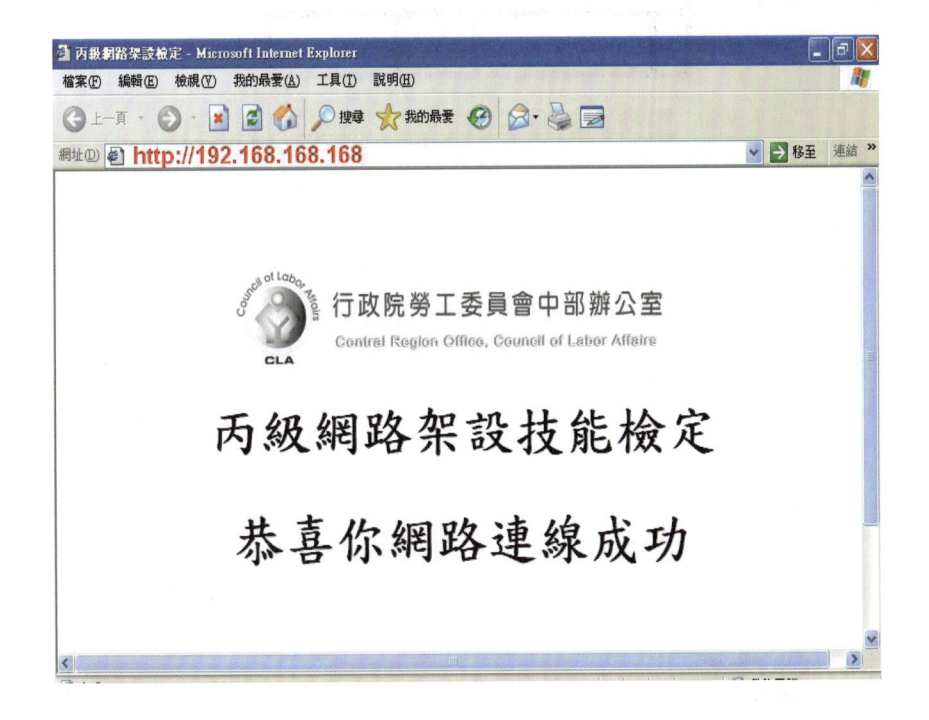

> **注意**
> 此時必須出現考場預設網頁，表示應檢人個人電腦、集線器、考場伺服器是正常的。如果沒出現預設網頁，考生不要做任何動作，馬上舉手請試場人員協助。

33

《前置作業二》 將考場提供的勞動部公告術科應檢資料材料表打開，清點材料。

可依照下圖材料單順序排放，以便利清點與施工。

9	電工膠帶(1 捲)	網路架設丙級技術士技能檢定術科測驗評審表	資訊插座(桌上埋入型)	10
8	螺絲(50 個)		網路線測試器	
7	束線帶(10 條)		十字起子	
6	PVC 盒接頭(6 個)		剝線鉗	自備工具
5	管夾(11 個)		壓接器	
4	識別環(1~6 號各四組)		斜口鉗	
2	護套(17 個)		原子筆	
1	RJ45 接頭(17 個)		奇異筆	

術科試題實作說明

以上動作都不列入測驗時間,待整個考場考生連線都正常,考場協助人員會收回 2 條測試用的網路線,監評長宣佈開始測驗時間與結束時間,測驗時間為 3 小時。

試題編號:17200-940301(第一題)

四、試題說明: 本試題為從事網路佈線、網路元件安裝及網路應用軟體操作的能力實作測試。請參照附圖一、附圖二、附圖三、附圖四、第一題試題水平佈線圖施工,配接 PVC 管、壓條、接線盒、資訊插座、網路線、整線束線並製作網路跳線等工作。依據現場抽定之 IP 網路區段及伺服器位址,設定電腦的 TCP/IP 參數,並透過佈放之網路線連接上伺服器首頁。

依照試題說明,第一題試題佈線圖施工順序:木板上配接 PVC 管(管夾固定)→壓條→接線盒→資訊插座→配接 5 條網路線(鏈結)→整線束線→製作 6 條網路跳線→設定 IP 與網路遮罩→連接伺服器測試。

丙級網路架設技能檢定考試時,一樓、二樓必須實際接上電腦,並設定 IP 與遮罩,然後連線到伺服器網頁。三、四、五樓使用網路測試器測試與整合式面板導通即可。

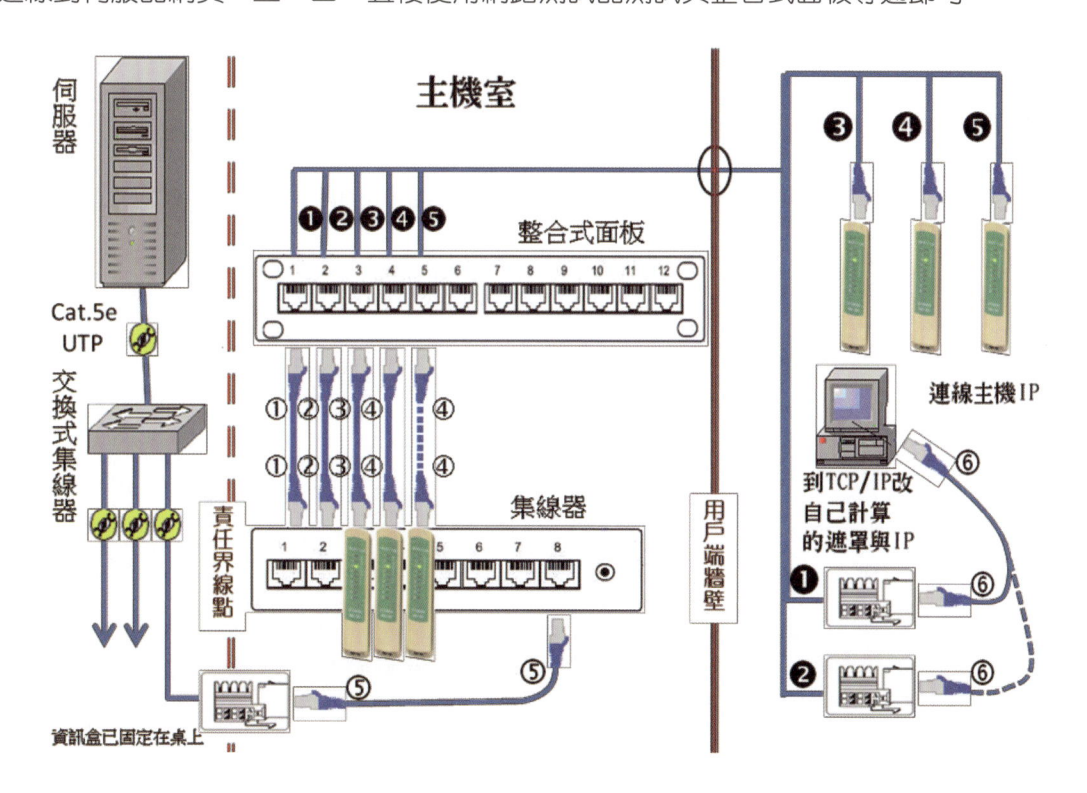

> **注意**
>
> ❺ 號跳線是連接伺服器與集線器導通的重要網路線，❺ 號鏈結網路線只做到整合式面板，未做跳接線到集線器，所以 ❺ 號 RJ45 端無法測試鏈結的網路線是否導通，測試網路必須借用 ❹ 號網路跳接線來測試。

試題編號：17200-940301（第一題）

五、動作要求：

（一）製作四條長 0.5 公尺的 UTP 跳線，兩端裝設 1～4 號識別號碼環。

（二）製作一條長 1 公尺的 UTP 跳線，兩端裝設 5 號識別號碼環。

（三）製作一條長 3 公尺的 UTP 跳線，兩端裝設 6 號識別號碼環。

依照考題要求，有 6 條網路線做『設備跳線』，並非電腦與電腦直接連接的『跳接線』，所以網路線須全部使用 568B 製作，網路線由最內圈中心開始拿取裁剪，才不會網路線打結凌亂掉。

動作 1： 裁剪 0.5 公尺網路線 4 條，並距離網路線頭處寫上編號 ①②③④。

動作 2： 裁剪 1 公尺網路線 1 條，並距離網路線頭處寫上編號 ⑤。

動作 3： 裁剪 3 公尺網路線 1 條，並距離網路線頭處寫上編號 ⑥。

為防止識別環或護套忘記套入網路線而被扣分，將 6 條網路線用電工膠帶纏繞依序號放入（注意護套方向）護套（開口朝下）→識別環→識別環→護套（開口朝上），再依 568B 顏色壓接 12 個 RJ45 接頭。

術科試題實作說明

6 條網路線需逐一用網路線測試器測量是否 8 芯線都導通。

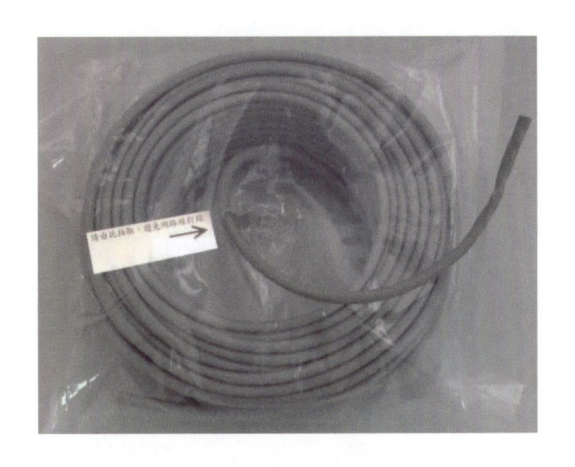

網路線由最內圈中心開始抽取裁剪 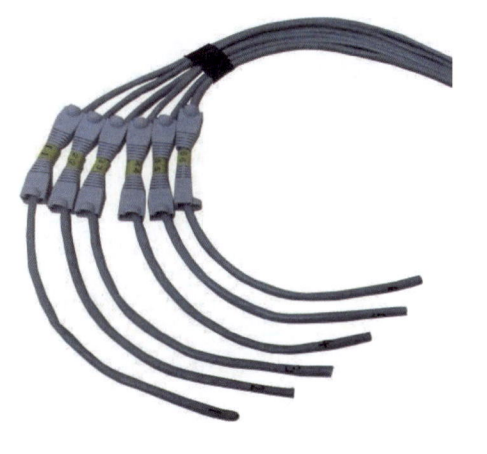　　　　　護套→識別環→識別環→護套

使用 TIA/EIA568B 製做 12 個 RJ45 接頭 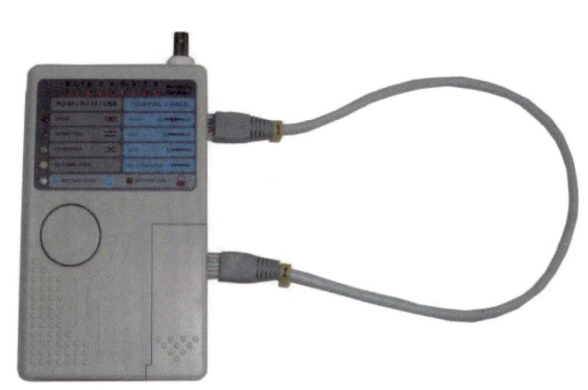　　　用網路線測試器測量是否 8 芯線都導通

試題編號：17200-940301（第一題）

五、動作要求：

（四）依照第一題試題水平佈線圖裝配網路導管、管夾、盒接頭及接線盒。（相關位置請參照附圖一工作崗位立體圖、附圖二工作崗位圖）

步驟 1： 將試題第一題水平佈線圖固定於適當位置，八角型接線盒 3 邊接上盒接頭，下方盒接頭連接 10 公分短的 PVC 管，再將八角型接線盒用螺絲固定。

> **注意**
> PVC 管距離圓孔 2~5 公分以方便穿線。

步驟 2： 八角型接線盒左、右兩邊接頭各連接 10 公分短的 PVC 管。

術科試題實作說明　3

步驟 3： 八角型接線盒左、右兩邊 10 公分短的 PVC 管連接 90° PVC 彎頭，再連接上 35 公分長的 PVC 管。

步驟 4： 左、右兩邊各連接上八角型接線盒，並且依照試題第一題水平佈線圖，左邊八角型接線盒輸出時，往左邊輸出再多加上一個盒接頭。

步驟 5： 往左邊的盒接頭，連接 10 公分短的 PVC 管及 90° PVC 彎頭，再連接上長 80 公分的 PVC 管。

步驟 6： PVC 管接配線槽，固定垂直面方形的線槽。

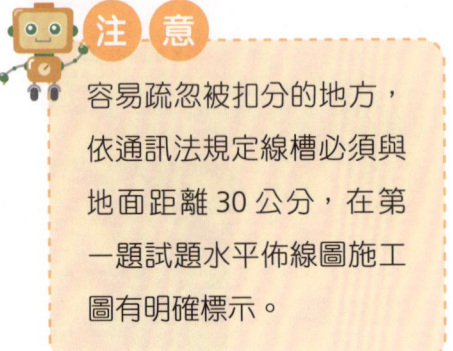

> **注 意**
> 容易疏忽被扣分的地方，依通訊法規定線槽必須與地面距離 30 公分，在第一題試題水平佈線圖施工圖有明確標示。

步驟 7： 固定水平面 (地板) 的線槽，鎖上 11 個管夾，PVC 管垂直面的都是兩個護管夾，PVC 管水平面的都是一個護管夾。

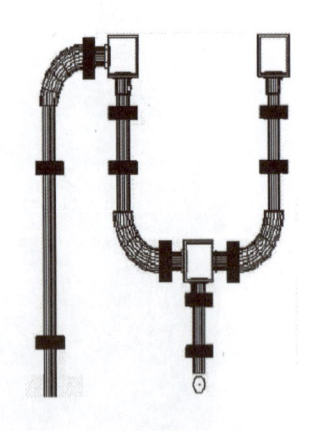

術科試題實作說明　3

> 試題編號：17200-940301（第一題）
>
> 五、動作要求：
>
> 　　（五）依照第一題試題水平佈線圖裝配網路線並裝設 1～5 號識別號碼環。
>
> 　　（六）依照第一題試題水平佈線圖安裝資訊插座。
>
> 　　（七）配線架 UTP 線由內而外結線及束線（參照附圖四配線板進線與整線圖）。

依照考題要求，有 5 條網路線做『鏈結』（考題未規定裁剪網路線長度）。

步驟 1： 裁剪網路線並將兩端寫上編號，
　　　　　裁剪 2 條 5 公尺網路線，編號為 ❶❷
　　　　　裁剪 3 條 3 公尺網路線，編號為 ❸❹❺

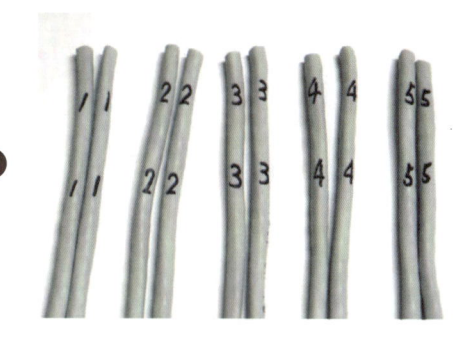

步驟 2： 整合式面板配線架，
　　　　　建議先從 ❺→❹→❸→❷→❶ 順序配線。

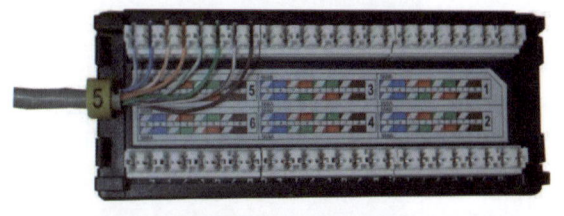

注意

要先套上號碼識別環。

41

整合式面板配線完成後，用束線帶將網路線整理一下，束線帶盡量 10 條全使用完。

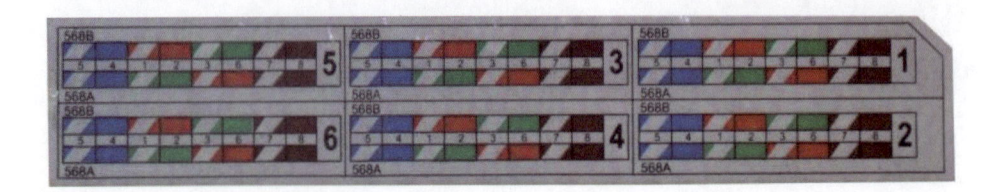

> **注 意**
> 上排 568B 色盤緊靠 1、3、5 端子台，依顏色打線即可。
> 下排 568A 色盤緊靠 2、4、6 端子台，小心不要看錯，應使用 568B 色盤。

步驟 1： 依照第一題試題水平佈線圖，安裝桌上型資訊插座（垂直面木板上），與埋入式資訊插座（水平面地上）。

> **注 意**
> 資訊插座請勿緊貼壓條，應保留適當距離。

步驟 2： 將 ❶❷❺ 號網路線用膠帶纏繞在一起，將 ❸❹ 號網路線用膠帶纏繞在一起。

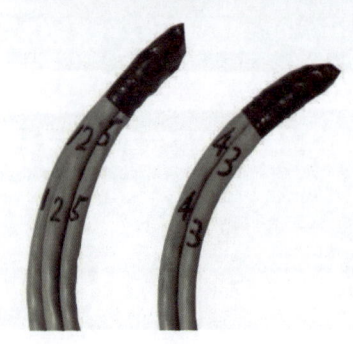

術科試題實作說明

步驟 3： 將 ❶❷❸❹❺ 號 5 條鏈結用的網路線，由主機室穿過木板圓孔到客戶端。

步驟 4： 將穿線繩穿入中間八角型接線盒下孔。將 ❶❷❺、❸❹ 號網路線和穿線繩用膠帶全部纏繞在一起。

步驟 5： 穿線繩往上拉，網路線穿過 PVC 管與八角型接線盒接頭。

步驟 6： 拆膠帶將 ❶❷❺、❸❹ 號網路線分開，穿線繩穿入左上八角型接線盒下孔，經 90° PVC 彎頭，到中間八角型接線盒左邊孔。

術科試題實作說明

步驟 7： 將 ❶❷❺ 號網路線和穿線繩，用膠帶纏繞在一起。

步驟 8： 穿線繩往上拉，網路線穿過 90° PVC 彎頭與八角型接線盒接頭。

步驟 9： 穿線繩由左邊線槽往上方向穿入，到左上方八角型接線盒左邊孔，將 ❶ ❷、❺ 號網路線分開，再將 ❶❷ 號網路線和穿線繩，用膠帶纏繞在一起往下拉。

步驟 10： 穿線繩由右邊八角型接線盒上方向下穿入，到中間八角型接線盒右邊孔，再將 ❸❹ 號網路線和穿線繩用膠帶纏繞在一起。

術科試題實作說明 3

步驟 11： 穿線繩往上拉，網路線穿過 90° PVC 彎頭到右邊八角接線盒。

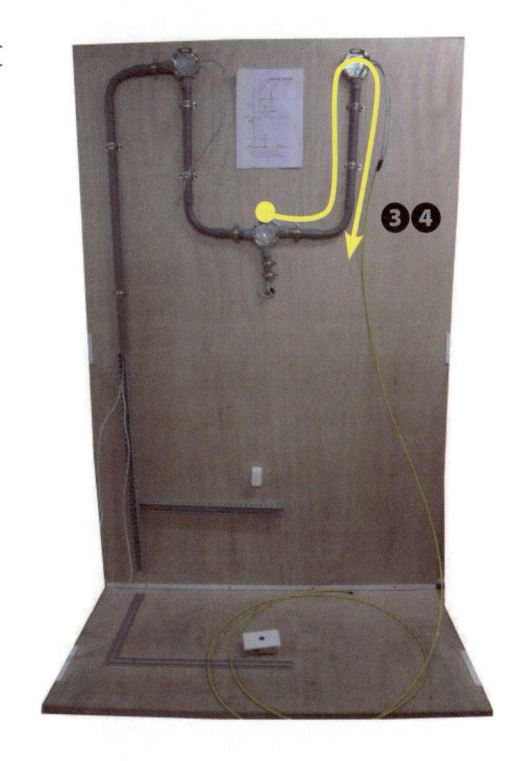

步驟 12： 整理一下網路線（多餘網路線可放線槽中）依照第三題試題水平佈線圖，將 ❶❷❸❹❺ 號網路線套上識別環 ❶ 號網路線配接到埋入式資訊插座，❷ 號網路線配接到桌上型資訊插座。將 ❸❹❺ 號網路壓接 RJ45 接頭，蓋上線槽蓋及資訊插座盒接蓋，第一題試題水平佈線完成。

47

試題編號：17200-940301（第一題）

五、動作要求：

（八）網路線路測試。

（九）跳線連接：使用依動作要求（一）製作之 0.5 公尺長 1～4 號 UTP 跳線依序連接配線機架之通訊埠與集線器對應之通訊埠；使用依動作要求（二）製作之 1 公尺長 5 號 UTP 跳線連接集線器與檢定崗位配置之資訊插座。

（十）設定電腦 TCP/IP 參數：（網路區段 IP 位址及伺服器 IP 位址，由監評人員於現場主持抽籤並公佈）應檢人的 IP 位址為：網路區段起始位址＋工作崗位號碼。

例如：第 30 號工作崗位的應檢人，其網路區段位址為 192.168.1.X/27，伺服器 IP 位址為 192.168.1.188，則其 IP 位址為 192.168.1.160 ＋ 30，所以應檢人 IP 位址＝ 192.168.1.190，網路遮罩為 255.255.255.224，應檢人可依此位址瀏覽伺服器網頁。

（十一）個人電腦可經由依動作要求（三）製作之 3 公尺長 6 號 UTP 跳線依次連接每一資訊插座，以網頁瀏覽器瀏覽檢定場伺服器網頁。

術科試題實作說明　3

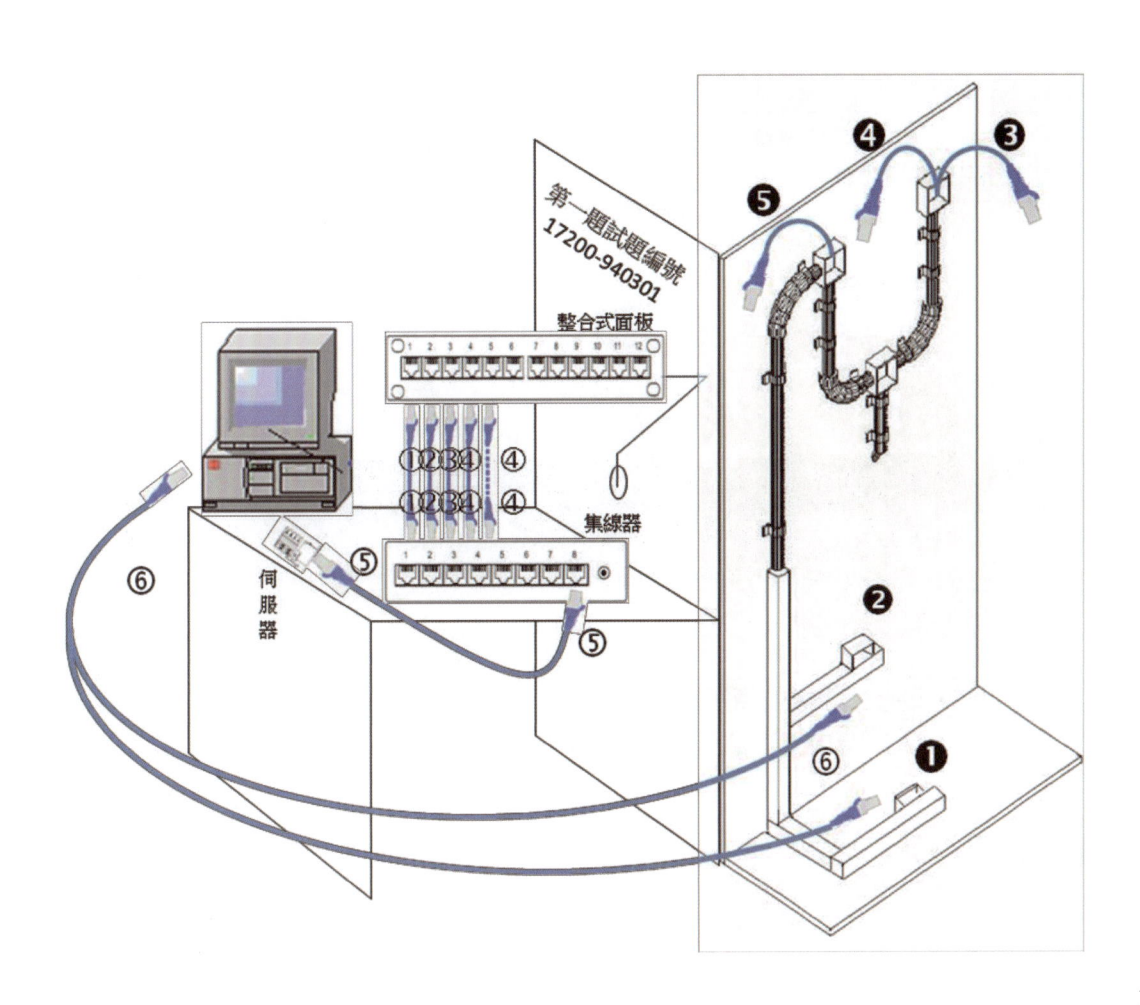

步驟1： 將編號 ①②③④ 號 (0.5 公尺) 網路線，一端依序連接到整合式面板通訊埠，另一端依序連接到集線器通訊埠，即 ① 接 1，② 接 2，③ 接 3，④ 接 4。
將編號 ⑤ 號 (1 公尺) 網路線，一端連接到集線器通訊埠 (任何一埠接可) 另一端連接到主機伺服器 (Server) 的資訊插座。

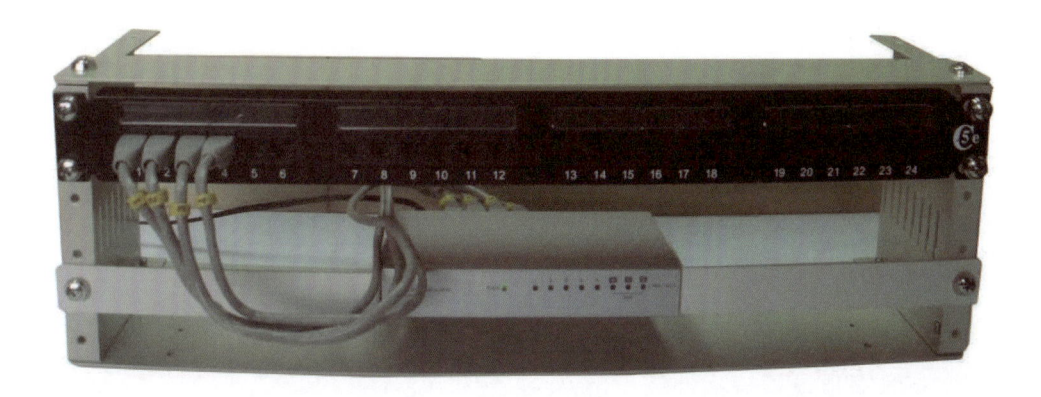

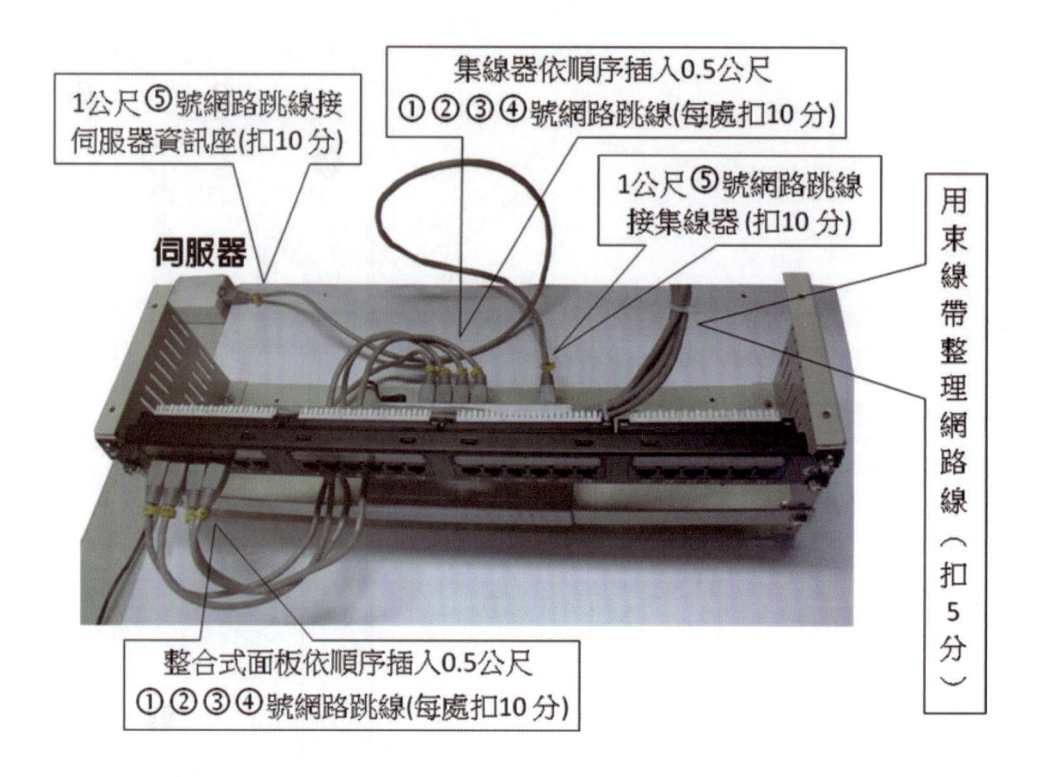

（圖說標示）
- 1公尺⑤號網路跳線接伺服器資訊座（扣10分）
- 集線器依順序插入0.5公尺 ①②③④號網路跳線（每處扣10分）
- 1公尺⑤號網路跳線接集線器（扣10分）
- 用束線帶整理網路線（扣5分）
- 伺服器
- 整合式面板依順序插入0.5公尺 ①②③④號網路跳線（每處扣10分）

步驟 2： 計算網路遮罩與 IP

例：應檢人李成祥抽到工作崗位 8 號，考題第 1 題，由應檢人代表抽 IP 網路區段 198.168.1.X/25，伺服器位址 198.168.1.116 經計算結果，自己遮罩為 255.255.255.128，IP 為 198.168.1.8。

正式考試時由應檢人代表抽 IP 網路區段後，應檢人必須自己計算 IP 與遮罩位置，

正式考試 IP 位置為 198.168.1.8　　　　　　　這數值考生自己計算 & 設定

正式考試子網路遮罩 255.255.255.128　　　　這數值考生自己計算 & 設定

正式考試伺服器連線網址為 http://198.168.1.116 這數值監評會公告在黑板

> **注意**
> 李成祥測試階段 IP 位置為 192.168.168.8 工作崗位，網路遮罩 255.255.255.0
> 測試階段伺服器連線網址為 http://192.168.168.168

步驟 3： 填寫 IP 和網路遮罩

▼ **網路架設丙級技術士技能檢定術科測驗評審表**

檢 定 日 期	100 年 10 月 10 日	題　　　　號	第 1 題
准 考 證 編 號	123456789	總 評 結 果	□及格　　□不及格
應 檢 人 姓 名	李成祥	監 評 長 簽 章	
檢 定 崗 位 號 碼	8	重大缺點應檢 人 簽 名 處	
設 定 子 網 路 遮 罩	255.255.255.128	設 定 IP 位 址	198.168.1.8

步驟 4： 選擇 (TCP/IP) 按內容。

輸入正式考試時李成祥的 IP 位置為 198.168.1.8，網路遮罩 255.255.255.128。

步驟 5： 1 樓客戶端電腦連接主機網頁連線測試。

將編號 ⑥ 號 (3 公尺) 網路線，接編號 ❶ 號埋入式資訊插座與網路卡，開啟網際網路 IE 瀏覽器輸入伺服器網址 http://198.168.1.116 (會公佈在黑板)，電腦螢幕出現連線成功畫面。

⑥ 號網路線插入 ❶ 號資訊插座，連接到電腦網卡。

術科試題實作說明　**3**

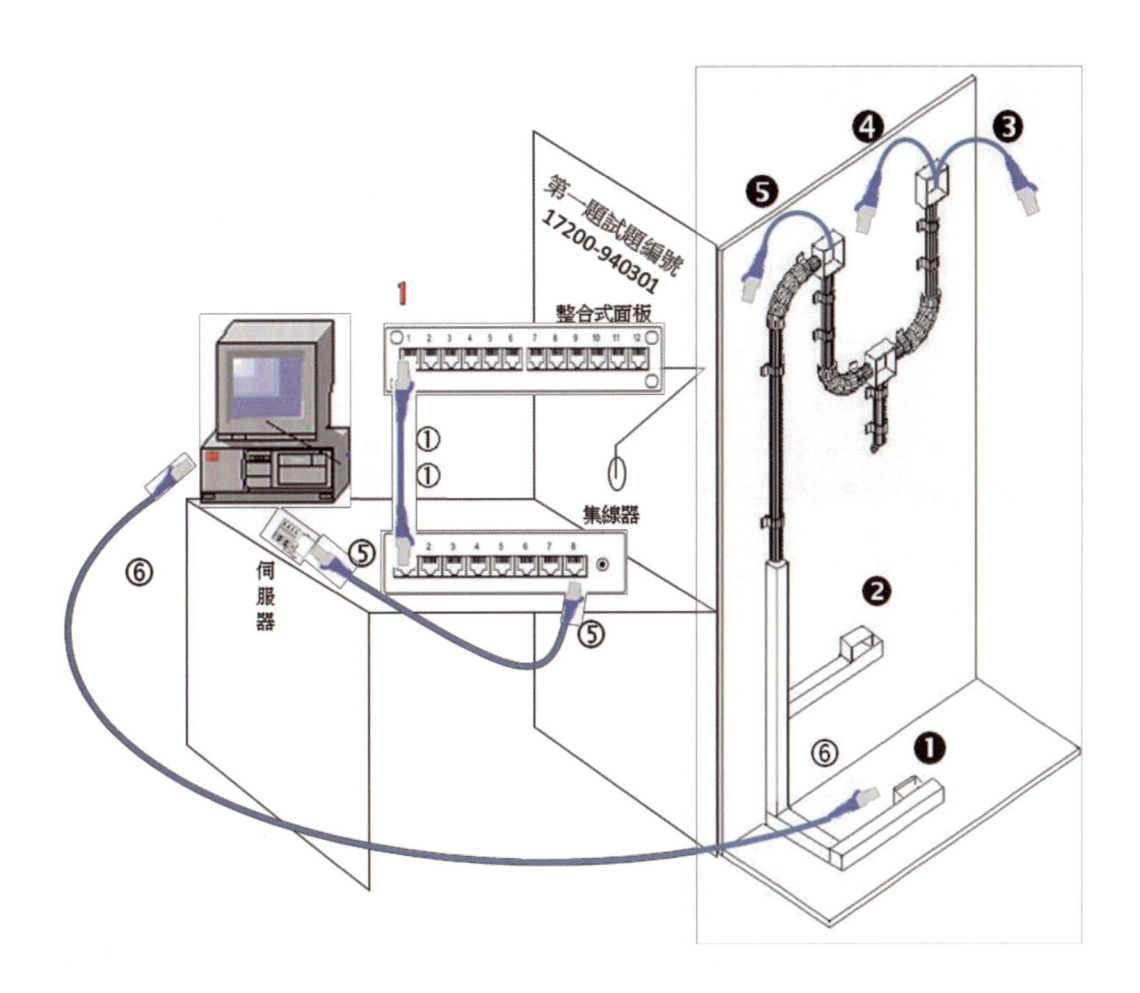

步驟 6： 2 樓客戶端電腦連接主機網頁連線測試。

將編號 ⑥ 號 (3 公尺) 網路線，接編號 ❷ 號桌上型資訊插座與網路卡，開啟網際網路 IE 瀏覽器輸入伺服器網址 http://198.168.1.116 (會公佈在黑板)，電腦螢幕出現連線成功畫面。

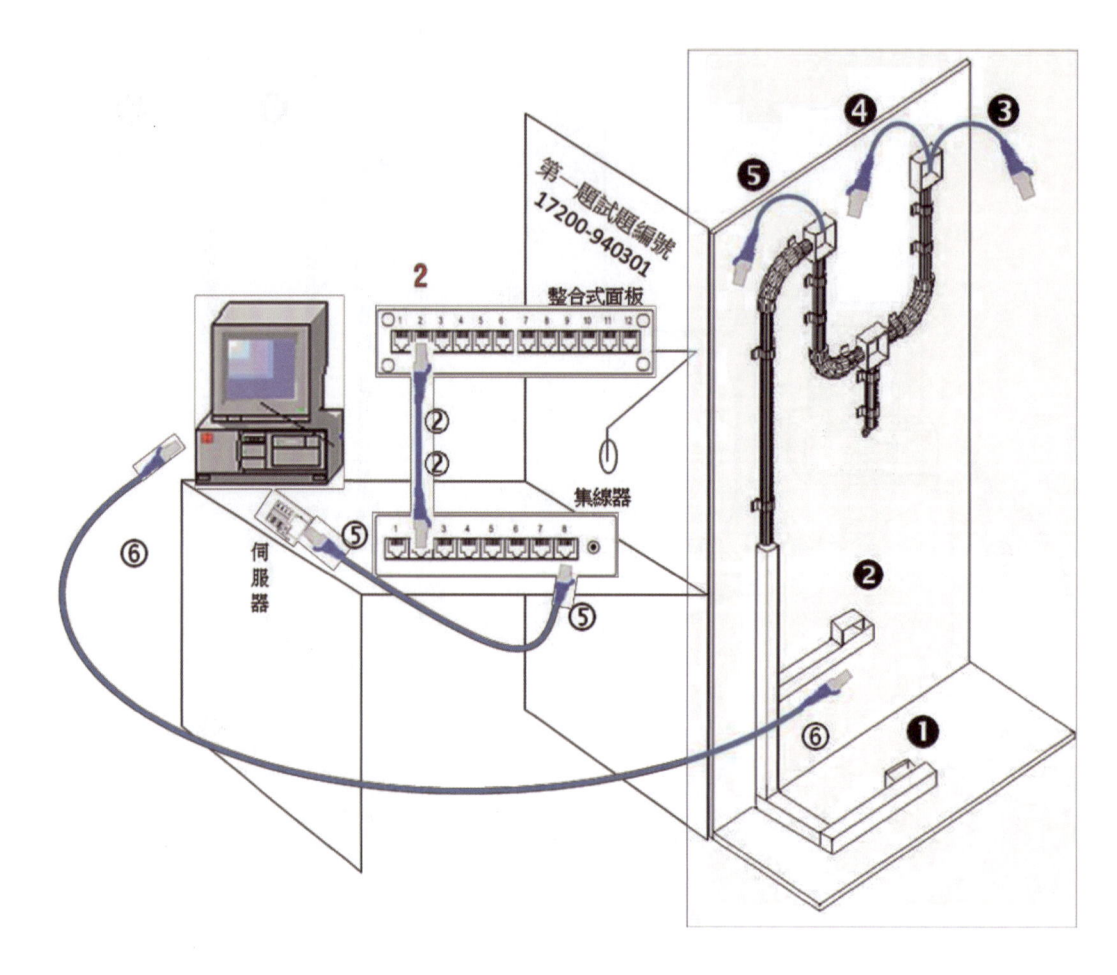

步驟 7： 3 樓客戶端網路測試器連線測試。

將集線器通訊埠上 ③ 號網路線拔取出來，換插入網路線測試器。

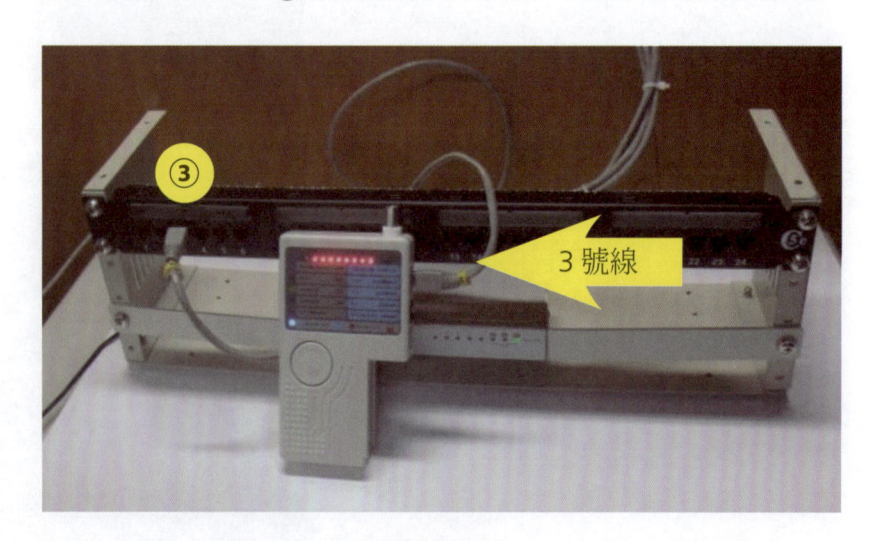

測試器測試

將編號 ❸ 號 RJ45 接頭插入網路線測試器。

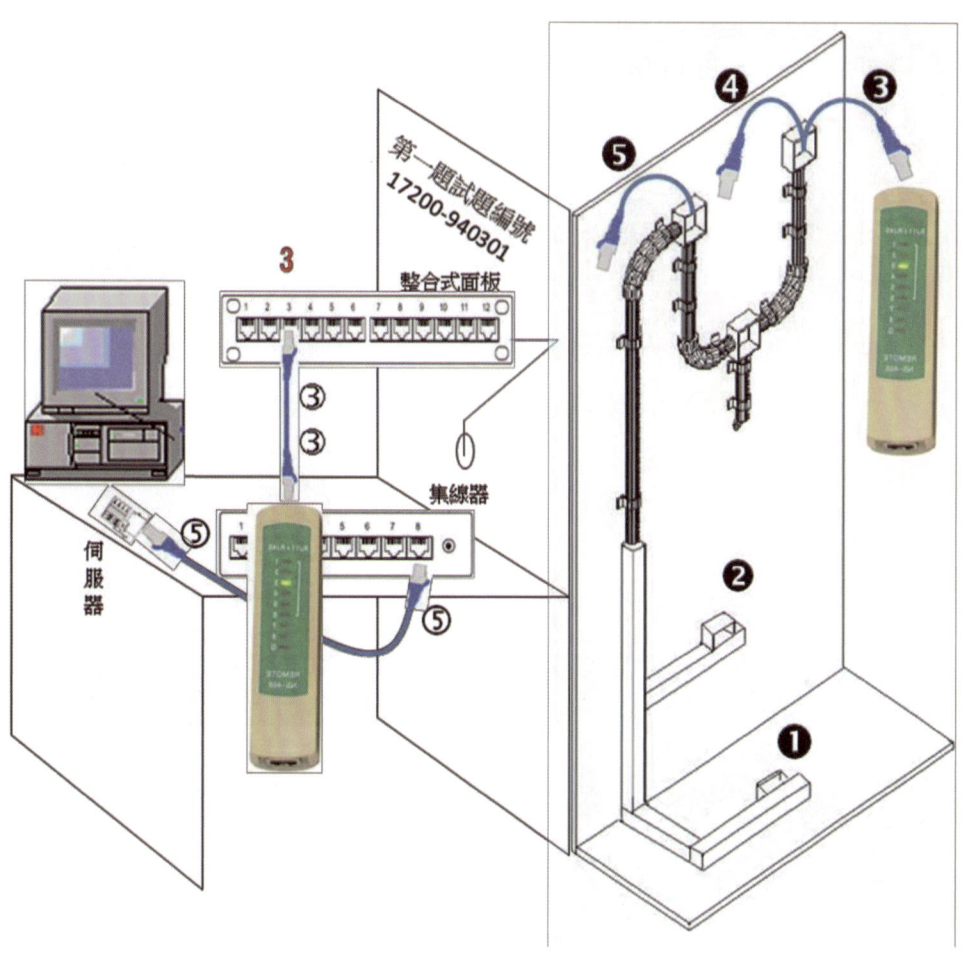

步驟 8： 4 樓客戶端網路測試器連線測試。

將集線器通訊埠上 ④ 號網路線拔取出來，換插入網路線測試器。

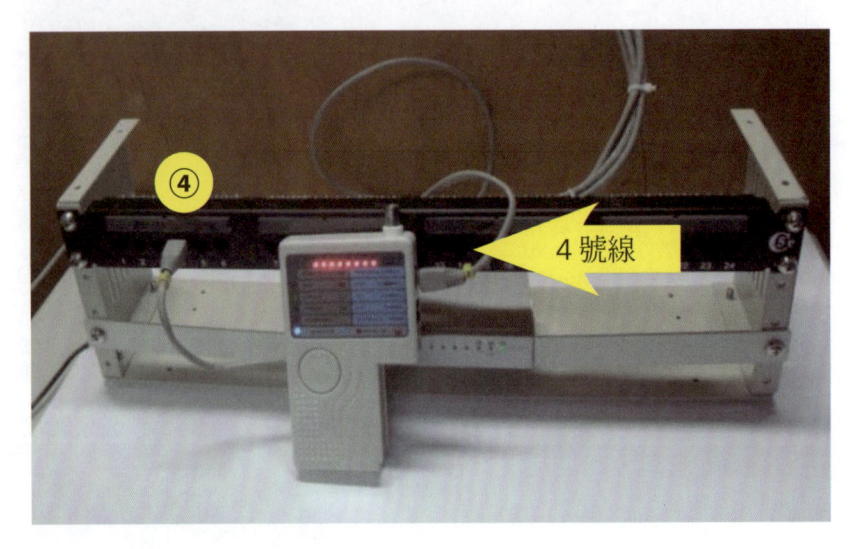

測試器測試

將編號 ❹ 號 RJ45 接頭插入網路線測試器。

術科試題實作說明 3

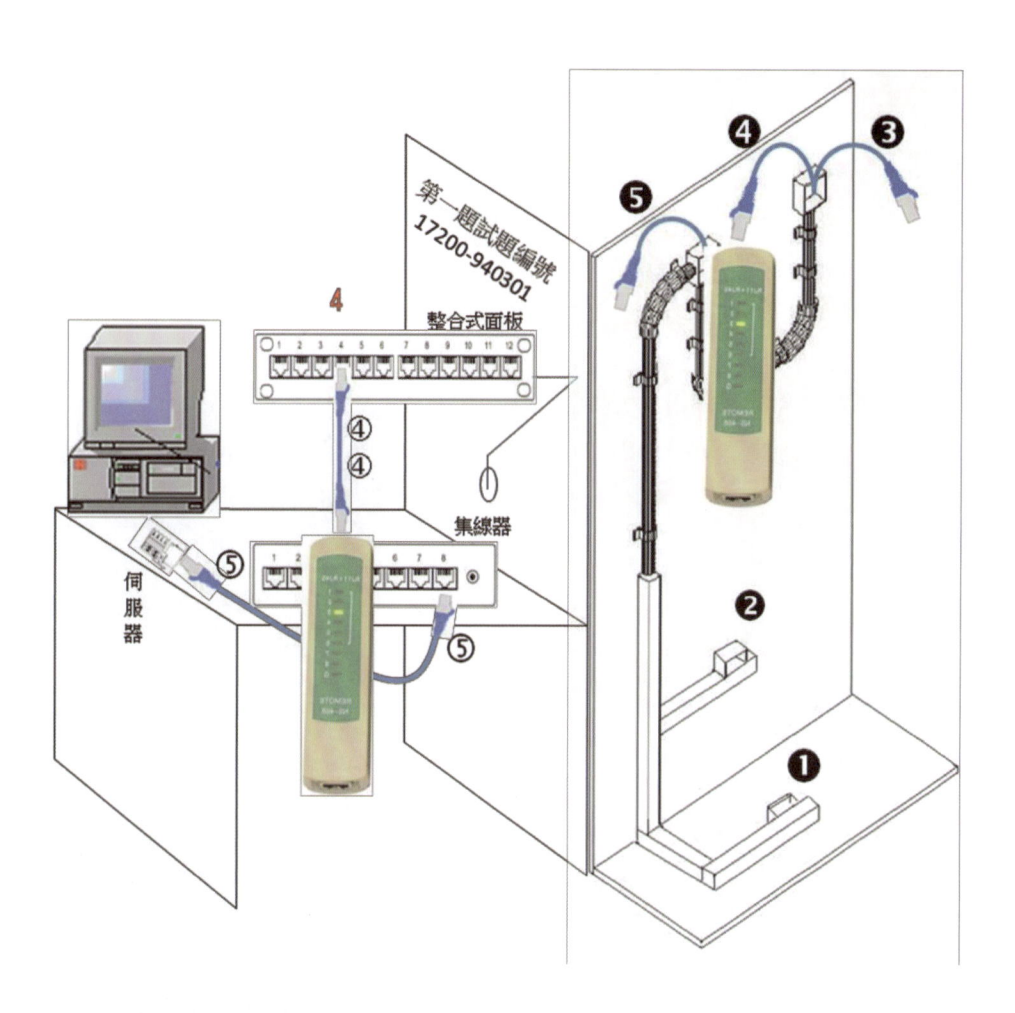

步驟 9： 5 樓客戶端網路測試器連線測試。

將整合式面板通訊埠上 ④ 號網路線拔出來，換插入整合式面板通訊埠上 5 號。

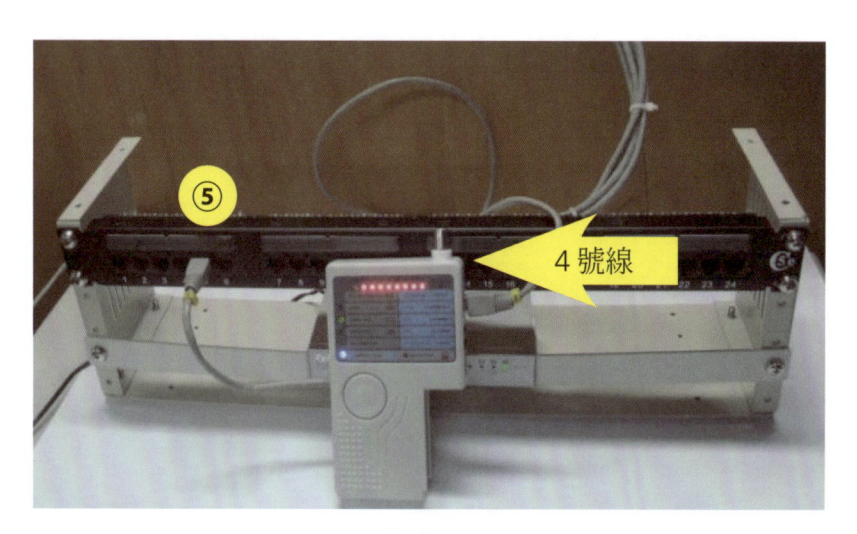

測試器測試

57

> **注 意**
>
> 這裡小心陷阱，⑤ 號 (1 公尺) 網路線，一端連接到集線器通訊埠 (任何一埠接可)，另一端連接到主機伺服器 (Server) 的資訊插座。所以借用 ④ 號網路跳線，測試編號 ⑤ 號鏈結線路。

將編號 ❺ 號 RJ45 接頭插入網路線測試器。

術科試題實作說明　3

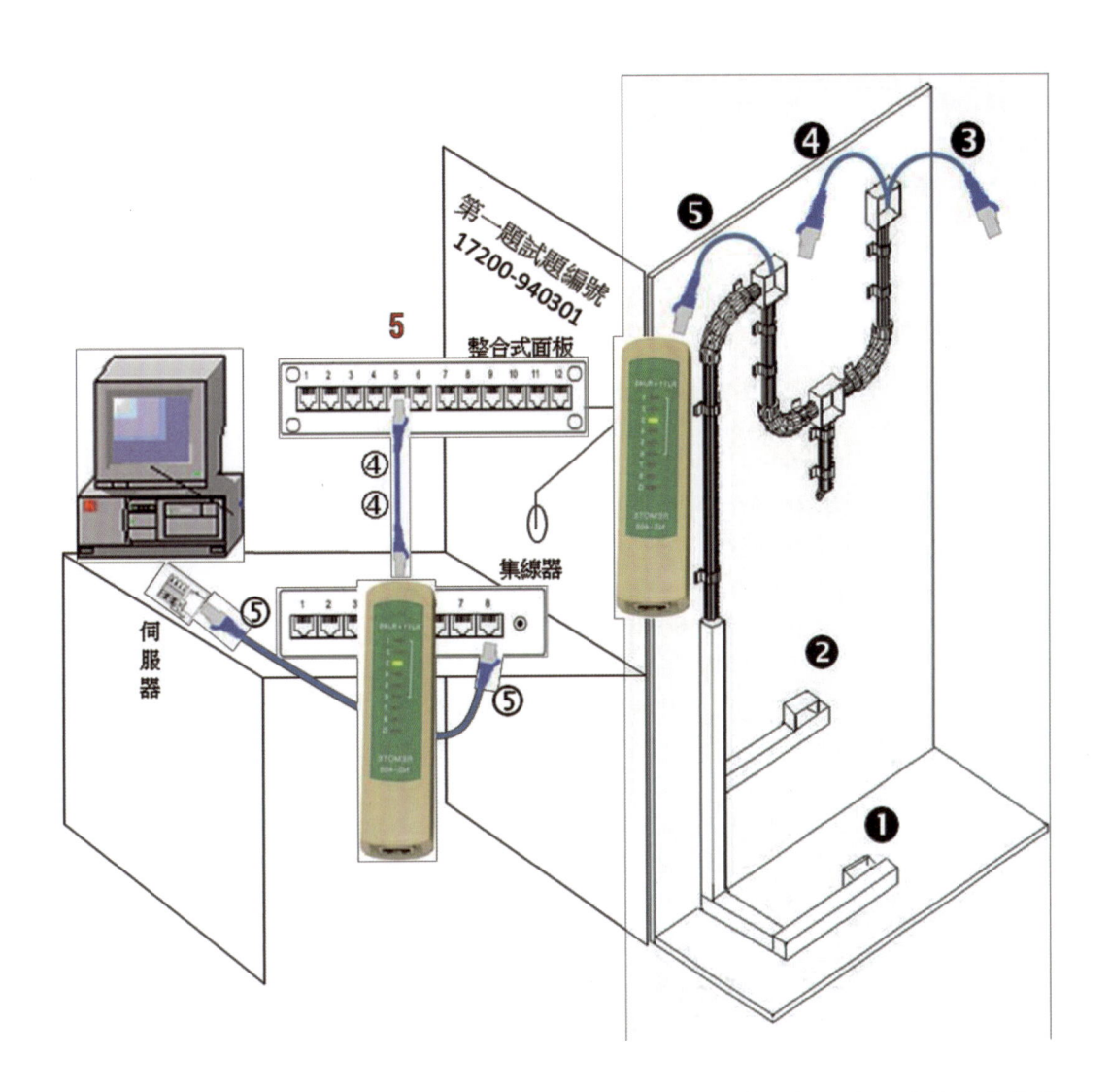

動作全部完成且功能正常，先整理工作崗位再舉手請監評委員來評分，功能評分後必須依照監評規定拆除恢復原先工作崗位原狀，經考場協助人員確認後才算評分完成方可離開，否則會被扣分。

丙 級 網 路 架 設 技 能 檢 定 自 我 評 分 表					題　　　號	
檢　定　日　期			年　　月　　日	姓　　　名		崗位號碼	
抽　籤　遮　罩				抽籤 IP 位置		總評結果	☐ 及格
計算崗位遮罩				計算崗位 IP			☐ 不及格
項　　目		扣　分　標　準				每處扣分	扣分數
重大缺點	1	於規定 3 小時內完成或棄權				100	
	2	PVC 管水平佈線(左、右)架設網路				100	
網路設定	3	IP 位址計算設定是否正確				25	
	4	子網路遮罩計算設定是否正確				25	
	5	評審表上面，IP 與遮罩位置填寫錯誤				25	
	6	資訊插座❶號，是否可連上伺服器網頁				25	
	7	資訊插座❷號，是否可連上伺服器網頁				25	
整體佈線動作要求	8	資訊插座編號❶、❷號(上、下)安裝是否正確				10	
	9	天花板❸、❹、❺號網路線(左、右)佈線是否正確				10	
	10	水平方形壓條(線槽)是否距離地面 30 公分				10	
	11	編號①號 0.5 公尺網路線連接整合式面板與集線器 HUB				10	
	12	編號②號 0.5 公尺網路線連接整合式面板與集線器 HUB				10	
	13	編號③號 0.5 公尺網路線連接整合式面板與集線器 HUB				10	
	14	編號④號 0.5 公尺網路線連接整合式面板與集線器 HUB				10	
	15	編號⑤號 1 公尺網路線連接考場伺服器(Server)與集線器 HUB				10	
	16	編號⑥號 3 公尺網路線連接電腦網路卡與❶或❷號資訊插座				10	
	17	識別環未標示或標示不正確(一個扣 5 分)				5	
	18	11 個 PVC 管夾安裝是否正確(一個扣 5 分)				5	
	19	整合式面板配線整線(建議束線 3 條以上)				5	
網路線測試器量測	20	編號①號的 0.5 公尺網路線測試導通				15	
	21	編號②號的 0.5 公尺網路線測試導通				15	
	22	編號③號的 0.5 公尺網路線測試導通				15	
	23	編號④號的 0.5 公尺網路線測試導通				15	
	24	編號⑤號的 1 公尺網路線測試導通				15	
	25	編號⑥號的 3 公尺網路線測試導通				15	
	26	編號❶號資訊插座與整合式面板 1 號測試導通				25	
	27	編號❷號資訊插座與整合式面板 2 號測試導通				25	
	28	❸號 RJ45 接頭與整合式面板 3 號測試導通				15	
	29	❹號 RJ45 接頭與整合式面板 4 號測試導通				15	
	30	❺號 RJ45 接頭與整合式面板 5 號測試導通				15	
	31	15 個 RJ-45 接頭製作不良(未壓住網路線一個扣 5 分)				5	
	32	15 個 RJ-45 接頭製作不符合 568A/B 標準(一個扣 5 分)				5	
工作態度	33	工作態度不當或行為影響他人，經糾正仍不改正者				50	
	34	功能檢查後未將組裝之器材及工作崗位恢復原狀				20	

3-2　17200-940302 實戰技巧解題作法

≫ 考題說明

網路架設術科考試有四題，仔細觀察其實只差別在於配接 PVC 管左右邊，及鏈結網路編號位置不同，其他接線、測試方法都一模一樣，第二題將以模擬考場，實戰技巧方式介紹。

建築物施工（蓋房屋時），建築人員事先將 PVC 管預埋在鋼筋水泥裡。當大樓主架構鋼筋水泥都完成後，配線人員利用穿線繩（穿線器）拉配網路線。本考題未規定施工順序方式，所以使用簡易穿線法方式，將 PVC 管拆下來配線，省去穿線繩（穿線器）使用上的不便，這種做法是不符合實際施工，但為了節省考試時間，所以可以參考此方式配裝網路線。

一、網路架設考前準備說明

1. 請依照准考證通知時間到達指定術科考生報到休息區簽名，並抽考試題號及工作崗位，再次簽名確認。(簽到表如下圖表)

   應檢人李成祥抽到考試題目第二題，另抽工作崗位第 8 號崗位。

（勞委會中部辦公室）辦理 100 年度第（一）梯次　技能檢定術科測試應檢人簽到及抽題紀錄表

職類名稱	網路架設	級別	丙	場次	一	試題編號	17200-940301-4
測試時間	日期	中華民國 100 年 10 月 10 日						
	時間 上下午	上午 8 時 30 分 到 上午 11 時 30 分 共 3 小時　分鐘						
應檢人數	20 人	到檢人數			人	缺考	人

術科測試號碼	姓名	簽到	抽題題號	簽名確認	術科測試號碼	姓名	簽到	抽題題號	簽名確認
123456787	王穗穗	王穗穗	1	王穗穗					
123456788	蔣繼中	蔣繼中	3	蔣繼中					
123456789	李成祥	李成祥	2	李成祥					
123456790	林煜展	林煜展	1	林煜展					

2 待報到時間結束，考場服務生會帶所有應檢人到術科考場。

3 應檢人進入考場後請勿交談，監評長會集合所有應檢人，說明考試規則及考試注意事項，並由一位應檢人代表抽 IP 區段，例如應檢人李成祥代表抽出 IP 區段 18.112.81.X/27，伺服器 18.112.81.189(此 IP 區段適用所有考生)，監評會將抽到的 IP 區段及伺服器 IP 填寫在黑板上，也會請所有應檢人將抽到的 IP 區段寫在評分表空白處(背面)，待正式考試開始時，考生再自己計算 IP 及遮罩，並填寫到評分表黑色粗框欄裡面。

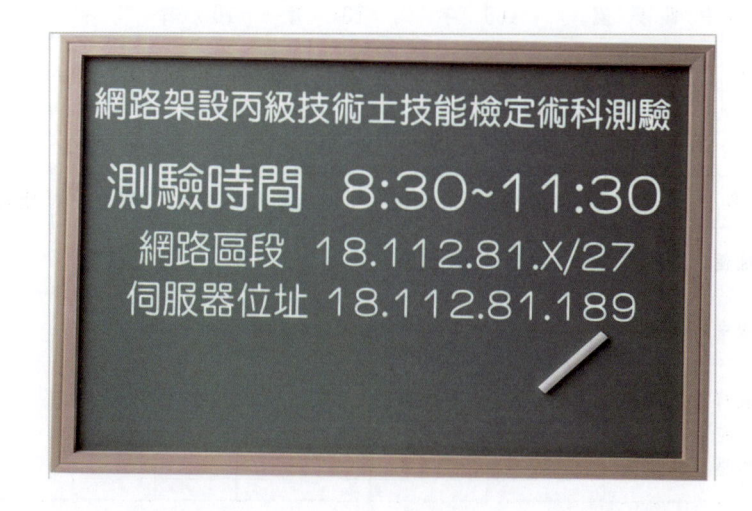

4 應檢人回到自己崗位,將個人電腦連線瀏覽指定伺服器網頁,並清點工作材料。

《前置作業一》 個人電腦連線瀏覽指定伺服器網頁:

李成祥抽到工作崗位 8 號,考場服務人員已經將李成祥個人電腦 IP 與遮罩設定完成為測試用 IP:192.168.168.8;遮罩:255.255.255.0,考場會提供應檢人 1 條測試用網路線,連接伺服器資訊座與個人電腦,李成祥自己要測試個人電腦是否正常連接到伺服器。

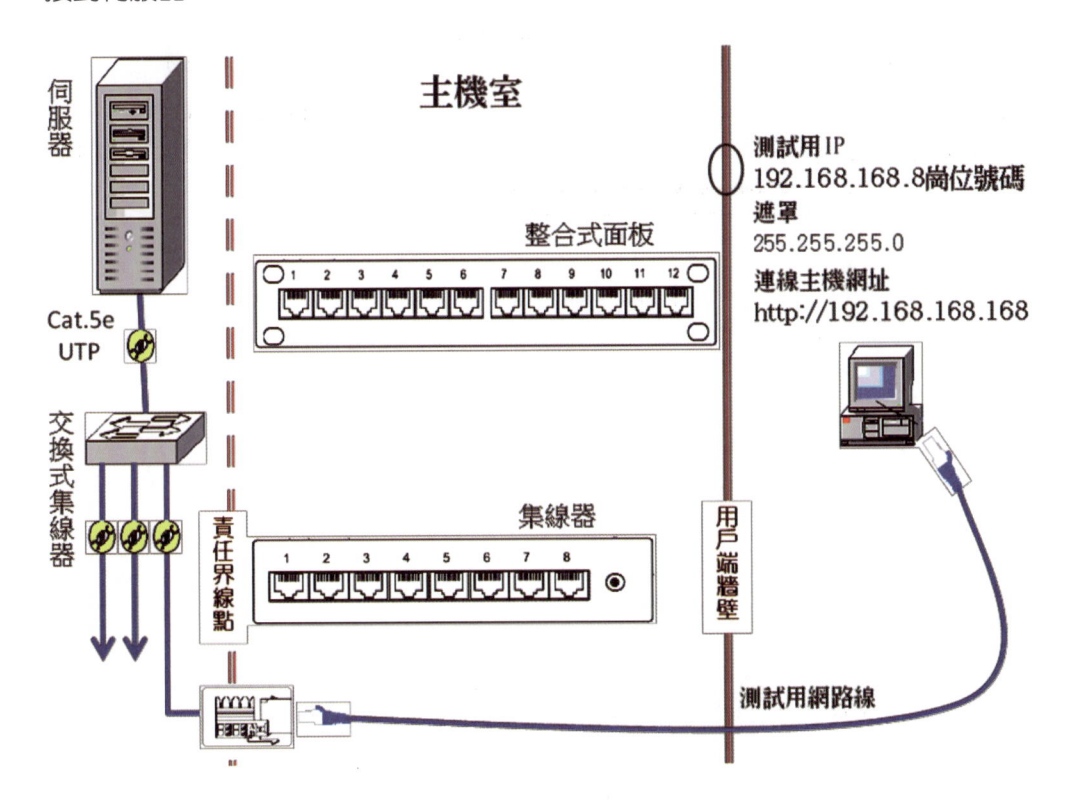

有些考場會提供應檢人 2 條測試用網路線,1 條網路線連接伺服器資訊座到集線器,另外 1 條網路線連接集線器到個人電腦,應檢人自己要測試集線器與個人電腦是否正常連接到伺服器。

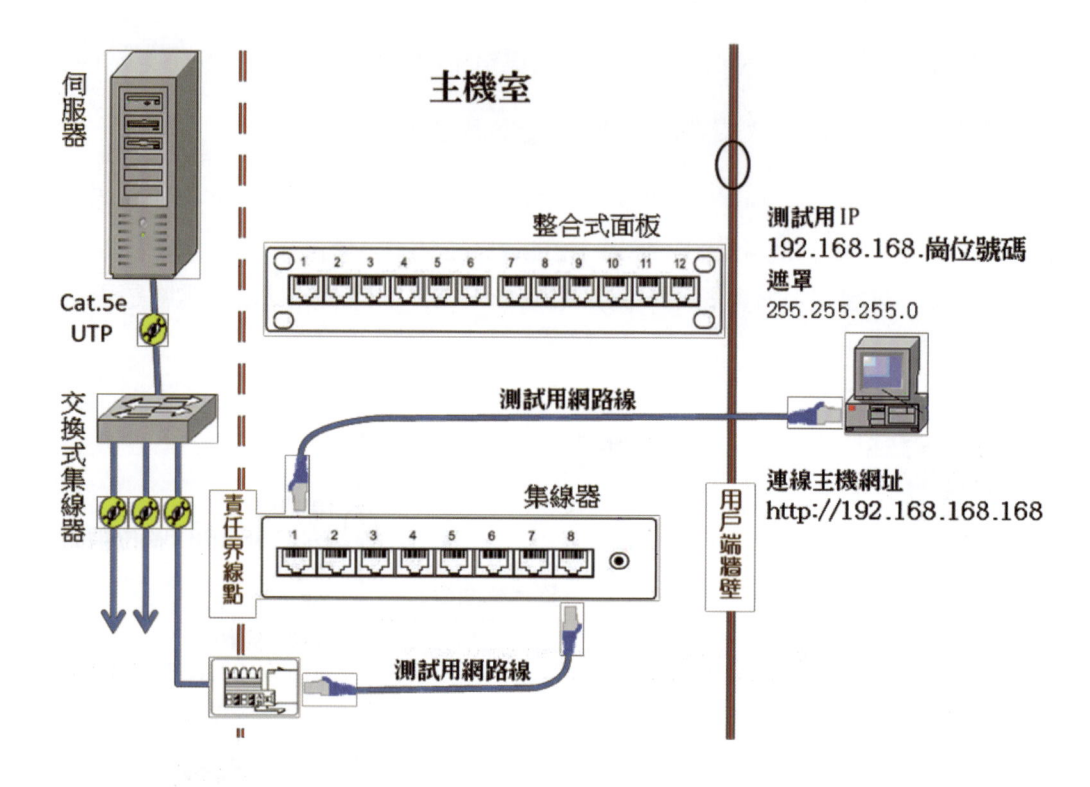

以上動作考場都已設定好，考生只需打開 IE 瀏覽器，在網址輸入 http://192.168.168.168，將個人電腦連線瀏覽指定伺服器網頁。

建議將 IE 瀏覽器關掉，再重新開啟一次 IE 瀏覽器，再次網址輸入 http://192.168.168.168。

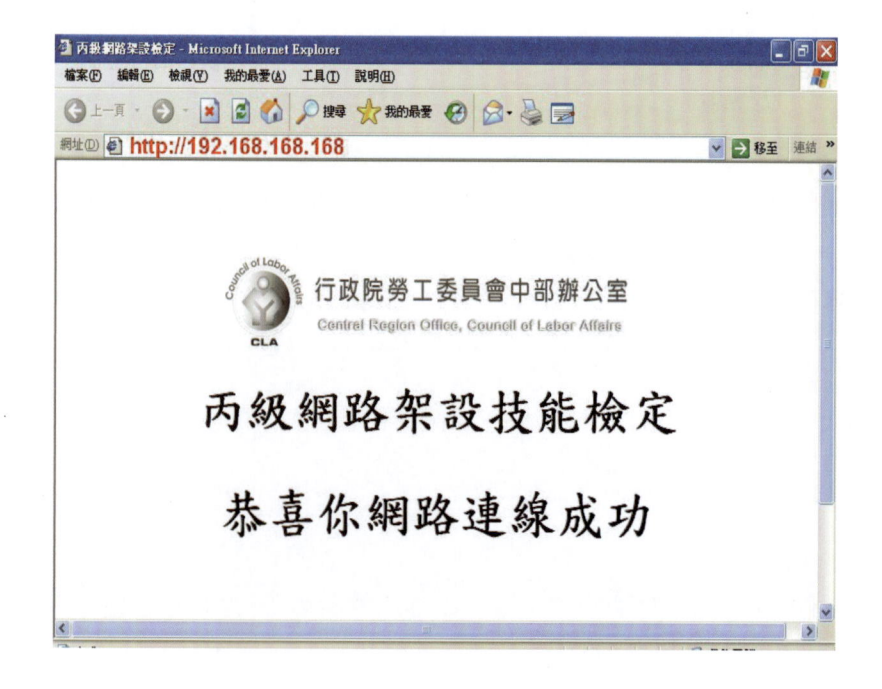

3 術科試題實作說明

> **注意**
>
> 此時必須出現考場預設網頁，表示應檢人個人電腦、集線器、考場伺服器是正常的。如果無法瀏覽指定伺服器網頁，考生不要做任何動作，馬上舉手請試場人員協助。

《前置作業二》清點工作材料

將考場提供的勞動部公告術科應檢資料材料表打開，清點材料。可依照下圖材料單順序排放，以方便清點與施工。

編號	材料		編號
9	電工膠帶(1 捲)	網路架設丙級技術士技能檢定術科測驗評審表	
		檢定日期 100年 10月 10日　題號 第 2 題	資訊插座(桌上埋入型)	10
8	螺絲(50 個)	准考證編號 123456789　總評結果 □及格 □不及格	網路線測試器	
7	束線帶(10 條)	應檢人姓名 李成祥　監評長簽章	十字起子	
6	PVC 盒接頭(6 個)	檢定崗位號碼 8　重大缺點應檢人簽名處	剝線鉗	自備工具
5	管夾(11 個)	子網路遮罩 　　　設定 IP 位址	壓接器	
4	識別環(1~6 號各四組)	項目　評審標準　不及格　備註 一、有下列任一情形者為以不合格論。 　1. 未能於規定時間內完成工作或棄權者。 　2. 未依照試題水平佈線圖示架設網路。 　3. 個人電腦在所有資訊插座皆無法瀏覽指定伺服器網頁。 　4. 未注意工作安全致使自身或他人受傷而無法工作者。 　5. 具有舞弊行為或其他重大錯誤，經評審委員在評分表內登記具體事實，並經評審長認定者。 二、以下各小項扣分標準依應檢人實作狀況評分，每項之扣分，不得超過最高扣分，採扣分方式，100分為滿分，0分為最低分，60分（含）以上者為【及格】。	斜口鉗	
3				
2	護套(17 個)		原子筆	
1	RJ45 接頭(17 個)		奇異筆	

65

以上動作都不列入測驗時間，待整個考場考生連線都正常，考場服務人員會收回測試用的網路線，監評長宣佈開始測驗時間與結束時間，測驗時間為 3 小時，考生開始動作。

二、正式考試開始，依下列步驟施工預估 2 小時半可以完成，預留 30 分鐘做故障排除

① 計算、填寫和設定網路遮罩及 IP。(10 分鐘)

② 製作 1 條網路跳線，連線伺服器。(10 分鐘)

③ 製作 5 條網路跳線。(40 分鐘)

④ 依考題做 PVC 管、鏈結網路施工。(40 分鐘)

⑤ 整合式面板打線。(20 分鐘)

⑥ 導通測試、確認連線可瀏覽指定伺服器網頁。(10 分鐘)

⑦ 固定 11 個 PVC 管夾，最後總整理。(20 分鐘)

⑧ 監評委員評分。(不列入考試時間)

》 步驟 1、計算、填寫和設定網路遮罩及 IP：（10 分鐘）

李成祥抽到工作崗位 8 號，考題第 2 題，由應檢人代表抽 IP 網路區段 18.112.81.X/27，伺服器位址 18.112.81.189，經李成祥計算結果，遮罩為 255.255.255.224，IP 為 18.112.81.168 填寫 IP 和網路遮罩，注意遮罩與 IP 不要填寫錯表格位子。

▼ 網路架設丙級技術士技能檢定術科測驗評審表

檢定日期	100 年 10 月 10 日	題　號	第 2 題
准考證編號	123456789	總評結果	□及格　　□不及格
應檢人姓名	李成祥	監評長簽章	
檢定崗位號碼	8	重大缺點應檢人簽名處	
設定子網路遮罩	255.255.255.224	設定 IP 位址	18.112.81.168

接著設定個人電腦網路遮罩及 IP。

步驟 1： 桌面選網路上芳鄰，按滑鼠右鍵→點選內容→開啟網路連線工作區視窗。

步驟 2： 點選區域連線按滑鼠右鍵→點選內容→開啟區域連線內容區視窗。

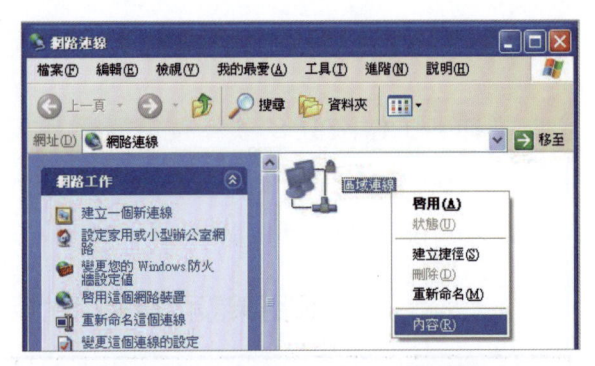

步驟 3： 選擇 (TCP/IP) 設定按滑鼠左鍵點選內容。

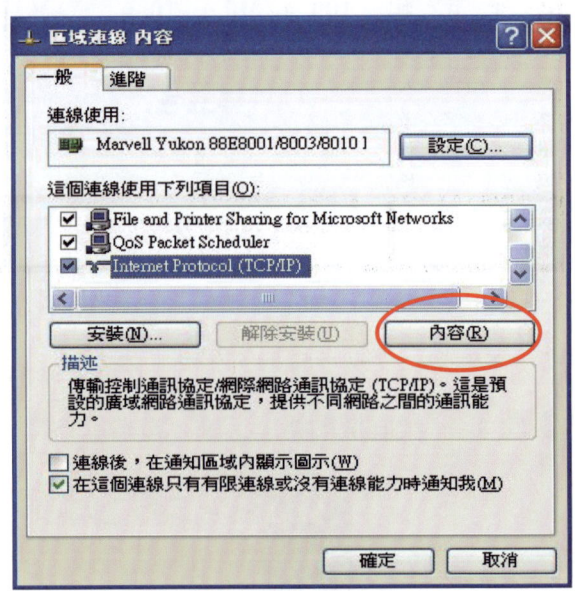

步驟 4： 輸入李成祥的 IP 位置為 18.112.81.168，網路遮罩 255.255.255.224 將測試用 IP 改為考試用 IP。

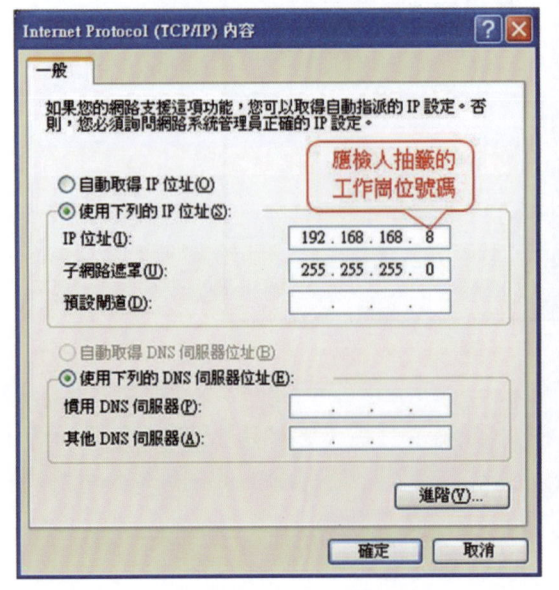

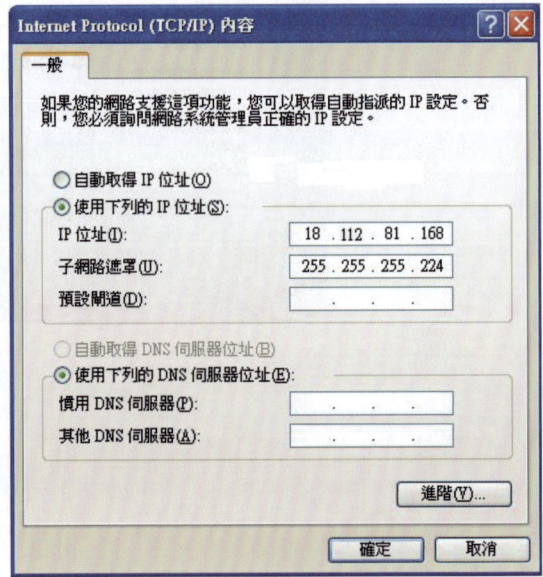

≫ 步驟2、製作1條3公尺編號 ⑥ 號網路線,連線伺服器:(10分鐘)

應檢人代表李成祥抽籤的 IP 區段適用所有考生,但是不盡然該場次所有考生都會計算 IP,有可能自己崗位 IP 會被其他考生計算錯誤而鎖住無法連線,也有可能集線器發生熱當機,還有很多種種原因無法連線伺服器,又依評審表第一項第 3 點「個人電腦在所有資訊插座皆無法瀏覽指定伺服器網頁屬於重大缺點,以不及格論。」所以建議先裁剪 3 公尺網路線 1 條製作 ⑥ 號跳線,並記得套上編號 ⑥ 識別環及 RJ45 保護套,製作完成後用網路測試器測量是否 ⑥ 號網路線 8 芯線都導通。(網路線由最內圈中心開始拿取裁剪,才不會網路線打結凌亂。)

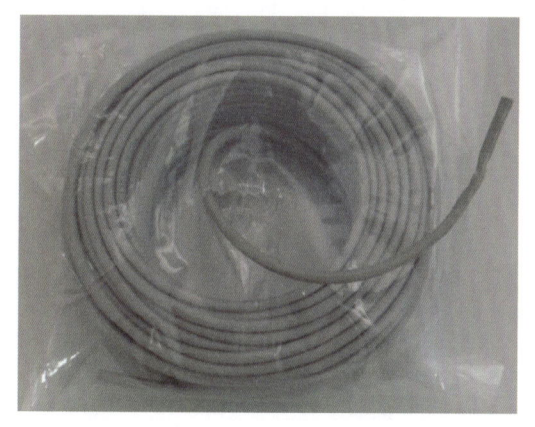

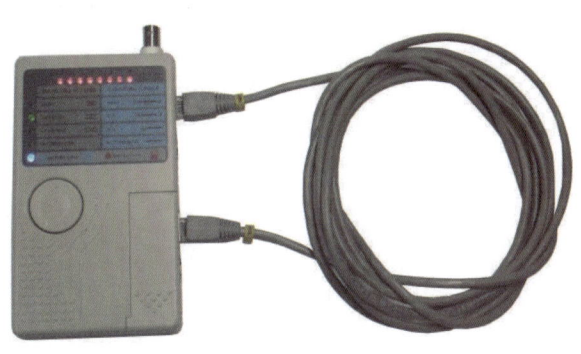

網路線由最內圈中心開始裁剪　　網路測試器測量 ⑥ 號網路線

將此 ⑥ 號跳線連接伺服器資訊插座和個人電腦,打開 IE 瀏覽器,網址輸入伺服器 IP 位址,http:// 18.112.81.189。(很多考生因為緊張會不知輸入什麼 IP,記得請看黑板公布的 IP 位址就對了。)

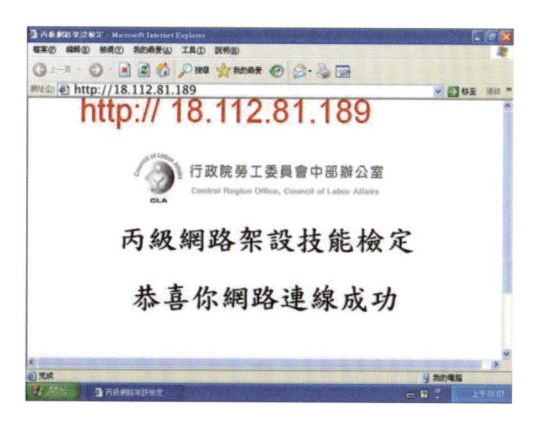

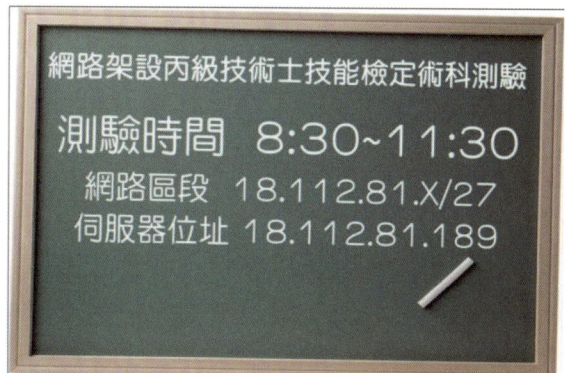

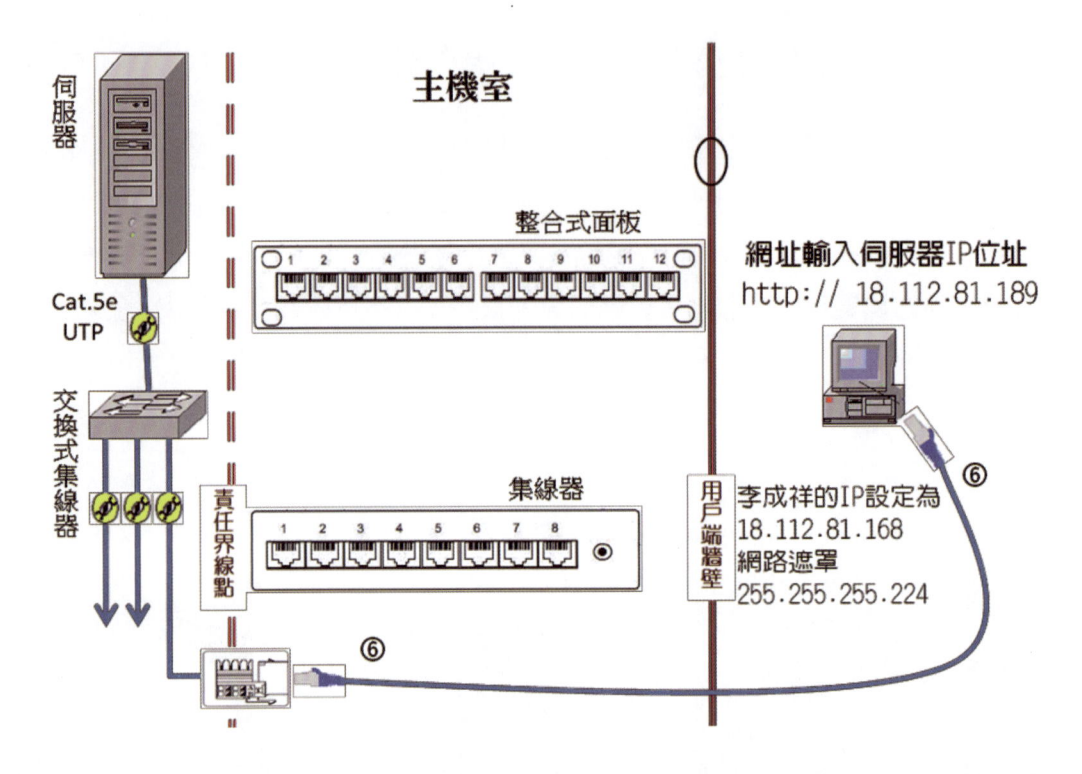

此時必須可瀏覽指定伺服器網頁主機網頁，如果無法出現網頁連線成功，請檢查下列是否正確

a. 編號 ⑥ 號 3 公尺網路線重新測試一次是否 8 芯線都導通正確。

b. 檢查個人電腦 IP、遮罩是否計算正確。

c. 檢查個人電腦區域連線 (TCP/IP) 中 IP、遮罩是否設定正確。

d. 檢查瀏覽器網址是否輸入跟黑板一樣。

e. 集線器 HUB 重新開機。

f. 個人電腦重新開機。

g. 關閉防火牆。

h. 檢查區域連線是否啟動正確。

i. 檢查 1394 卡不可以連線啟動。

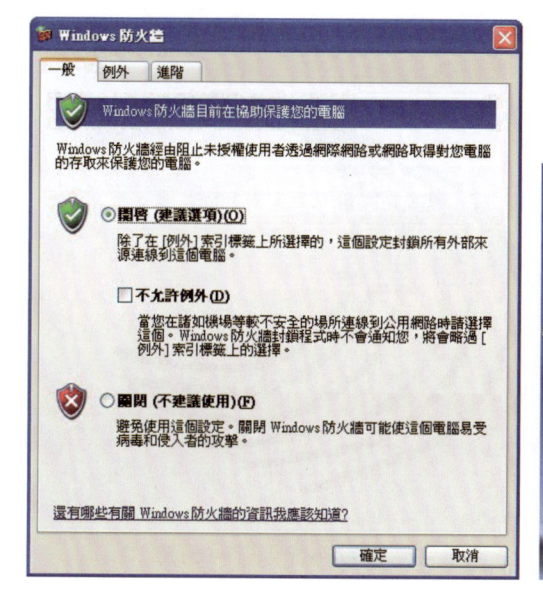

桌面選網路上芳鄰，按滑鼠右鍵→點選內容→開啟網路連線工作區視窗。

> **注意**
> 如果以上都確認無誤，還是無法瀏覽指定伺服器網頁，馬上舉手請監評委員協助，查看是否伺服器錯誤，或是已經有其他考生占用考場 IP 了。

》 步驟 3、製作 5 條網路跳線：（40 分鐘）

依照考題要求，有 6 條網路線做『設備跳線』，因 3 公尺 ⑥ 號網路線已製作完成，所以只需再製作 5 條網路線，須全部使用 568B 製作。

動作 1： 將工作桌整理一個空間（電腦鍵盤暫時移開），專心製作 RJ45 壓接，這 5 條跳接線是整個考試關鍵點，要確實將 RJ45 接頭壓接正確。

動作 2： 裁剪 0.5 公尺網路線 4 條，並距離網路線頭處寫上編號 ①②③④。

動作 3： 裁剪 1 公尺網路線 1 條，並距離網路線頭處寫上編號 ⑤。

防止識別環或護套忘記擺放而被扣分，將 5 條網線用電工膠帶纏繞依序號放入（注意護套方向），護套（開口朝下）→識別環→識別環→護套（開口朝上），再依 568B 顏色壓接 10 個 RJ45 接頭。建議拿椅子坐下，將電腦鍵盤移開，桌面工作空間較大，專心壓接。

5 條網路線需逐一用網路線測試器測量是否 8 芯線都導通。

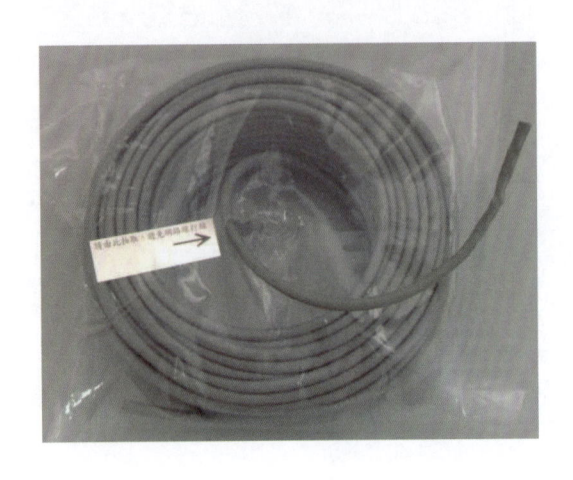

網路線由最內圈中心開始抽取裁剪　　　護套→識別環→識別環→護套

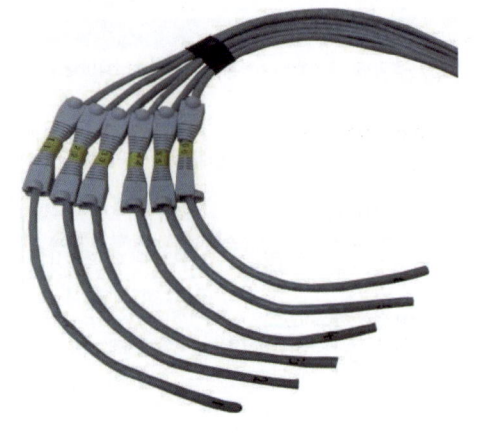

使用 TIA/EIA 568B 製做 10 個 RJ45 接頭　　用網路線測試器測量是否 8 芯線都導通

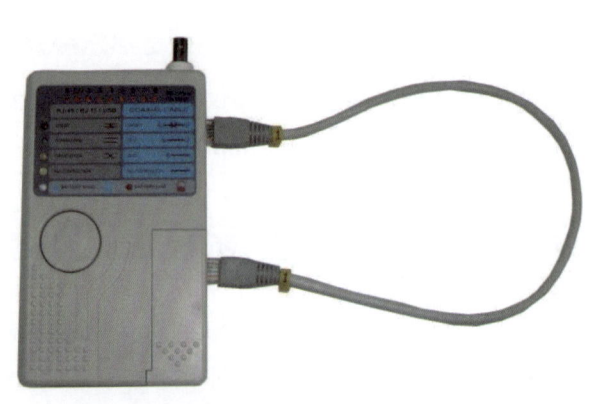

>> 步驟 4、依考題做 PVC 管、鏈結網路施工：（40 分鐘）

第二題　試題編號：17200-940302 水平佈線圖

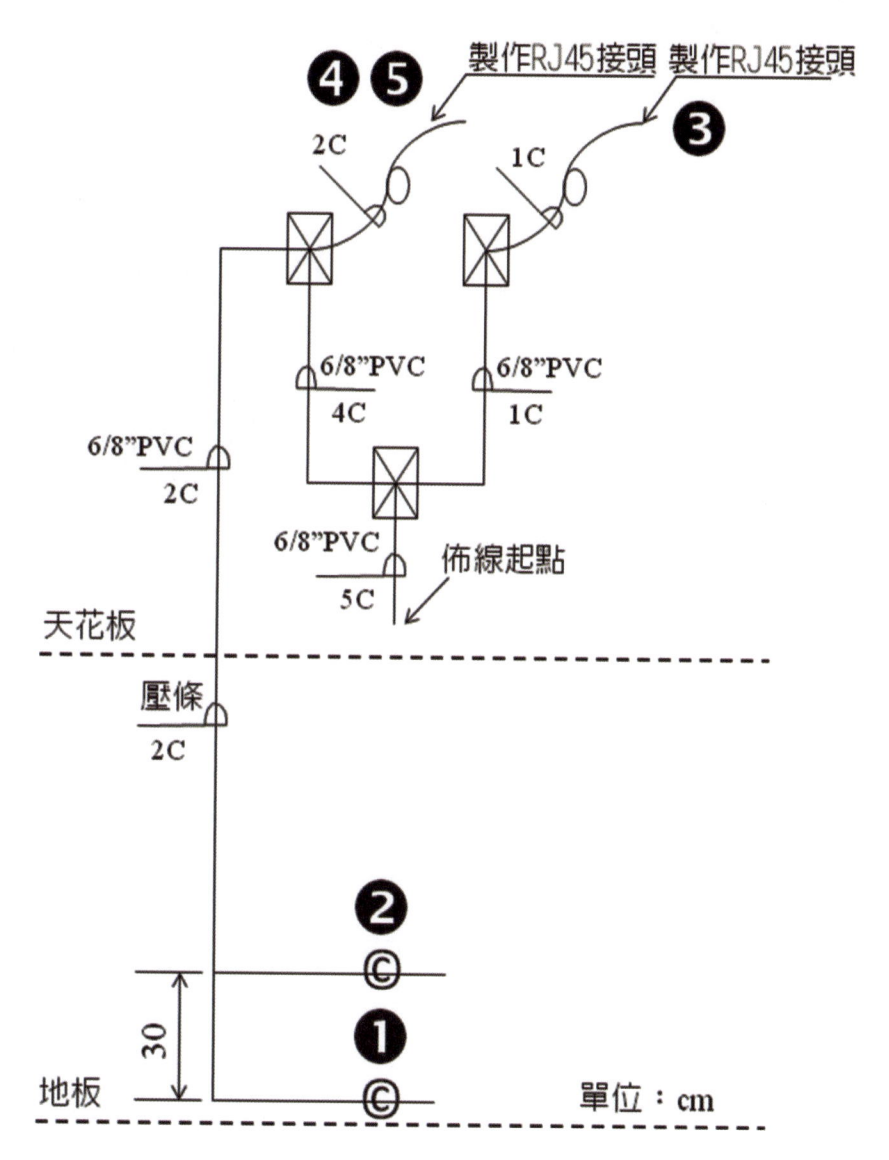

製作RJ45接頭　製作RJ45接頭

❹ ❺
2C
❸
1C

6/8"PVC　6/8"PVC
4C　1C

6/8"PVC
2C

6/8"PVC
5C

佈線起點

天花板

壓條
2C

❷
Ⓒ
❶
Ⓒ

30

地板

單位：cm

註：1. 製作 RJ-45UTP 線，須將兩端加套識別環以資識別。
　　2. 圖中出線的標號與整合式跳線面板號碼要相互對應

步驟 1： 將試題第二題編號：17200-940302 水平佈線圖,用膠帶貼在木版上方中間處,隨時可以查看配管位置與網路線編號是否正確。

木板側邊會有標示 50cm、100cm,裁剪網路線可以利用這標示來裁剪適當長度。

八角型接線盒 3 邊接上盒接頭,下方盒接頭連接短的 10 公分 PVC 管。

將八角型接線盒用 2 顆螺絲固定,PVC 管距離圓孔 2~5 公分以方便網路線穿入。

步驟 2： 左、右兩邊盒接頭連接短的 10 公分 PVC 管。

步驟 3： 左、右兩邊短的 10 公分 PVC 管連接 90° PVC 彎頭,90° PVC 彎頭再連接上長 35 公分的 PVC 管。

步驟 4： 依照試題第二題水平佈線圖，兩個八角型接線盒套上盒接頭後，分別左右兩側將 PVC 管與八角型接線盒連接，利用 1 個螺絲固定八角型接線盒於工作板上，各鎖 1 個螺絲，不要鎖死喔～待會拆卸容易。

左邊八角型接線盒輸出時，往左邊再多加上一個盒接頭。

步驟 5： 往左邊的盒接頭，連接短的 10 公分 PVC 管，連接 90° PVC 彎頭，再連接上長 80 公分的 PVC 管。

步驟 6： PVC 管接配線槽，固定 2 條垂直面方形的線槽，固定 2 條水平面(地板)圓弧形的線槽。

> **注意**
>
> 容易疏忽被扣分的地方：
> 依通訊法規定線槽必須與地面距離 30 公分，在第二題試題水平佈線圖施工圖有明確標示。

步驟 7：裁剪 2 條 5 公尺網路線，並將兩端寫上編號 ❶❷，裁剪 3 條 3 公尺網路線，並將兩端寫上編號 ❸❹❺。

因考生施工空間有限，裁剪網路線可以暫時懸掛在木板上，才不會凌亂造成網路線打結。參考第二題水平佈線圖將 ❶❷ 號網路線置於木板左上方，❹❺ 號網路線置於木板中間，❸ 號網路線置於木板右上方。

步驟 8： 左手拆卸木板端左側長 80 公分的 PVC 管，右手將 2 條 5 公尺編號 ❶❷ 網路線，穿入 PVC 彎管。

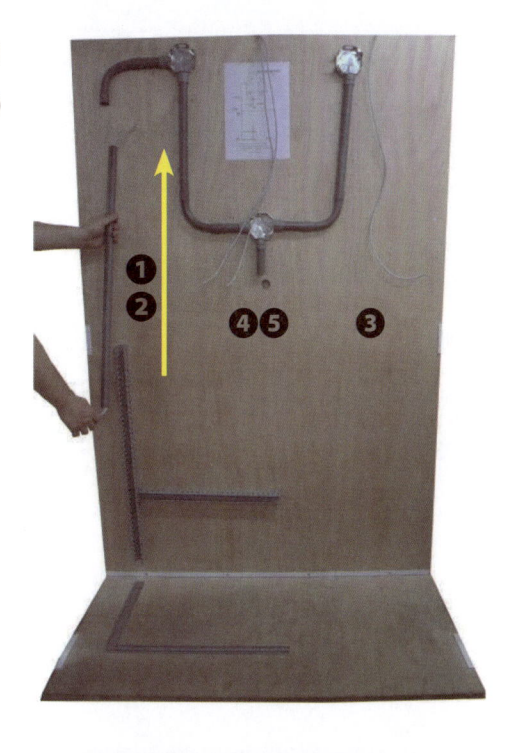

步驟 9： 拆卸 90° PVC 彎管，編號 ❶❷ 網路線穿入。

步驟 10：編號 ❶❷ 網路線穿入左邊八角型接線盒。

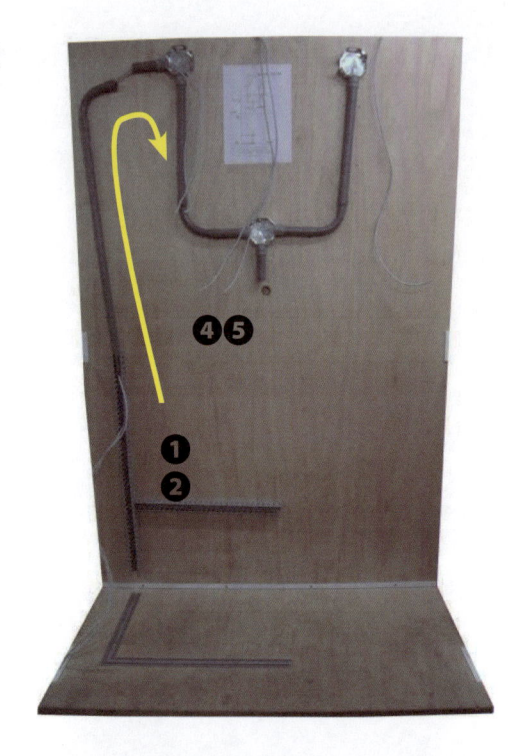

步驟 11：拆卸左邊 35 公分 PVC 管及 90° PVC 彎管，將置於木板中間編號 ❹❺ 號網路線及 ❶❷ 網路線一起穿入八角型接線盒下方。

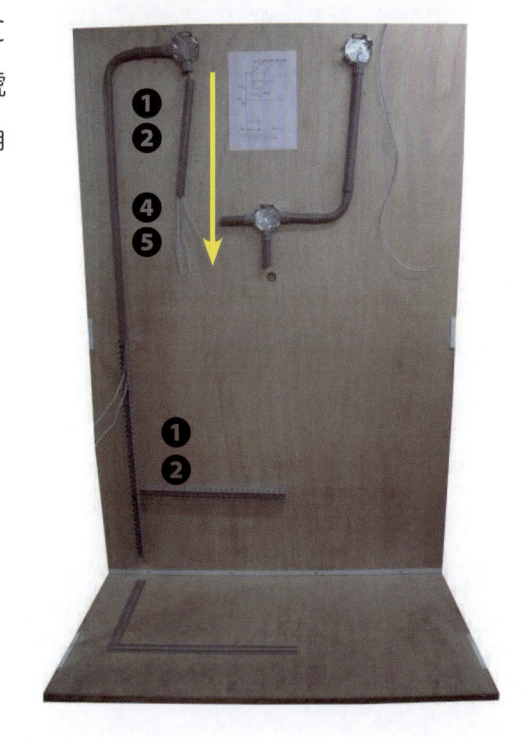

術科試題實作說明

步驟 12：編號 ❶❷❹❺ 號網路線一起穿過 90° PVC 彎管，穿入中間八角型接線盒左方。

步驟 13：拆卸右邊 35 公分 PVC 管，穿入編號 ❸ 號網路線。

步驟 14：拆卸右邊 90° PVC 彎管，穿入編號❸
號網路線。

步驟 15：將編號 ❸ 號網路線穿入中間八角型
接線盒右方，與編號 ❶❷❹❺ 號網
路線一起在中間八角型接線盒內。

3 術科試題實作說明

步驟 16：預留穿過木板到整合式面板打線的網路線長度，所以將編號 ❶❷❸❹❺ 號網路線一起拉至地面做為預留網路線長度。

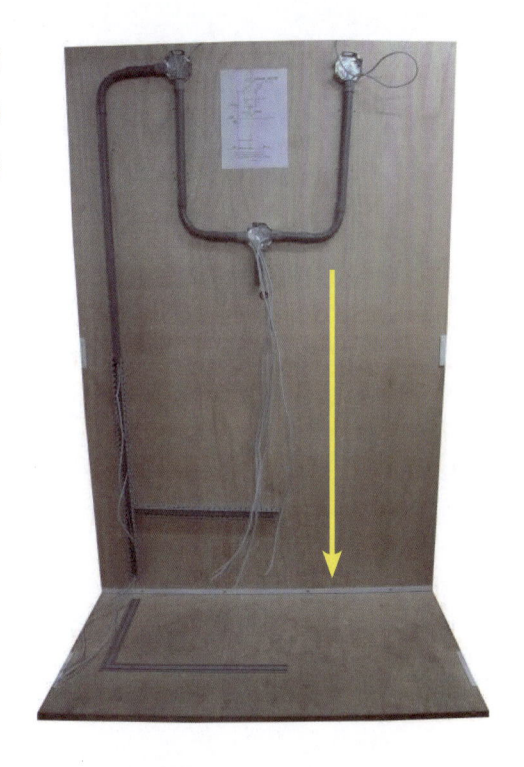

步驟 17：將編號 ❶❷❸❹❺ 號網路線一起穿入八角型接線盒下方盒接頭及 10 公分 PVC 管，再穿過木板圓孔。

81

步驟 18：依照第二題試題水平佈線圖，安裝桌上型資訊插座（垂直面木板上），與埋入式資訊插座（水平面地上），資訊插座請勿緊貼壓條，應保留適當距離便於檢查識別環。

右邊 ❸ 號網路線套識別環並壓接 RJ45 接頭，左邊 ❹❺ 號網路線套識別環並壓接 RJ45 接頭，❶ 號網路線配接到地上埋入式資訊插座，❷ 號網路線配接到牆壁(木板)桌上型資訊插座。蓋上線槽蓋及資訊插座盒蓋，第二題佈線完成。

▶ 步驟 5、整合式面板打線：（20 分鐘）

整合式面板配線架，先套上號碼識別環，建議先從 ❺→❹→❸→❷→❶ 順序配線。

編號 5 號

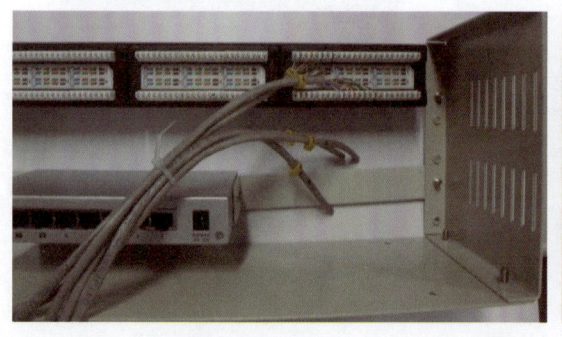

編號 4 號

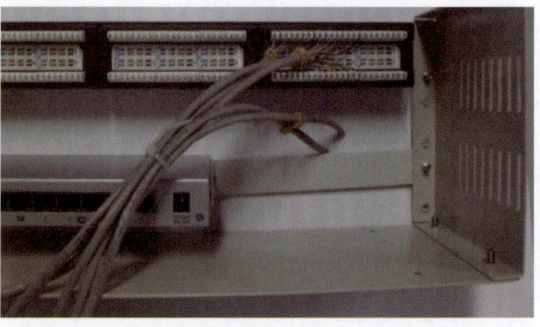

編號 3 號

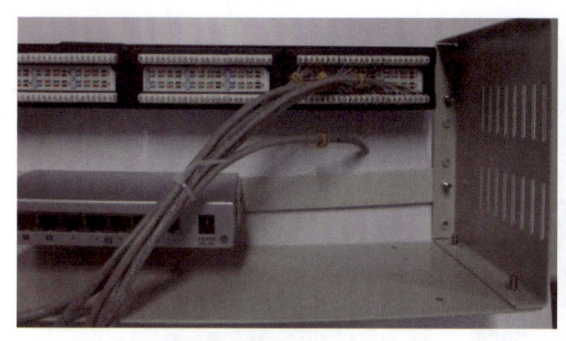

術科試題實作說明 **3**

編號 2 號 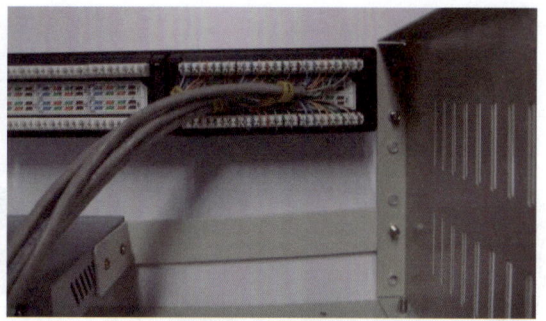　　　　　　　　　　編號 1 號

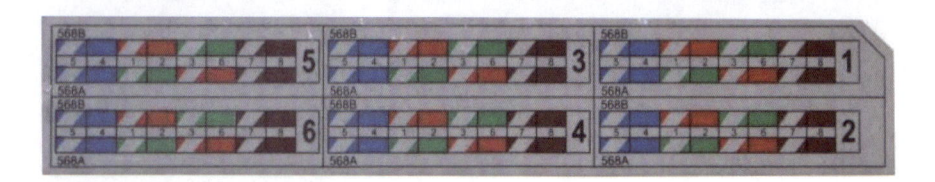

> **注意**
>
> 上排 568B 色盤緊靠 1、3、5 端子台，依顏色打線即可。
>
> 下排 568A 色盤緊靠 2、4、6 端子台，小心不要看錯，應使用 568B 色盤。

》步驟 6、導通測試：（10 分鐘）

步驟 1： 1 樓客戶端網路線迴路測試，網路線 8 芯線都導通。

網路線測試器➜編號 ① 號 0.5 公尺網路線➜整合式面板 1 號端子➜鏈結 ❶ 號網路線➜1 樓客戶端埋入式資訊插座➜編號 ⑥ 號 3 公尺網路線➜網路線測試器。

步驟 2： 將集線器通訊埠上 ① 號網路線拔取出來，換插入網路線測試器。

步驟 3： 埋入式資訊插座插入編號 ⑥ 號網路線，再接到網路線測試器。

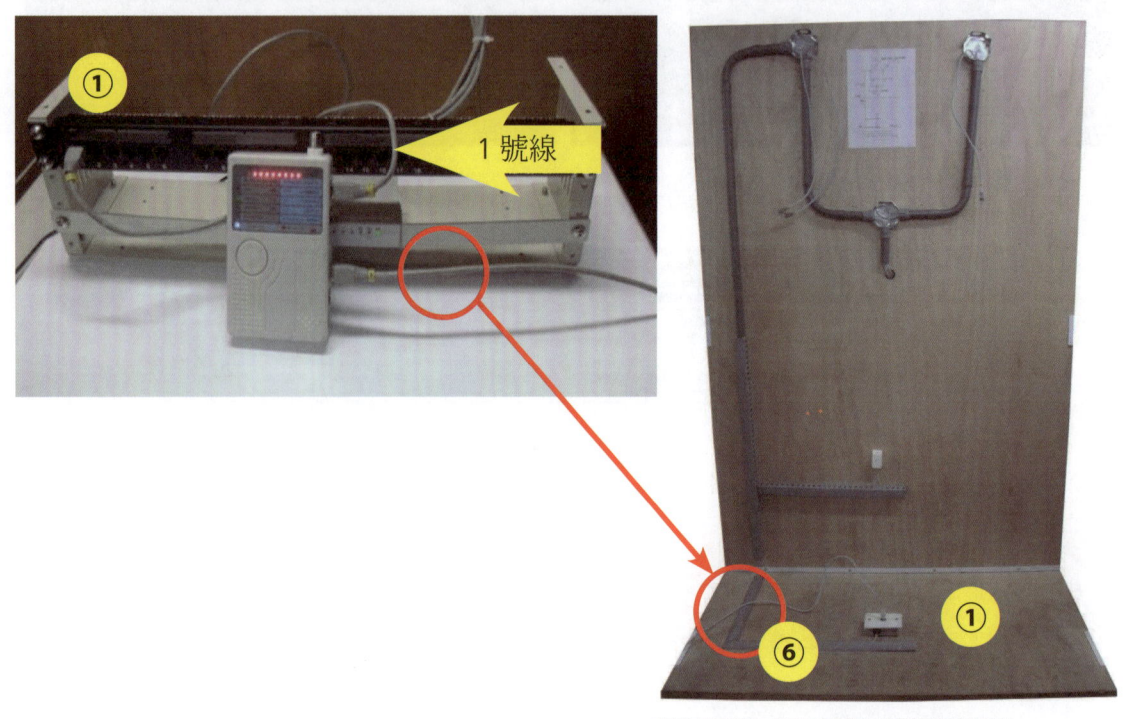

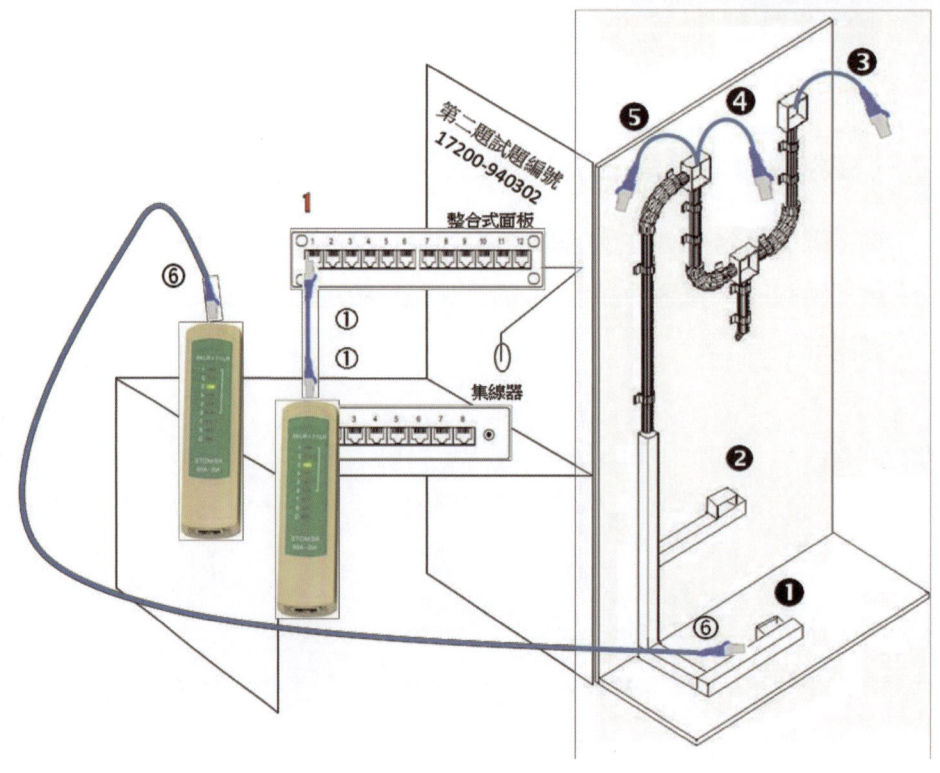

術科試題實作說明　3

步驟 4： 1 樓客戶端電腦連接主機網頁連線測試。

將編號 ⑥ 號 (3 公尺) 網路線，接編號 ❶ 號埋入式資訊插座與網路卡，開啟網際網路 IE 瀏覽器輸入伺服器網址 http://18.112.81.189（公佈在黑板），電腦螢幕出現連線成功畫面。

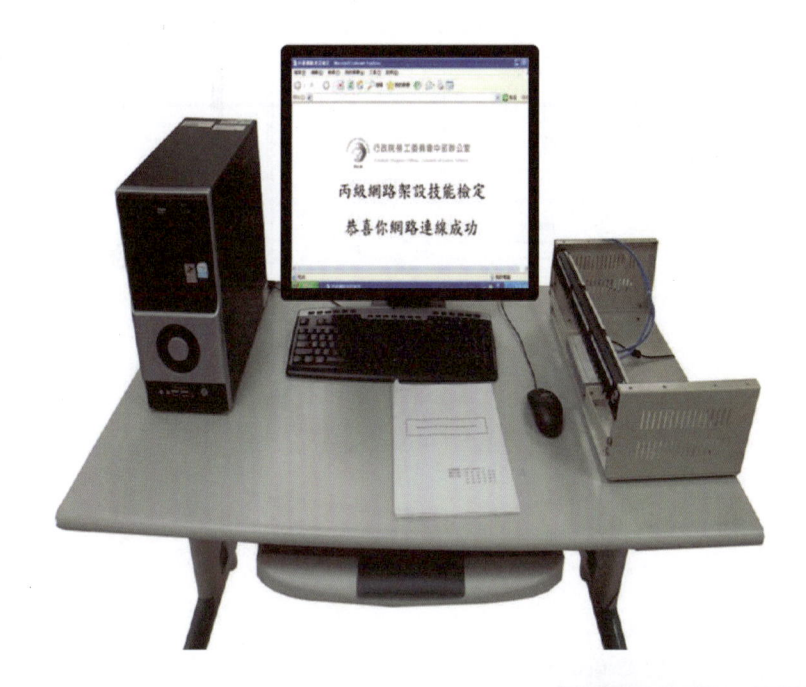

⑥ 號網路線插入 ❶ 號資訊插座，連接到電腦網卡。

85

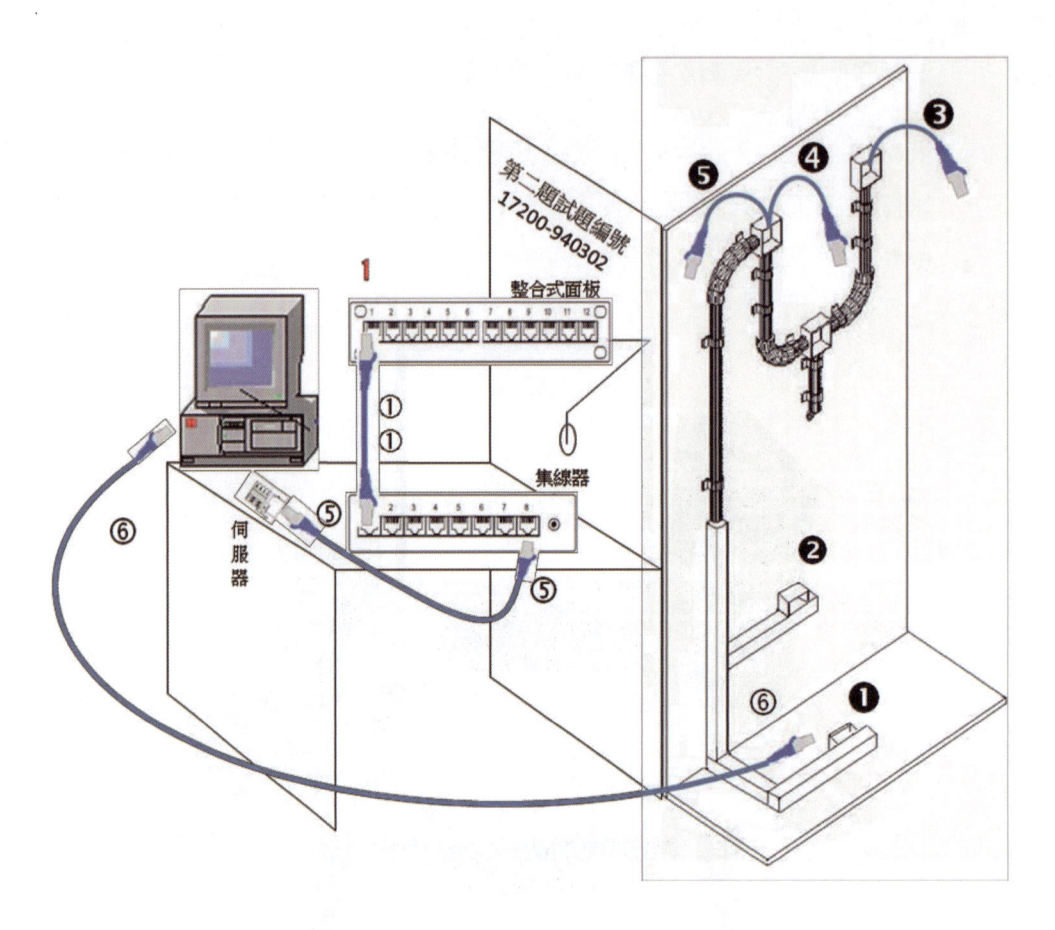

步驟 5： 2 樓客戶端網路線迴路測試，網路線 8 芯線都導通。

網路線測試器➡編號 ② 號 0.5 公尺網路線➡整合式面板 2 號端子➡鏈結 ❷ 號網路線➡ 2 樓客戶端桌上型資訊插座➡編號號 3 公尺網路線➡網路線測試器。

步驟 6： 將集線器通訊埠上 ② 號網路線拔取出來，換插入網路線測試器。

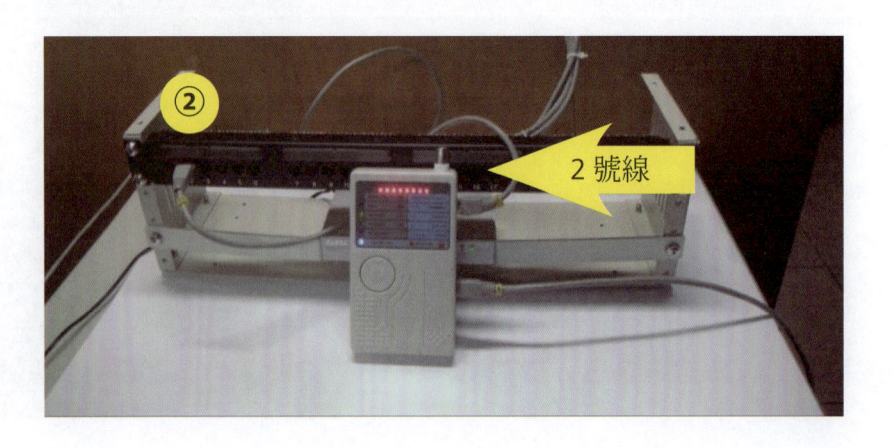

2 號線

步驟 7： 桌上型資訊插座插入編號 ⑥ 號網路線，再接到網路線測試器。

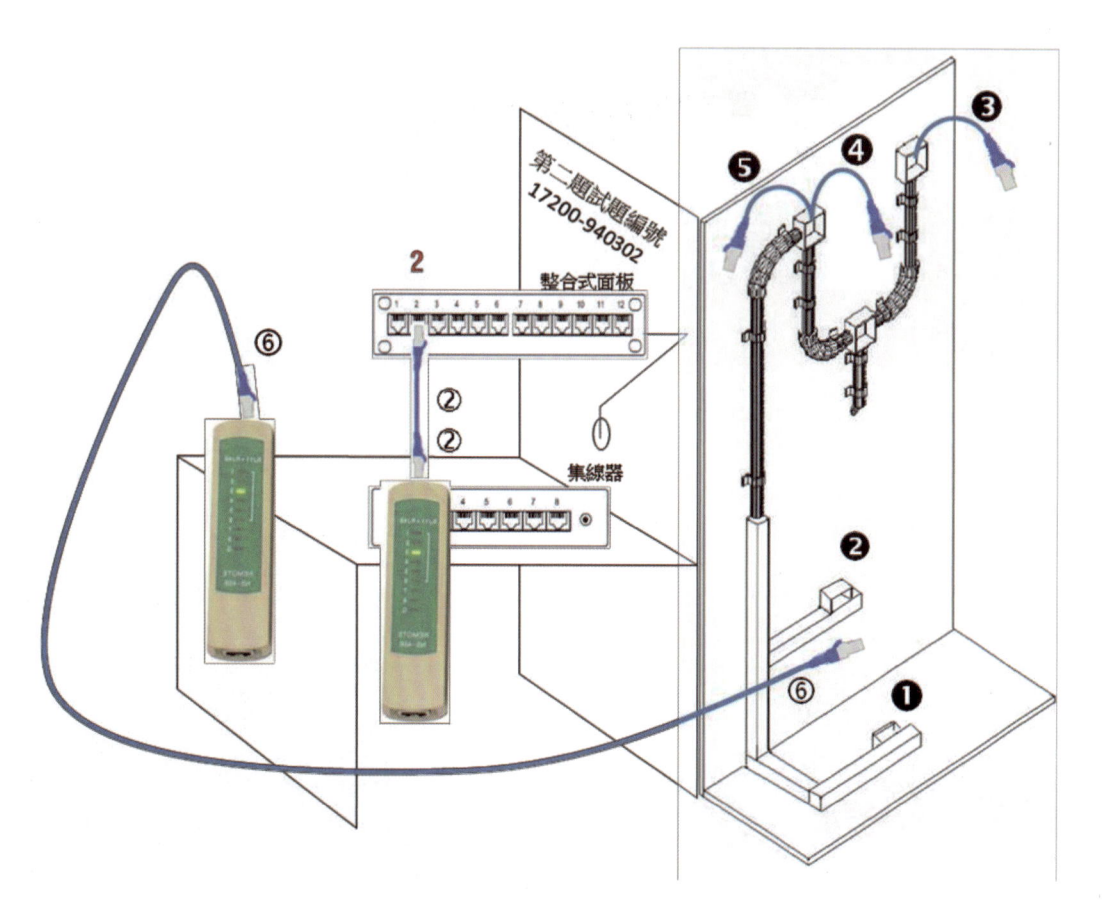

步驟 8： 2 樓客戶端電腦連接主機網頁連線測試。

將編號 ⑥ 號 (3 公尺) 網路線，接編號 ❷ 號桌上型資訊插座與網路卡，開啟網際網路 IE 瀏覽器輸入伺服器網址 http://18.112.81.189 (會公佈在黑板)，電腦螢幕出現連線成功畫面。

⑥ 號網路線插入 ❷ 號資訊插座，連接到電腦網卡。

術科試題實作說明

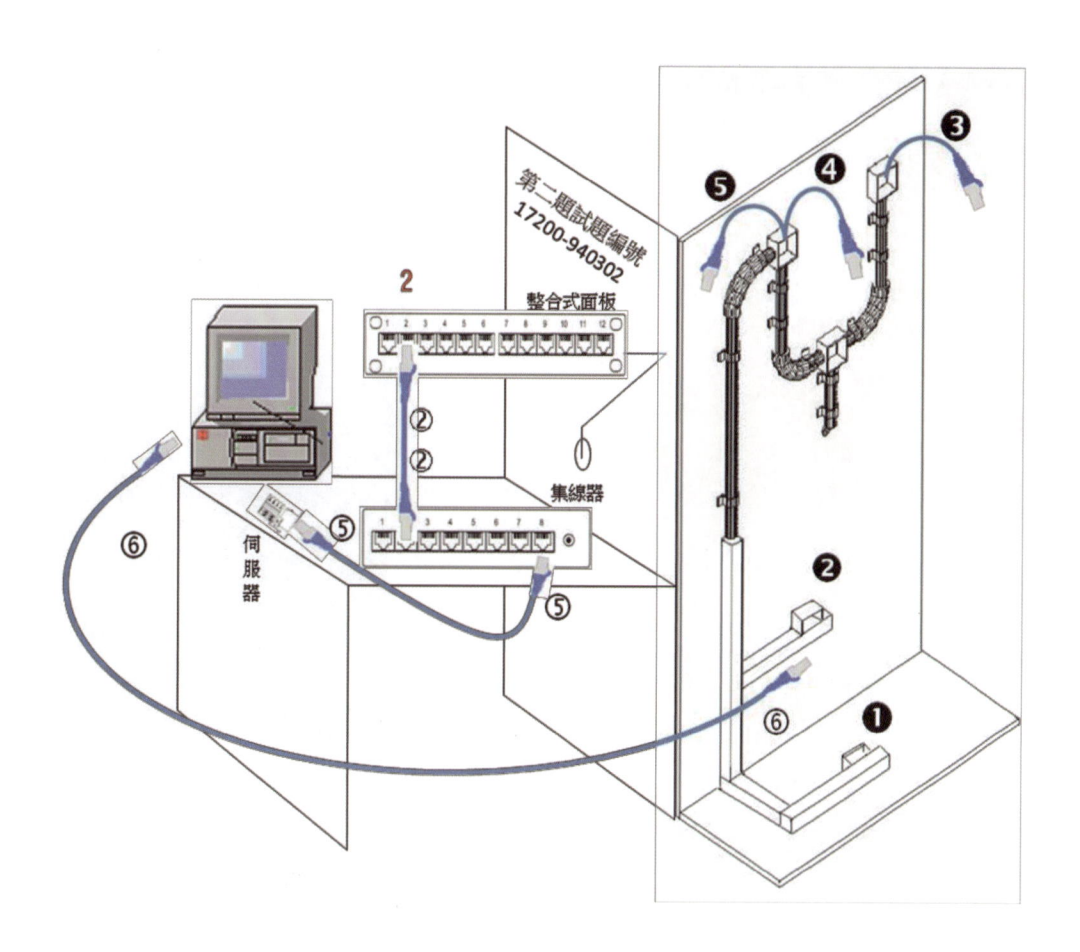

步驟 9：3 樓客戶端網路線迴路測試，網路線 8 芯線都導通。

　　　　網路線測試器→編號 ❸ 號 0.5 公尺網路線→整合式面板 3 號端子→鏈結 ❸ 號網路線→3 樓客戶端 RJ45 接頭→網路線測試器。

步驟 10：將集線器通訊埠上 ❸ 號網路線拔取出來，換插入網路線測試器。

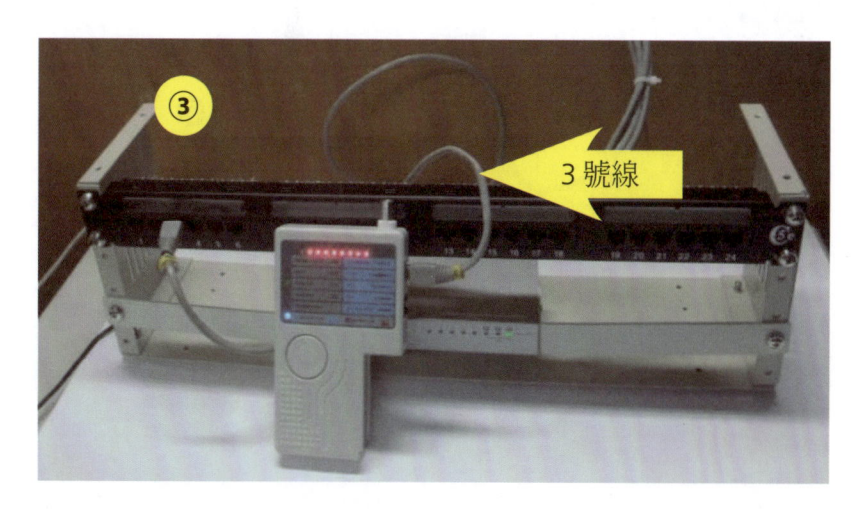

步驟 11：編號 ③ 號 RJ45 接頭插入網路線測試器。

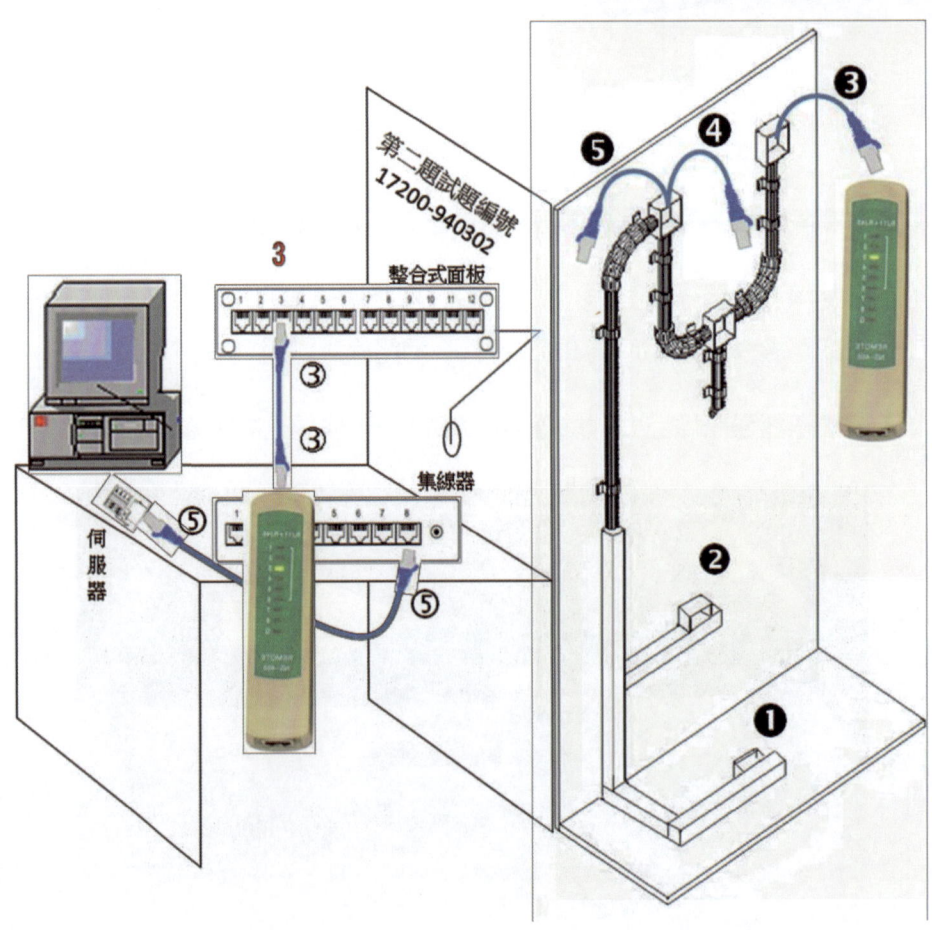

步驟 12：4 樓客戶端網路線迴路測試，網路線 8 芯線都導通。

網路線測試器→編號 ④ 號 0.5 公尺網路線→整合式面板 4 號端子→鏈結 ❹ 號網路線→4 樓客戶端 RJ45 接頭→網路線測試器。

步驟 13：將集線器通訊埠上 ④ 號網路線拔取出來，換插入網路線測試器。

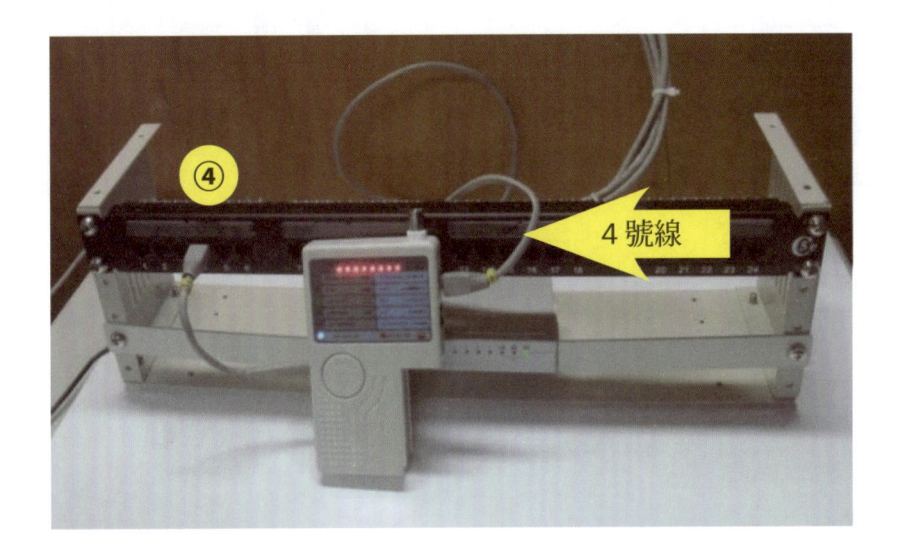

4 號線

步驟 14：將編號 ④ 號 RJ45 接頭插入網路線測試器。

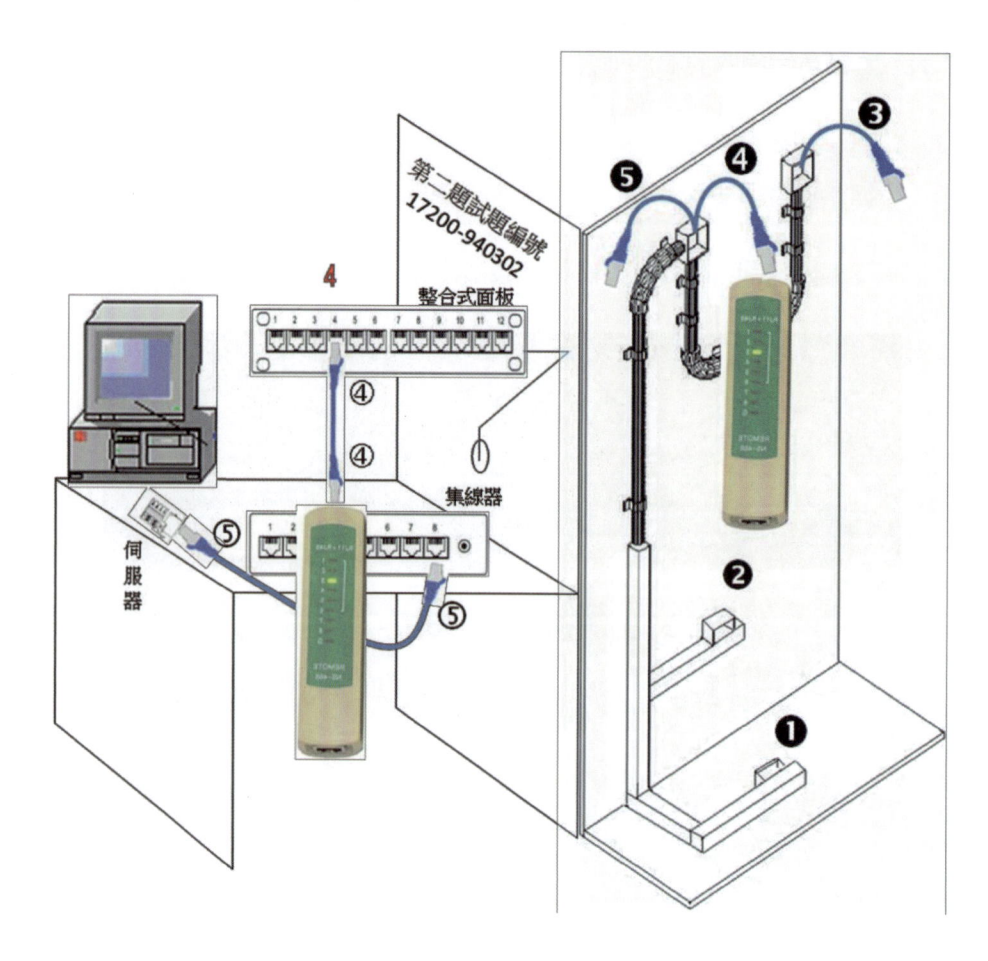

步驟 15：5 樓客戶端網路線迴路測試，網路線 8 芯線都導通

　　網路線測試器➜編號 ④ 號 0.5 公尺網路線➜整合式面板 5 號端子➜鏈結 ❺ 號網路線➜ 5 樓客戶端 RJ45 接頭➜網路線測試器。

步驟 16：將整合式面板通訊埠上 ④ 號網路線拔出來，換插入整合式面板通訊埠上 5 號。

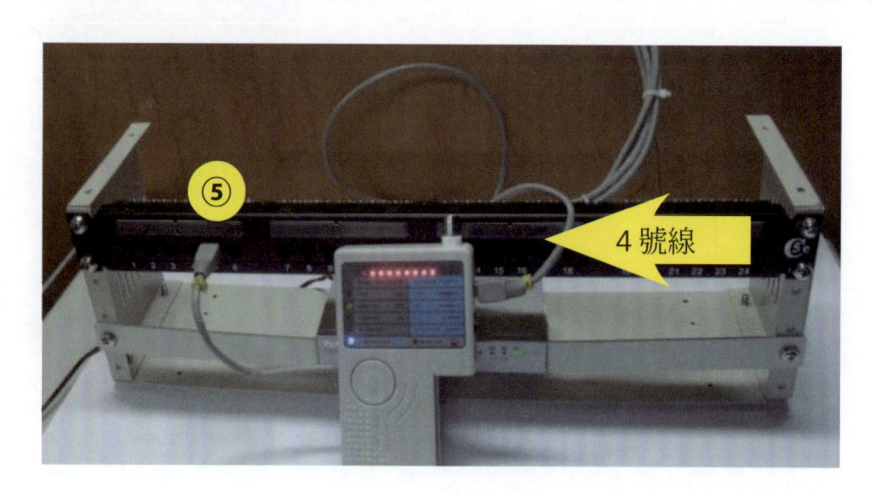

術科試題實作說明

> **注意**
>
> 這裡小心陷阱，⑤ 號（1 公尺）網路線，一端連接到集線器通訊埠（任何一埠接可），另一端連接到主機伺服器（Server）的資訊插座。所以借用 ④ 號網路跳線，測試編號 ⑤ 號鏈結線路。

步驟 17： 將編號 ⑤ 號 RJ45 接頭插入網路線測試器。

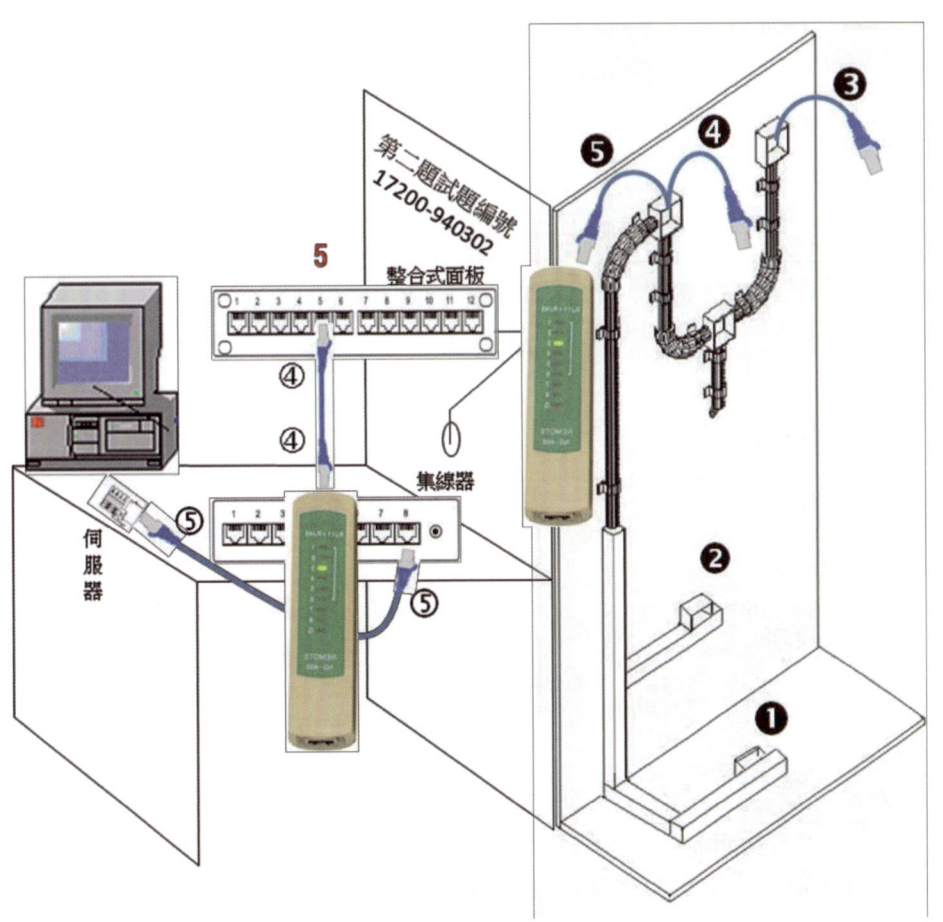

》步驟 7、固定 11 個 PVC 管夾，最後總整理（20 分鐘）

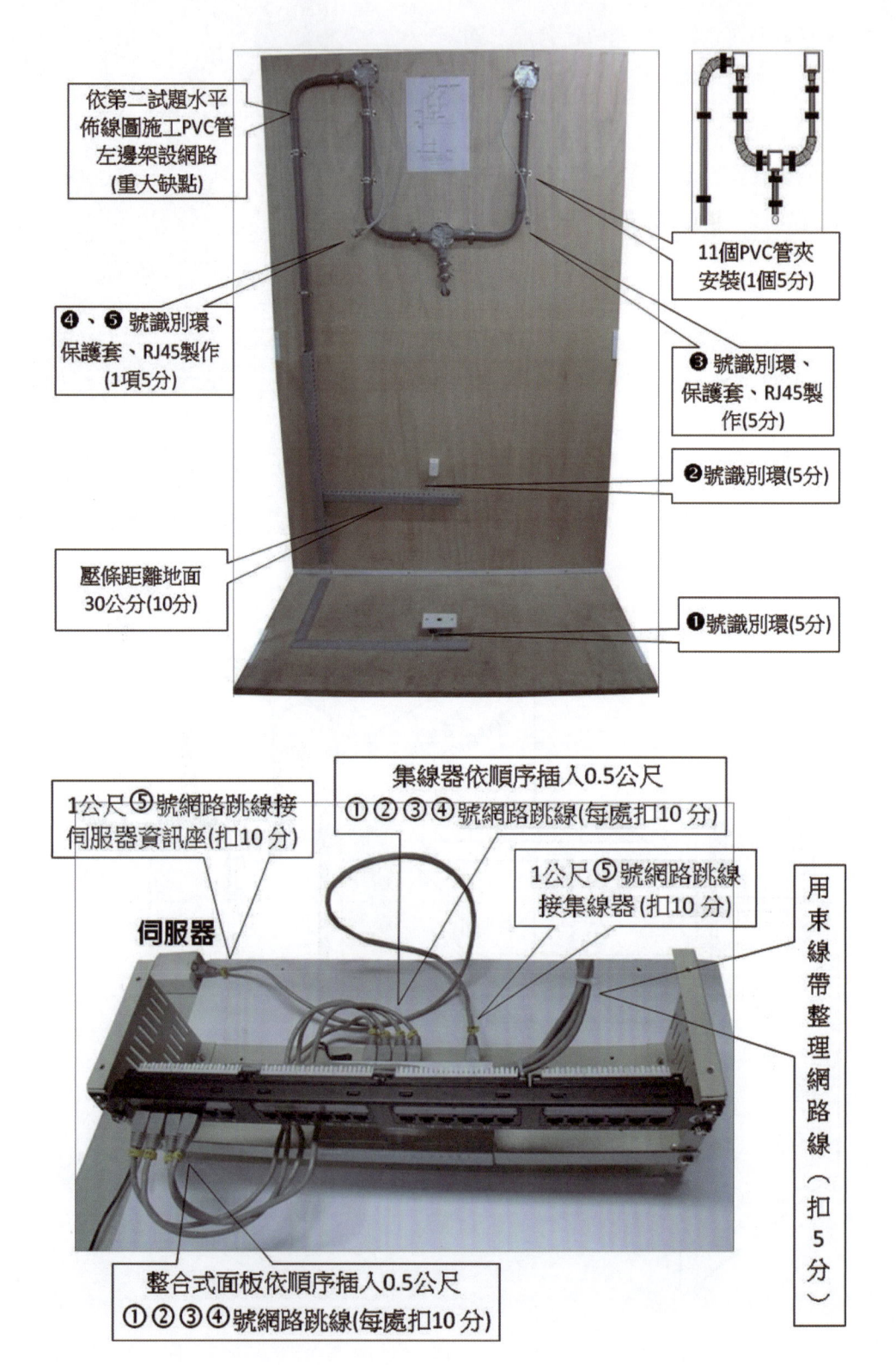

- 依第二試題水平佈線圖施工PVC管左邊架設網路(重大缺點)
- 11個PVC管夾安裝(1個5分)
- ❹、❺號識別環、保護套、RJ45製作(1項5分)
- ❸號識別環、保護套、RJ45製作(5分)
- ❷號識別環(5分)
- 壓條距離地面30公分(10分)
- ❶號識別環(5分)

- 1公尺❺號網路跳線接伺服器資訊座(扣10分)
- 集線器依順序插入0.5公尺①②③④號網路跳線(每處扣10分)
- 1公尺❺號網路跳線接集線器(扣10分)
- 伺服器
- 用束線帶整理網路線（扣5分）
- 整合式面板依順序插入0.5公尺①②③④號網路跳線(每處扣10分)

動作全部完成功能正常,先整理工作崗位再舉手請監評委員來評分,功能評分後必須依照監評規定拆除恢復原先工作崗位原狀,經考場服務人員確認後才能算評分完成方可離開,否則會被扣分。

丙 級 網 路 架 設 技 能 檢 定 自 我 評 分 表			題　　號	
檢　定　日　期	年　月　日	姓　　名	崗位號碼	
抽　籤　遮　罩		抽籤 IP 位置	總評結果	☐ 及格
計算崗位遮罩		計算崗位 IP		☐ 不及格
項　　目	扣　分　標　準		每處扣分	扣分數
重大缺點	1	於規定 3 小時內完成或棄權	100	
	2	PVC 管水平佈線(左、右)架設網路	100	
網路設定	3	IP 位址計算設定是否正確	25	
	4	子網路遮罩計算設定是否正確	25	
	5	評審表上面,IP 與遮罩位置填寫錯誤	25	
	6	資訊插座❶號,是否可連上伺服器網頁	25	
	7	資訊插座❷號,是否可連上伺服器網頁	25	
整體佈線動作要求	8	資訊插座編號❶、❷號(上、下)安裝是否正確	10	
	9	天花板❸、❹、❺號網路線(左、右)佈線是否正確	10	
	10	水平方形壓條(線槽)是否距離地面 30 公分	10	
	11	編號①號 0.5 公尺網路線連接整合式面板與集線器 HUB	10	
	12	編號②號 0.5 公尺網路線連接整合式面板與集線器 HUB	10	
	13	編號③號 0.5 公尺網路線連接整合式面板與集線器 HUB	10	
	14	編號④號 0.5 公尺網路線連接整合式面板與集線器 HUB	10	
	15	編號⑤號 1 公尺網路線連接考場伺服器(Server)與集線器 HUB	10	
	16	編號⑥號 3 公尺網路線連接電腦網路卡與❶或❷號資訊插座	10	
	17	識別環未標示或標示不正確(一個扣 5 分)	5	
	18	11 個 PVC 管夾安裝是否正確(一個扣 5 分)	5	
	19	整合式面板配線整線(建議束線 3 條以上)	5	
網路線測試器量測	20	編號①號的 0.5 公尺網路線測試導通	15	
	21	編號②號的 0.5 公尺網路線測試導通	15	
	22	編號③號的 0.5 公尺網路線測試導通	15	
	23	編號④號的 0.5 公尺網路線測試導通	15	
	24	編號⑤號的 1 公尺網路線測試導通	15	
	25	編號⑥號的 3 公尺網路線測試導通	15	
	26	編號❶號資訊插座與整合式面板 1 號測試導通	25	
	27	編號❷號資訊插座與整合式面板 2 號測試導通	25	
	28	❸號 RJ45 接頭與整合式面板 3 號測試導通	15	
	29	❹號 RJ45 接頭與整合式面板 4 號測試導通	15	
	30	❺號 RJ45 接頭與整合式面板 5 號測試導通	15	
	31	15 個 RJ-45 接頭製作不良(未壓住網路線一個扣 5 分)	5	
	32	15 個 RJ-45 接頭製作不符合 568A/B 標準(一個扣 5 分)	5	
工作態度	33	工作態度不當或行為影響他人,經糾正仍不改正者	50	
	34	功能檢查後未將組裝之器材及工作崗位恢復原狀	20	

3-3 17200-940303 術科小板解題作法

≫ 考題說明

本試題如果是在實際施工上會有多項疑點不切實際,但這檢定題目只是網路配線施工模擬,讓應檢人了解如何網路配線、設定、測試、連線與網路器材使用,所以我們將檢定工作板縮小,以此縮小模擬板練習,除了木板上 1~5 號網路線長度不一樣,其餘跳線網路線長度都一樣,在客戶端一樓裝設桌上型資訊插座,二樓裝設埋入式資訊插座,三、四、五樓製作 RJ45 接頭。

試題編號:17200-940303(第三題)

一、檢定範圍: 網路架設

二、測試前檢查器材,並測試網路線連階段(共 15 分鐘,不納入評分):

(一)依場地機具設備表、場地工具表及材料表,檢查機具設備、工具及材料。

(二)預先測試網路連線:依據附圖三檢查個人電腦與伺服器之間連線是否正常,在測試階段伺服器的 IP 位址為 192.168.168.168,應檢人的 IP 位址為 192.168.168.X(X 表示應檢人工作崗位號碼,01-20),網路遮罩設為 255.255.255.0,請應檢人自行檢查工作崗位電腦是否可連上伺服器首頁,無異議者,視同個人電腦及網路連線正常,之後不得再提異議。

三、測試時間: 3 小時(不包含測試前器材檢查、測試網路連線階段)

《前置作業一》 設定應檢人個人電腦測試用 IP 及網路遮罩,並做網路連線測試。

1 依考題考場會提供 1 條測試用網路線,直接連接伺服器資訊座到個人電腦,應檢人自己要測試網路是否正常連接到伺服器。

2 但一般考場會提供應檢人 2 條測試用網路線,1 條網路線連接伺服器資訊座接到集線器,另外 1 條網路線連接集線器接到個人電腦,應檢人自己要測試集線器與網路線是否正常連接到伺服器。

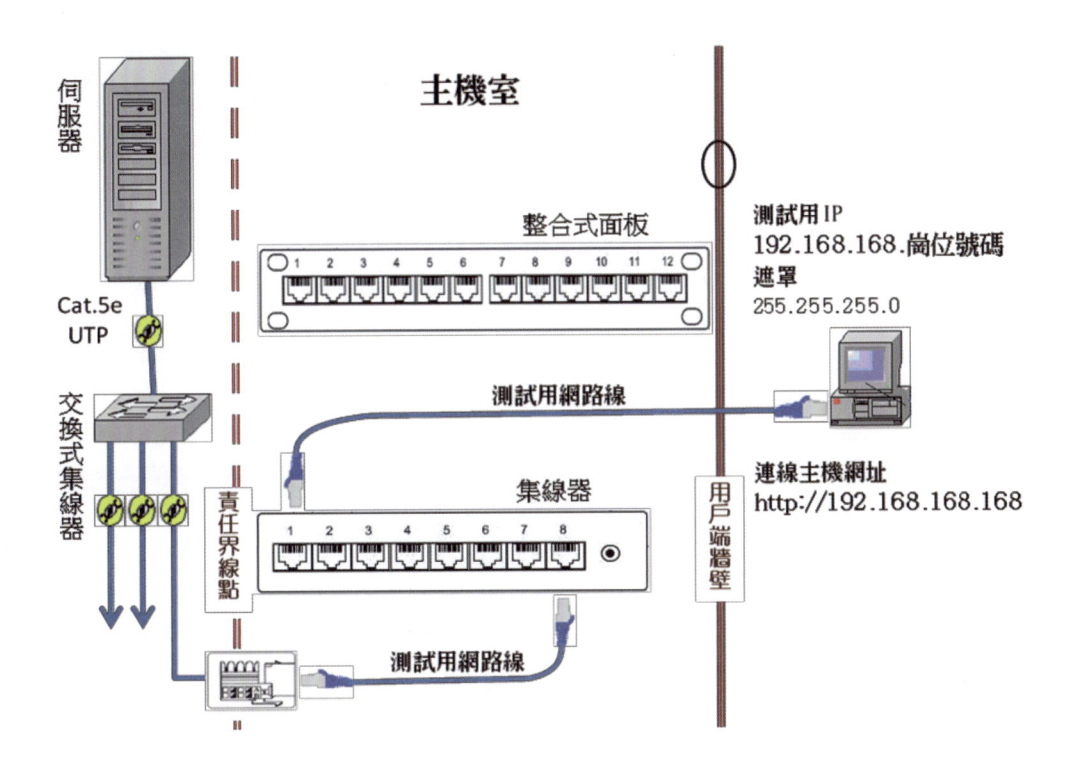

3 應檢人李成祥,抽到考試題目第 3 題,工作崗位 8 號,

由應檢人代表抽 IP 網路區段 18.226.15.X/27,伺服器位址 18.226.15.220 所以將測試用階段 IP 位置依考題設為 192.168.168.8 工作崗位,網路遮罩 255.255.255.0。

步驟 1: 電腦桌面選網路上芳鄰,按滑鼠右鍵→點選內容→開啟網路連線工作區視窗。

步驟 2： 點選區域連線按滑鼠右鍵→點選內容→開啟區域連線內容區視窗。

步驟 3： 選擇 (TCP/IP) 設定按滑鼠左鍵點選內容。

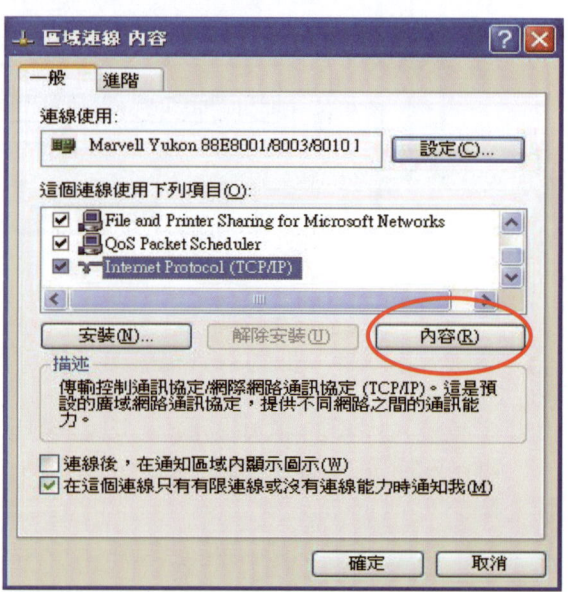

步驟 4： 在測試階段李成祥的 IP 位置為 192.168.168.8 工作崗位，網路遮罩 255.255.255.0。

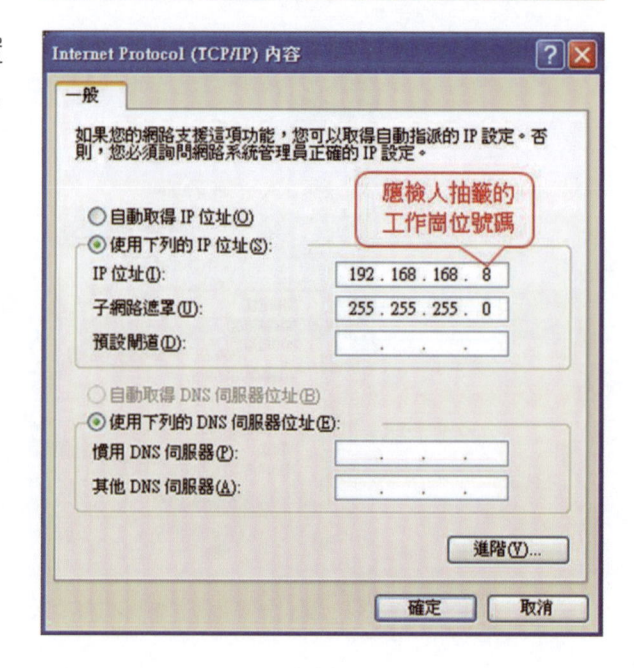

術科試題實作說明 3

> **注意**
>
> 以上 (1)~(4) 步驟為應檢人李成祥工作崗位個人電腦與主機伺服器連線測試動作,試場服務人員都會在所有應檢人未進入試場前,預先將 2 條網路線連接並測試完成,應檢人李成祥只需關閉 IE 瀏覽器,再重新開啟一次 IE 瀏覽器,做下一步驟動作 (5) 即可。但平常練習時必須 (1) ~ (5) 步驟自己操作一次。

步驟 5: 依試題規定,測試階段伺服器的 IP 位址為 192.168.168.168。

建議將 IE 瀏覽器關掉,再重新開啟一次 IE 瀏覽器,網址上輸入 http://192.168.168.168。

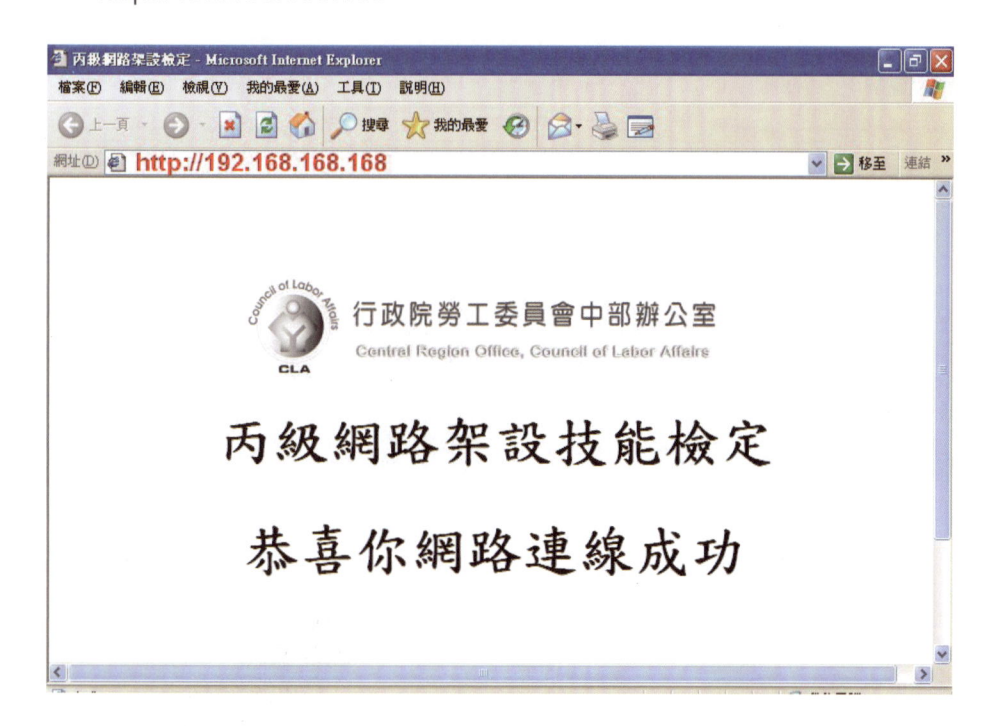

> **注意**
>
> 此時必須出現考場預設網頁,表示應檢人個人電腦、集線器、考場伺服器是正常的。如果沒出現預設網頁,考生不要做任何動作,馬上舉手請試場人員協助。

99

《前置作業二》 將考場提供的勞動部公告術科應檢資料材料表打開，清點材料。

可依照下圖材料單順序排放，以便利清點與施工。

9	電工膠帶(1 捲)	網路架設丙級技術士技能檢定術科測驗評審表		資訊插座(桌上埋入型)	10
8	螺絲(50 個)	檢定日期 100 年 10 月 10 日　題號 第 3 題 准考證編號 123456789　總評結果 □及格 □不及格 應檢人姓名 李成祥　監評長簽章 檢定崗位號碼 8　重大缺點應檢人簽名處 子網路遮罩　　　設定IP位址		網路線測試器	
7	束線帶(10 條)			十字起子	
6	PVC 盒接頭(6 個)			剝線鉗	
5	管夾(11 個)	項目　評審標準　備註 一、有下列任一情形者為以不合格論。　　不及格 　1. 未能於規定時間內完成工作或棄權者。 　2. 未依照試題水平佈線圖示架設網路。 　3. 個人電腦在所有資訊插座皆無法瀏覽指定伺服器網頁。 重大缺點 4. 未注意工作安全致使自身或他人受傷而無法工作者。 　5. 具有舞弊行為或其他重大錯誤，經評審委員在評分表內登記具體事實，並經評審長認定者。 二、以下各小項扣分標準依應檢人實作狀況評分，每項之扣分不得超過最高扣分，採扣分方式，100 分為滿分，0 分為最低分，60 分（含）以上者為【及格】。		壓接器	自備工具
4	識別環(1~6 號各四組)			斜口鉗	
2	護套(17 個)			原子筆	
1	RJ45 接頭(17 個)			奇異筆	

以上動作都不列入測驗時間，待整個考場考生連線都正常，試場服務人員會收回 2 條測試用的網路線，監評長宣佈開始測驗時間與結束時間，測驗時間為 3 小時。

第三題　試題編號：17200-940303 水平佈線圖

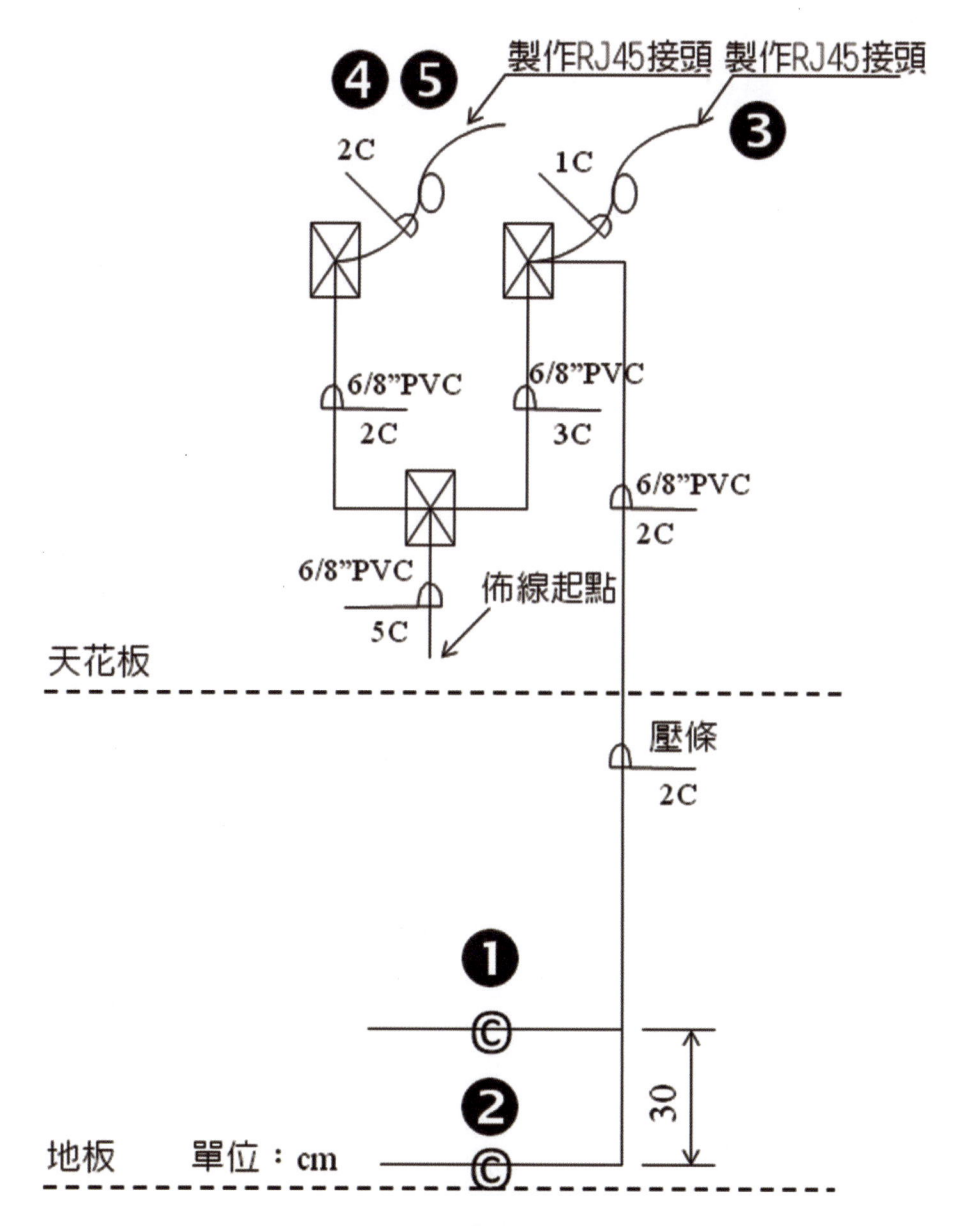

（圖示：水平佈線圖）

- ❹ ❺ 製作RJ45接頭　製作RJ45接頭 ❸
- 2C　1C
- 6/8"PVC　6/8"PVC
- 2C　3C
- 6/8"PVC
- 2C
- 6/8"PVC
- 5C　佈線起點
- 天花板
- 壓條
- 2C
- ❶ ⓒ
- ❷ ⓒ
- 30
- 地板　單位：cm

註：1. 製作 RJ-45UTP 線，須將兩端加套識別環以資識別。
　　2. 圖中出線的標號與整合式跳線面板號碼要相互對應。

試題編號：17200-940303（第三題）

四、試題說明： 本試題為從事網路佈線、網路元件安裝及網路應用軟體操作的能力實作測試。請參照附圖一、附圖二、附圖三、附圖四、第一題試題水平佈線圖施工，配接 PVC 管、壓條、接線盒、資訊插座、網路線、整線束線並製作網路跳線等工作。依據現場抽定之 IP 網路區段及伺服器位址，設定電腦的 TCP/IP 參數，並透過佈放之網路線連接上伺服器首頁。

依照試題說明，第三題試題佈線圖施工順序：木板上配接 PVC 管（管夾固定）➔壓條➔接線盒➔資訊插座➔配接 5 條網路線（鏈結）➔整線與束線➔製作 6 條網路跳線➔設定 IP 與 網路遮罩➔連接伺服器測試。

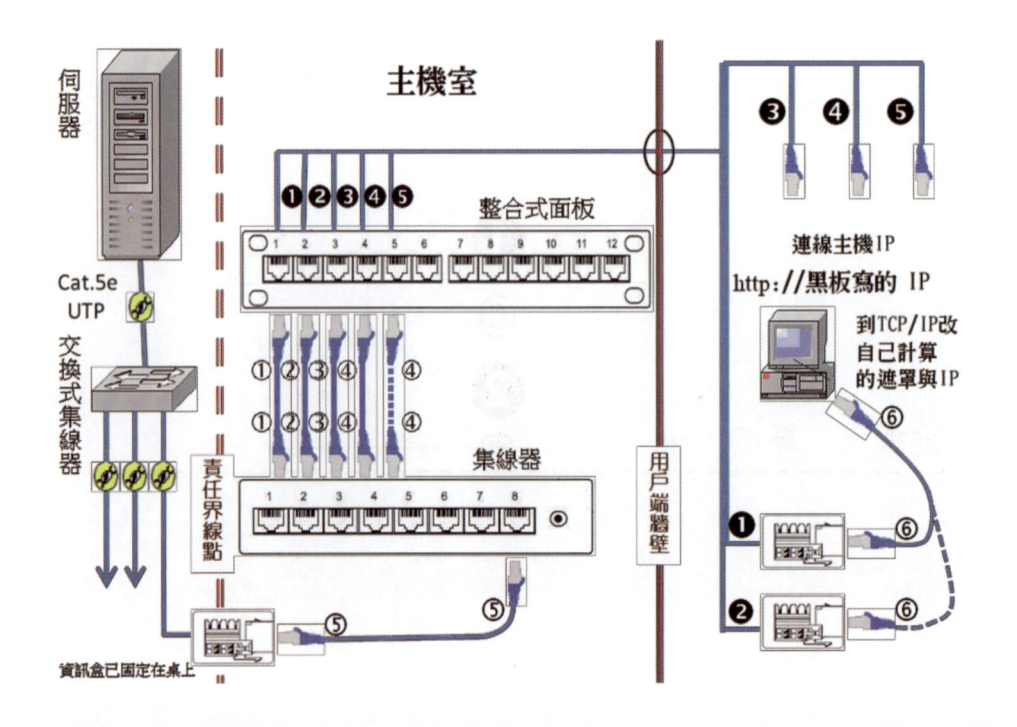

> **補充**
>
> **鏈結：** 鏈結是指配線系統中兩個介面之間的傳輸路徑，不包括任何的跳接線，是屬於永久配線的部分，本題 ❶❷❸❹❺ 表示鏈結網路編號。
>
> **跳線：** 跳線是指設備與設備連接的導通線，本題 ①②③④⑤⑥ 表示跳線網路編號。

> **注意**
>
> ❺ 號跳線是連接伺服器與集線器導通的重要網路線。
>
> ❺ 號鏈結網路線只做到整合式面板，未做跳接線到集線器，所以 ❺ 號 RJ45 端無法測試鏈結的網路線是否導通，測試網線必須借用 ❹ 號網路跳接線來測試。

試題編號：17200-940303（第三題）

五、動作要求：

（一）製作四條長 0.5 公尺的 UTP 跳線，兩端裝設 1～4 號識別號碼環。

（二）製作一條長 1 公尺的 UTP 跳線，兩端裝設 5 號識別號碼環。

（三）製作一條長 3 公尺的 UTP 跳線，兩端裝設 6 號識別號碼環。

依照考題要求，有 6 條網路線做『設備跳線』，並非電腦與電腦直接連接的『跳接線』，所以網路線須全部使用 568B 製作，網路線由最內圈中心開始拿取裁剪，才不會網路線打結凌亂掉。

動作 1： 裁剪 0.5 公尺網路線 4 條，並距離網路線頭處寫上編號 ①②③④。

動作 2： 裁剪 1 公尺網路線 1 條，並距離網路線頭處寫上編號 ⑤。

動作 3： 裁剪 3 公尺網路線 1 條，並距離網路線頭處寫上編號 ⑥。

防止識別環或護套忘記擺放而被扣分，將 6 條網線用電工膠帶纏繞依序號放入（注意護套方向）護套（開口朝下）➜ 識別環 ➜ 識別環 ➜ 護套（開口朝上），再依 568B 顏色壓接 12 個 RJ45 接頭。

6 條網路線需逐一用網路線測試器測量是否 8 芯線都導通。

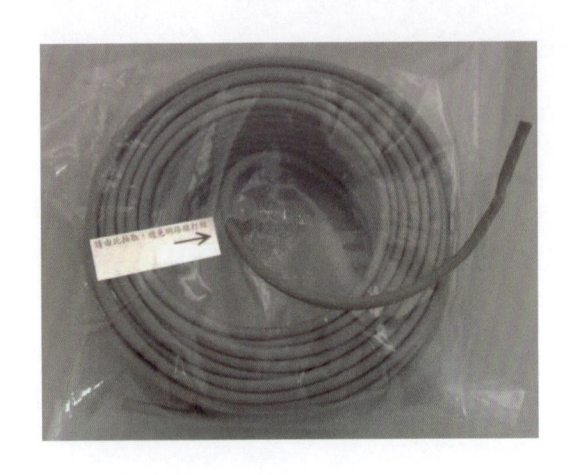

網路線由最內圈中心開始抽取裁剪

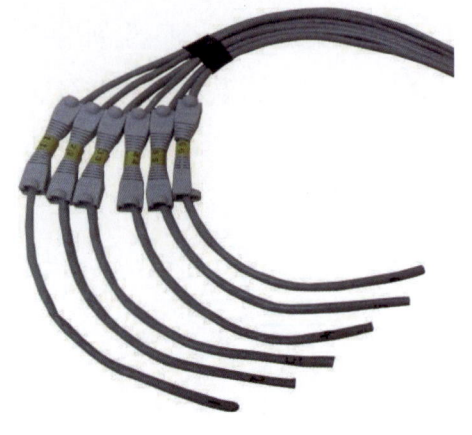

護套→識別環→識別環→護套

使用 TIA/EIA 568B 製做 12 個 RJ45 接頭

用網路線測試器測量是否 8 芯線都導通

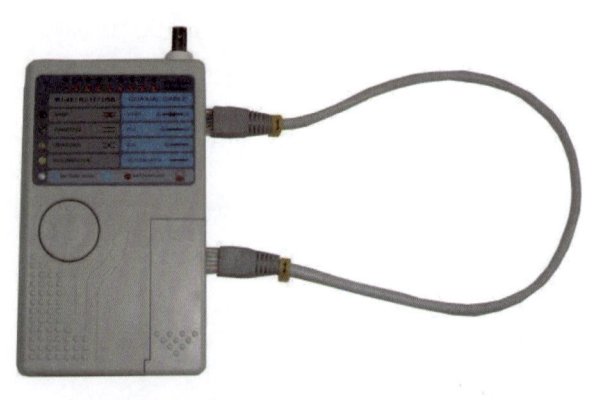

試題編號：17200-940303（第三題）

五、動作要求：

（四）依照第三題試題水平佈線圖裝配網路導管、管夾、盒接頭及接線盒。（相關位置請參照附圖一工作崗位立體圖、附圖二工作崗位圖）

步驟 1： 將試題第三題水平佈線圖固定於適當位置，八角型接線盒 3 邊接上盒接頭，下方盒接頭連接短的 PVC 管，再將八角型接線盒用螺絲固定。

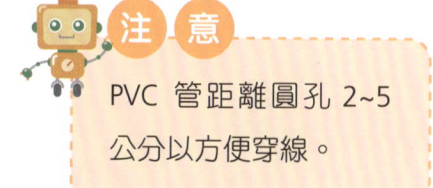

> **注意**
> PVC 管距離圓孔 2~5 公分以方便穿線。

步驟 2： 左、右兩邊盒接頭各連接短的 PVC 管。

步驟 3： 左、右兩邊短的 PVC 管連接 90° PVC 彎頭，90° PVC 彎頭再連接上長的 PVC 管。

步驟 4： 左、右兩邊各連接上八角型接線盒，並且依照試題第三題水平佈線圖，右邊八角型接線盒輸出時，往右邊輸出再多加上一個盒接頭。

步驟 5： 往右邊的盒接頭，連接 90° PVC 彎頭，90° PVC 彎頭再連接上長的 PVC 管。

步驟 6： 固定垂直面方形的線槽。

> **注 意**
>
> 容易疏忽被扣分的地方：依通訊法規定線槽必須與地面距離 30 公分，第三題試題水平佈線圖施工也有標示。在此為模擬板施做，**暫時以距離 10 公分為依據**。

步驟 7： 固定水平面 (地板) 的線槽，鎖上 11 個護管夾，PVC 管垂直面的都是兩個護管夾，PVC 管水平面的都是一個護管夾。

> 試題編號：17200-940303（第三題）
>
> **五、動作要求：**
>
> （五）依照第三題試題水平佈線圖裝配網路線並裝設 1～5 號識別號碼環。
>
> （六）依照第三題試題水平佈線圖安裝資訊插座。
>
> （七）配線架 UTP 線由內而外結線及束線（參照附圖四配線板進線與整線圖）。

▶▶ 裁剪 5 條鏈結用網路線

依照考題要求，有 5 條網路線做『鏈結』，考題未規定裁剪網路線長度，網路線由最內圈中心開始拿取裁剪，才不會網路線打結凌亂掉。

步驟 1： 裁剪網路線並將兩端寫上編號。
　　　　　裁剪 2 條 3 公尺網路線，編號為 ❶❷
　　　　　裁剪 3 條 2 公尺網路線，編號為 ❸❹❺

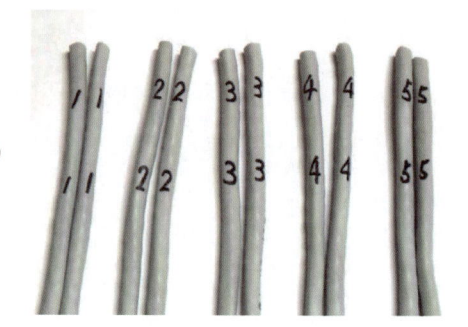

> **注意**
>
> 正常考試時長度大約剪 2 條 5 公尺網路線，編號為 ❶❷ 裁剪 3 條 3 公尺網路線，編號為 ❸❹❺。

步驟 2： 整合式面板配線架，
　　　　　建議先從 ❺→❹→❸→❷→❶ 順序配線。

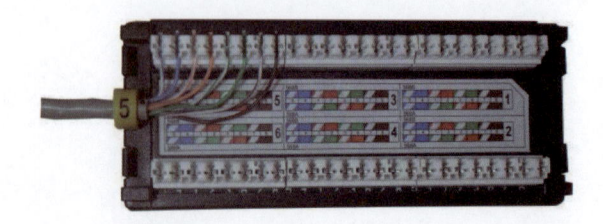

術科試題實作說明

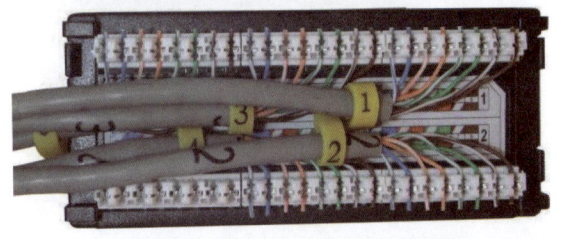

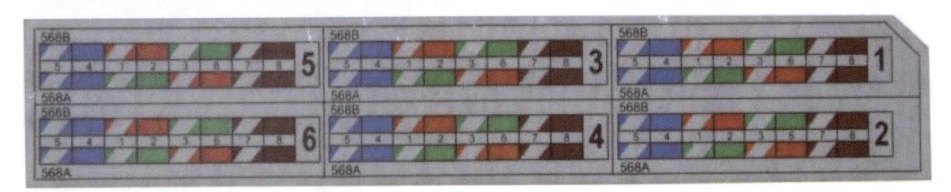

> **注意**
> 要先套上號碼識別環。

> **注意**
> 上排 568B 色盤緊靠 1、3、5 端子台，依顏色打線即可。
> 下排 568A 色盤緊靠 2、4、6 端子台，小心不要看錯，應使用 568B 色盤。

步驟 1： 依照第三題試題水平佈線圖，安裝桌上型資訊插座（垂直面木板上）與埋入式資訊插座（水平面地上）。

> **注意**
> 資訊插座請勿緊貼壓條，應保留適當距離。

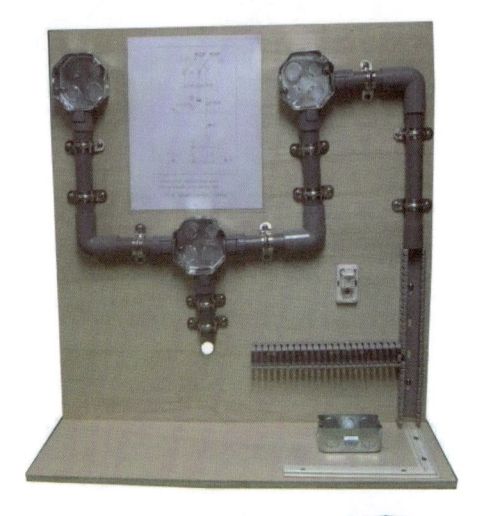

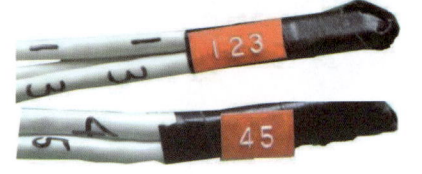

步驟 2： 將 ❶❷❸ 號網路線用膠帶纏繞在一起，將 ❹❺ 號網路線用膠帶纏繞在一起。

109

步驟 3： 將 ❶～❺ 號 5 條鏈結用的網路線，由主機室穿過用木板圓孔到客戶端。

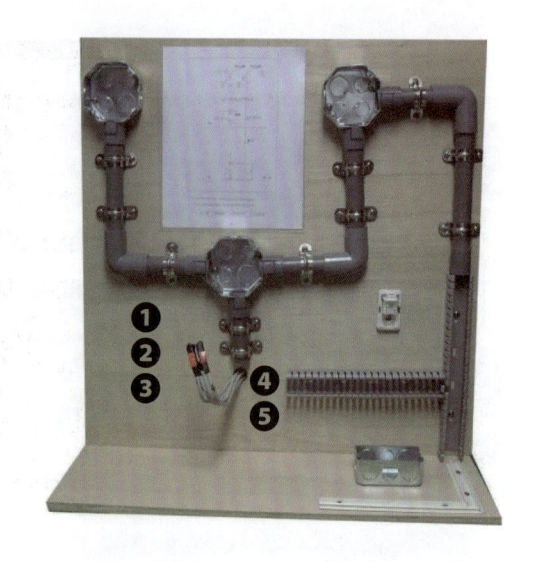

步驟 4： 使用腳踏車煞車線來替代穿線繩，將煞車線穿入中間八角型接線盒下孔。

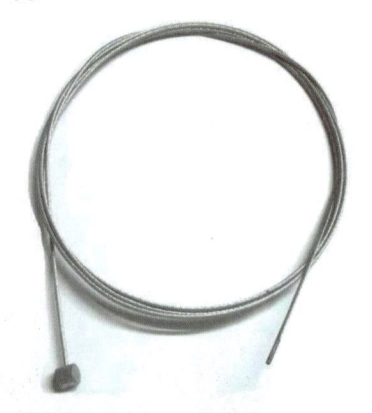

步驟 5： 將 ❶❷❸、❹❺ 號網路線和煞車線，用膠帶纏繞在一起。

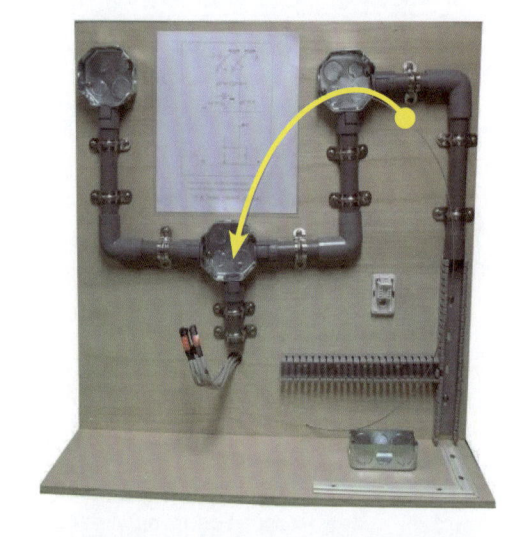

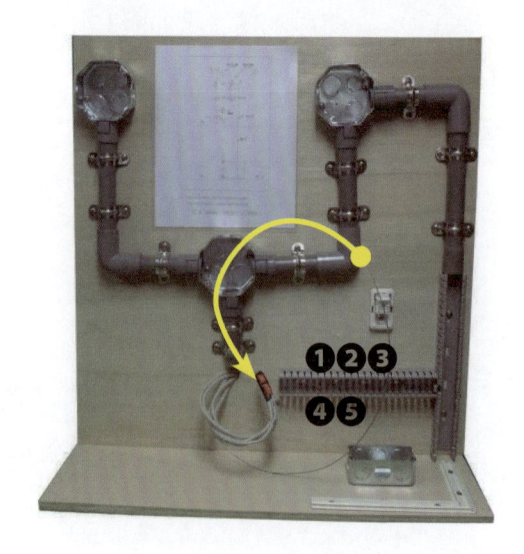

術科試題實作說明

步驟 6： 煞車線往上拉，網路線穿過 PVC 管與八角型接線盒接頭。

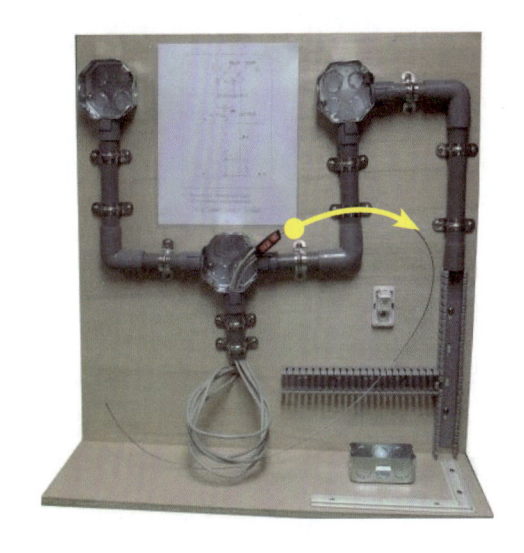

步驟 7： 拆膠帶將 ❶❷❸、❹❺ 號網路線分開，煞車線穿入右上八角型接線盒下面孔，經 90° PVC 彎頭，到中間八角型接線盒右邊孔。

步驟 8： 將 ❶❷❸ 號網路線和煞車線，用膠帶纏繞在一起。

111

步驟 9：煞車線往上拉，網路線穿過 90° PVC 彎頭，與八角型接線盒接頭。

步驟 10：拆膠帶將 ❶❷❸ 號網路線分開，煞車線由右邊線槽往上方向穿入，到右上方八角型接線盒右邊孔，再將 ❶❷ 號網路線和煞車線，用膠帶纏繞在一起。

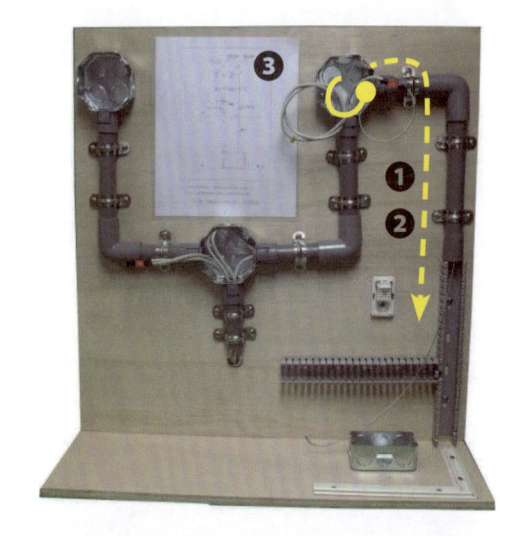

步驟 11：煞車線往下拉，網路線穿過 90° PVC 彎頭到線槽。

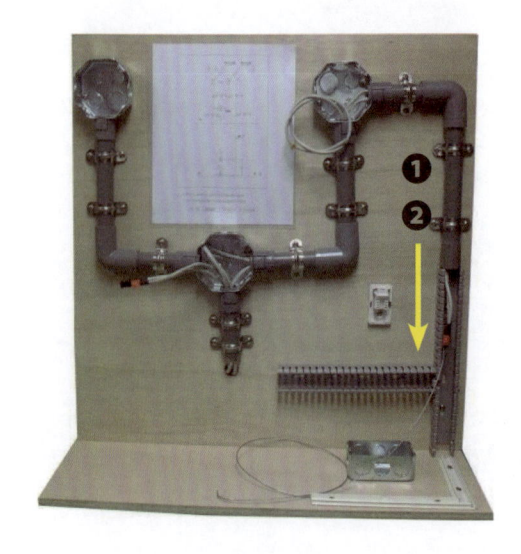

步驟 12：整理一下網路線 (多餘網路線可放
線槽中)。

依照第三題試題水平佈線圖 ❶ 網
路線配接到桌上型資訊插座 ❷ 網
路線配接到埋入式資訊插座。

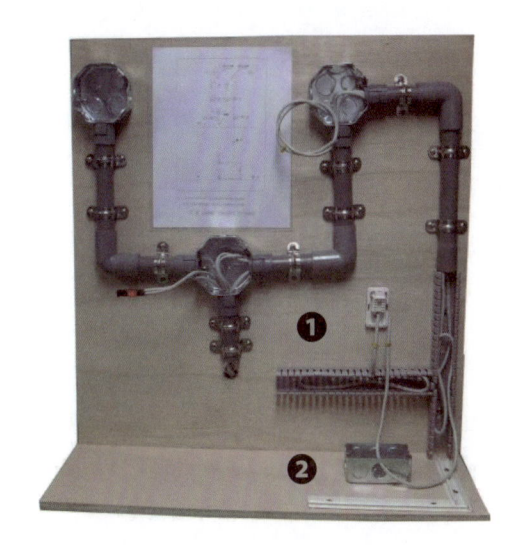

步驟 13：將煞車線穿入左邊八角型接線盒下
面孔到中間八角型接線盒，再將 ❹
❺ 號網路線和煞車線，用膠帶纏繞
在一起。

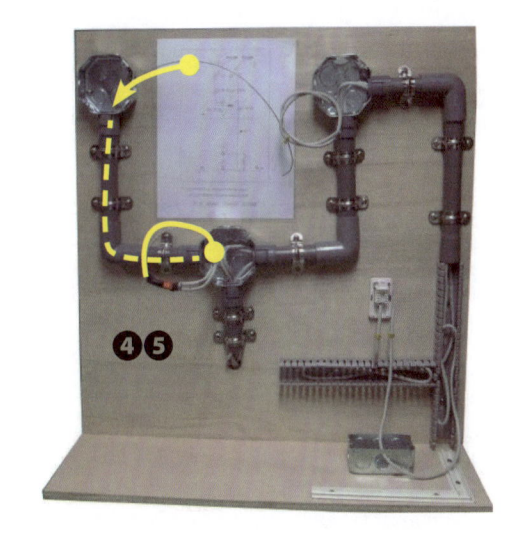

步驟 14：煞車線往上拉，網路線穿過 90°
PVC 彎頭與八角型接線盒接頭。

步驟 15：將 ❶❷❸❹❺ 號網路線套上識別環。

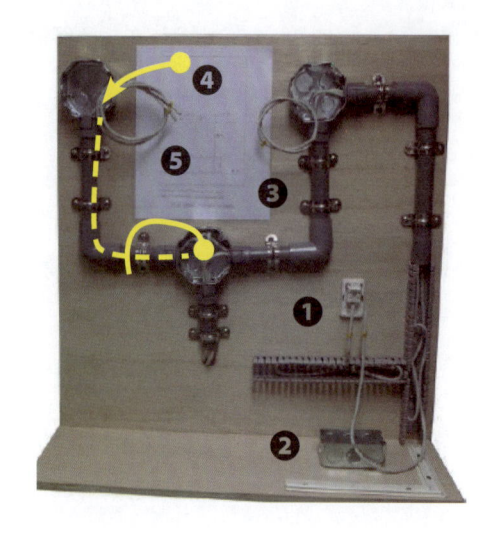

步驟 16：將 ❶❷ 號網路線打線於資訊插座上，將 ❸❹❺ 號網路壓接 RJ45 接頭，蓋上線槽蓋及資訊插座盒接蓋，第三題試題水平佈線完成。

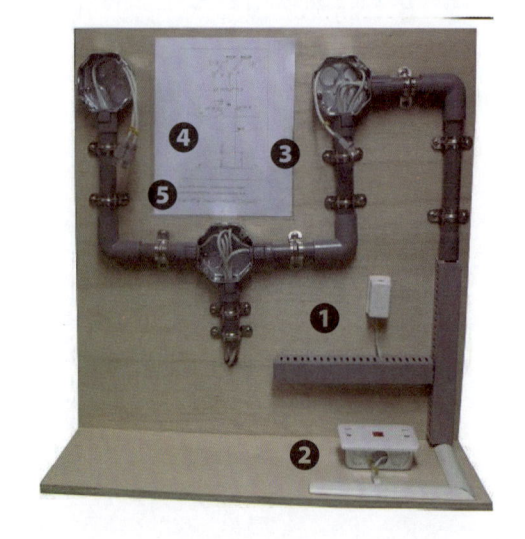

試題編號：17200-940303（第三題）

五、動作要求：

（八）網路線路測試。

（九）跳線連接：使用依動作要求（一）製作之 0.5 公尺長 1～4 號 UTP 跳線依序連接配線機架之通訊埠與集線器對應之通訊埠；使用依動作要求（二）製作之 1 公尺長 5 號 UTP 跳線連接集線器與檢定崗位配置之資訊插座。

（十）設定電腦 TCP/IP 參數：（網路區段 IP 位址及伺服器 IP 位址，由監評人員於現場主持抽籤並公佈）應檢人的 IP 位址為：網路區段起始位址＋工作崗位號碼。

例如：第 30 號工作崗位的應檢人，其網路區段位址為 192.168.1.X/27，伺服器 IP 位址為 192.168.1.188，則其 IP 位址為 192.168.1.160 + 30，所以應檢人 IP 位址＝ 192.168.1.190，網路遮罩為 255.255.255.224，應檢人可依此位址瀏覽伺服器網頁。

（十一）個人電腦可經由依動作要求（三）製作之 3 公尺長 6 號 UTP 跳線依次連接每一資訊插座，以網頁瀏覽器瀏覽檢定場伺服器網頁。

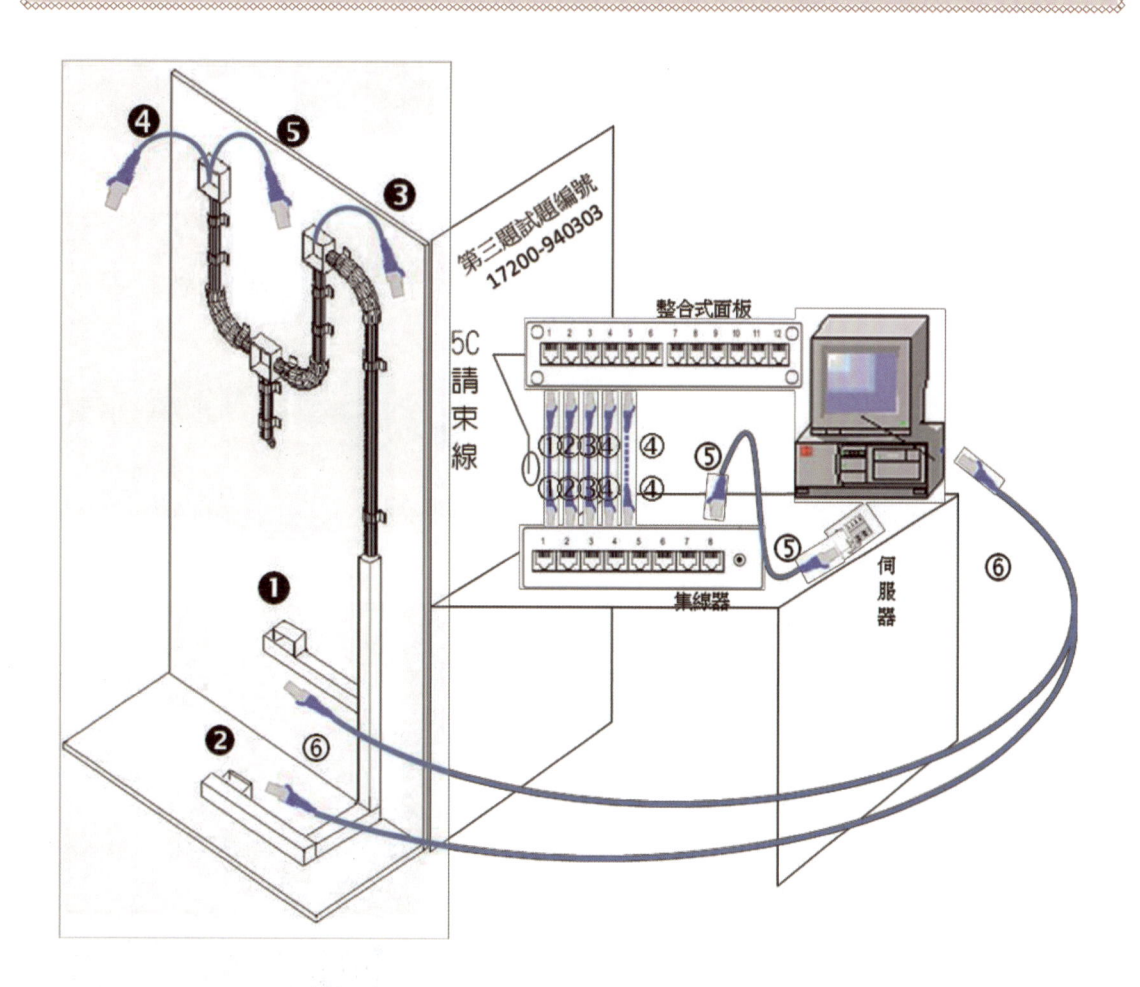

步驟1：將編號 ⑤ 號 (1 公尺) 網路線，一端連接到集線器通訊埠 (任何一埠接可) 另一端連接到主機伺服器 (Server) 的資訊插座。

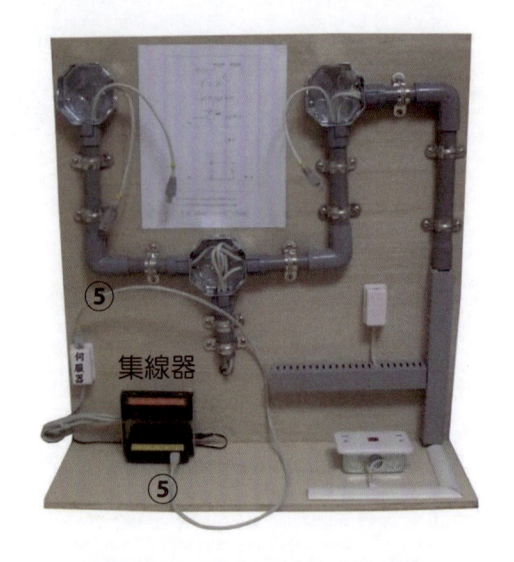

步驟2：將編號 ①②③④ 號 (0.5 公尺) 網路線，一端依序連接到集線器通訊埠，即 ① 接 1，② 接 2，③ 接 3，④ 接 4。

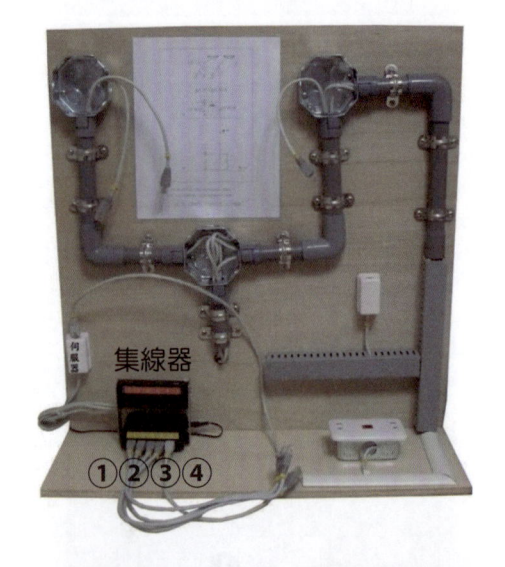

步驟3：將編號 ①②③④ 號 (0.5 公尺) 網路線，另一端依序連接到整合式面板通訊埠，即 ① 接 1，② 接 2，③ 接 3，④ 接 4。

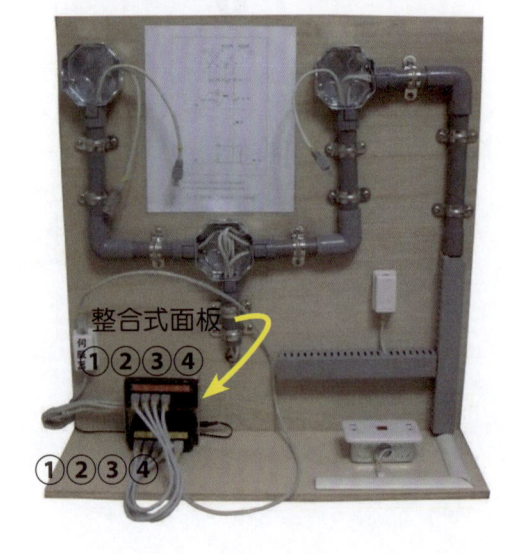

3 術科試題實作說明

步驟 4： 計算網路遮罩與 IP。

李成祥抽到工作崗位 8 號，考題第 3 題，

由應檢人代表抽 IP 網路區段 18.226.15.X/27，伺服器位址 18.226.15.220

經李成祥計算結果，自己遮罩為 255.255.255.224，IP 為 18.226.15.200。

> **注意**
>
> 李成祥測試階段 IP 位置為 192.168.168.8 工作崗位，網路遮罩 255.255.255.0
> 測試階段伺服器連線網址為 http://192.168.168.168
>
> 由應檢人代表抽 IP 網路區段後，李成祥必須自己計算 IP 與遮罩位置，
> 正式考試 IP 位置為 18.226.15.200　　　這數值李成祥自己計算 & 設定
> 正式考試子網路遮罩 255.255.255.224　　這數值李成祥自己計算 & 設定
> 正式考試伺服器連線網址為 http://18.226.15.220　這數值監評會公告在黑板

步驟 5： 填寫 IP 和網路遮罩，注意遮罩與 IP 不要填寫錯表格位子。

▼ **網路架設丙級技術士技能檢定術科測驗評審表**

檢定日期	100 年 10 月 10 日	題　號	第 3 題
准考證編號	123456789	總評結果	□及格　□不及格
應檢人姓名	李成祥	監評長簽章	
檢定崗位號碼	8	重大缺點應檢人簽名處	
設定子網路遮罩	255.255.255.224	設定 IP 位址	18.226.15.200

步驟 6： 選擇 (TCP/IP) 設定按滑鼠左鍵點選內容。

輸入正式考試時李成祥的 IP 位置為 18.226.15.200，網路遮罩 255.255.255.224。

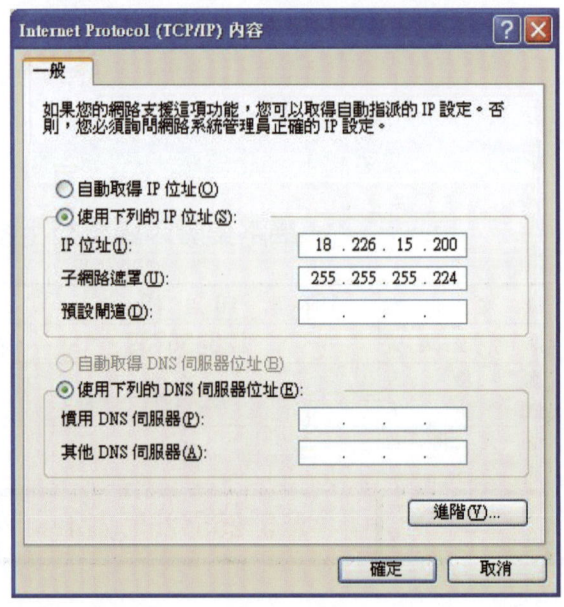

步驟 7： 1 樓客戶端電腦連接主機網頁連線測試。

將編號 ⑥ 號 (3 公尺) 網路線，接編號 ❶ 號桌上型資訊插座與電腦網路卡，先關閉網際網路 IE 瀏覽器，再重新開啟網際網路 IE 瀏覽器，輸入伺服器網址 (寫在黑板上的 IP)，http://18.226.15.220 電腦螢幕出現連線成功畫面。

3 術科試題實作說明

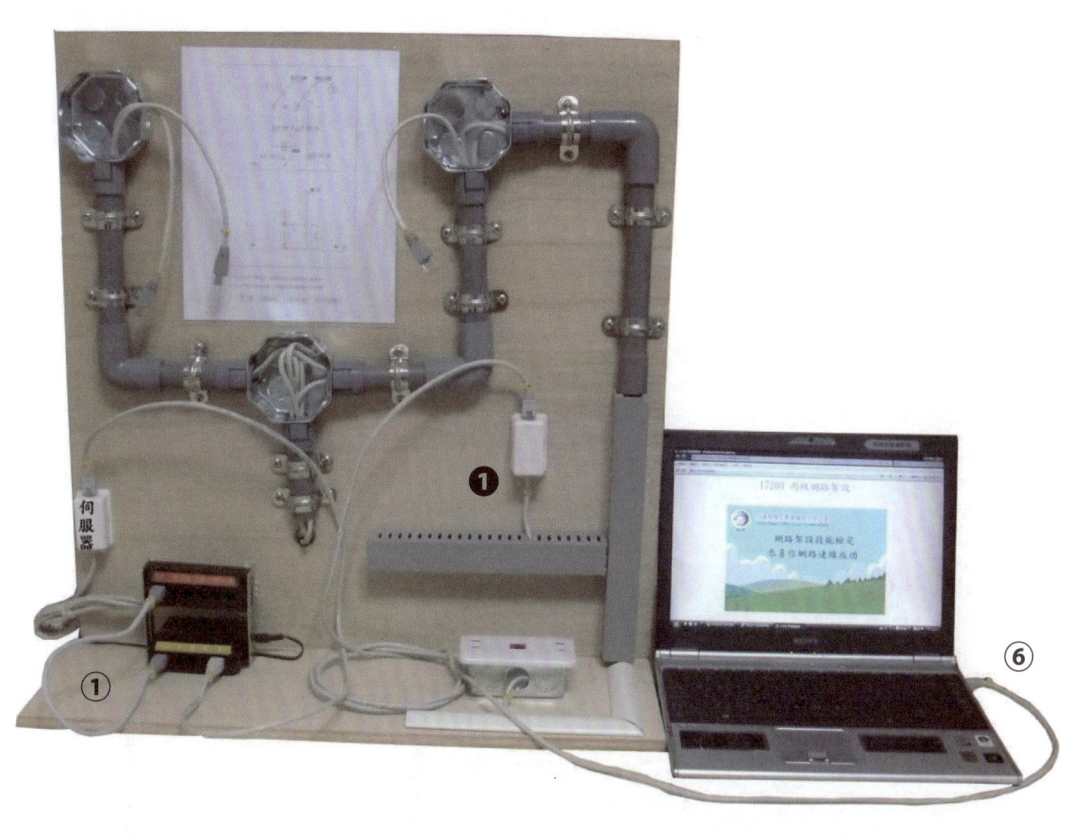

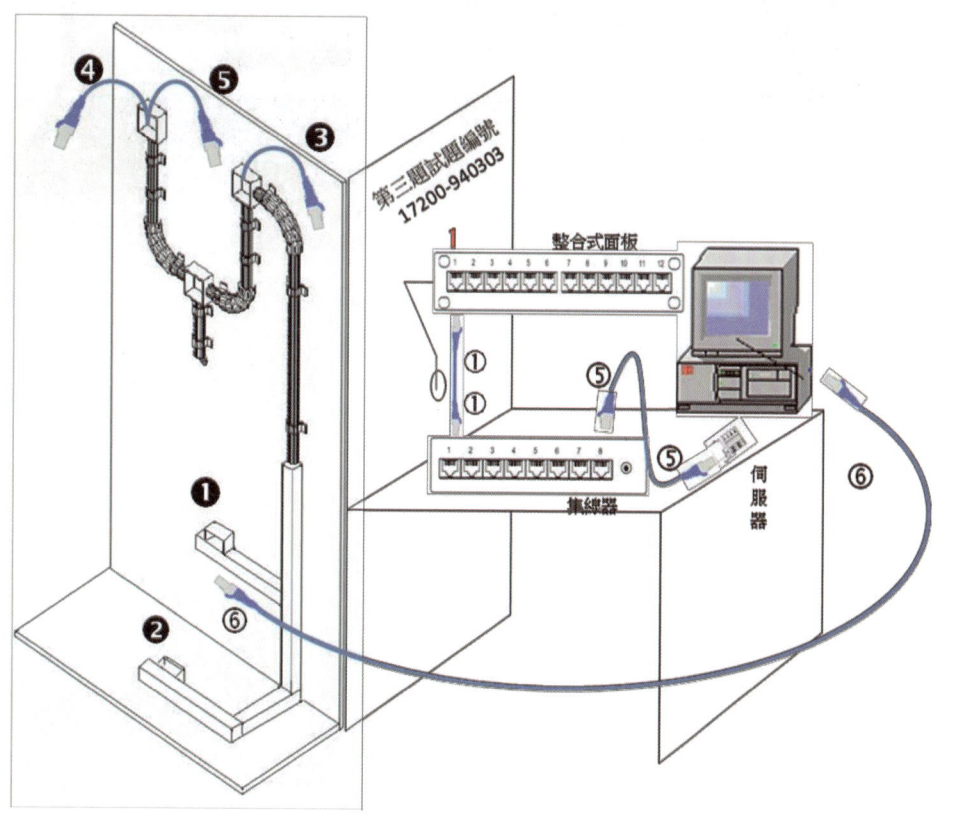

119

步驟 8： 2 樓客戶端電腦連接主機網頁連線測試。

將編號 ⑥ 號 (3 公尺) 網路線，接編號 ❷ 號埋入型資訊插座與電腦網路卡，先關閉網際網路 IE 瀏覽器，再重新開啟網際網路 IE 瀏覽器，輸入伺服器網址 (寫在黑板上的 IP)，http://18.226.15.220 電腦螢幕出現連線成功畫面。

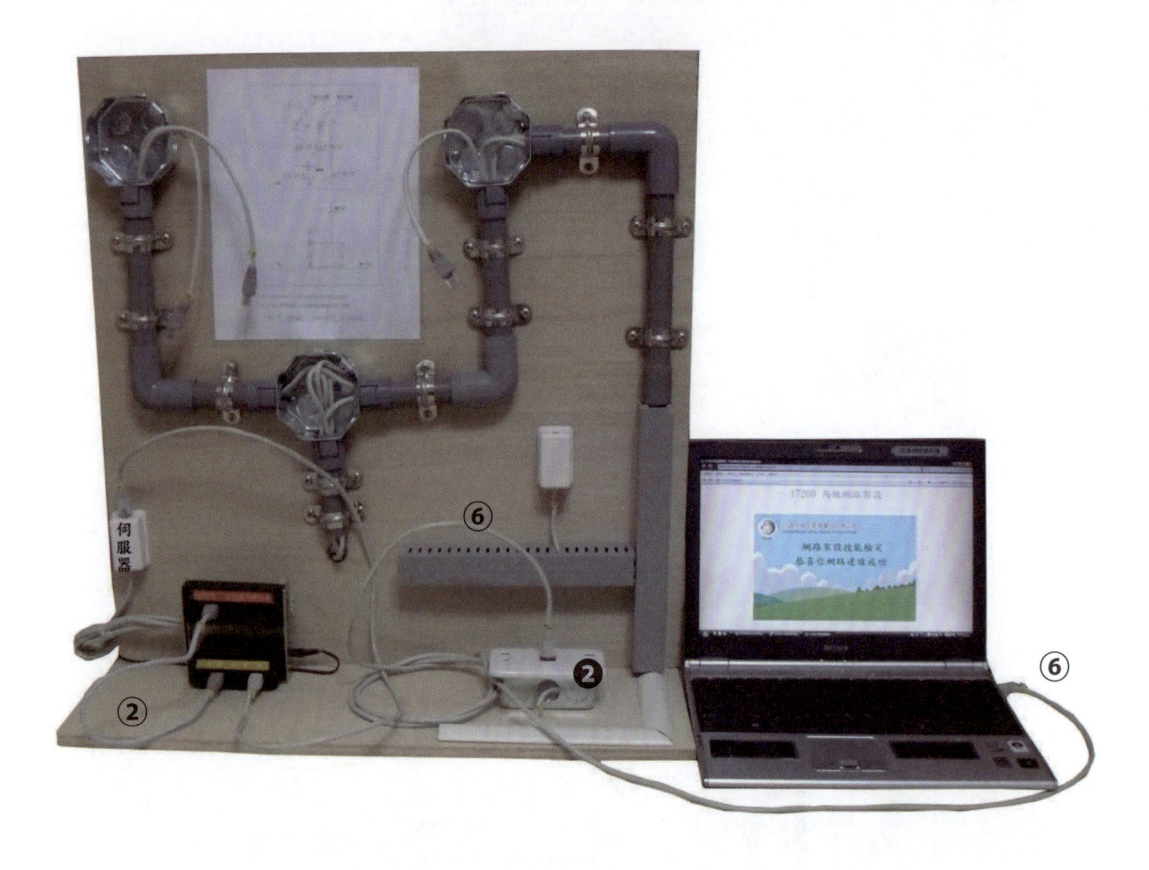

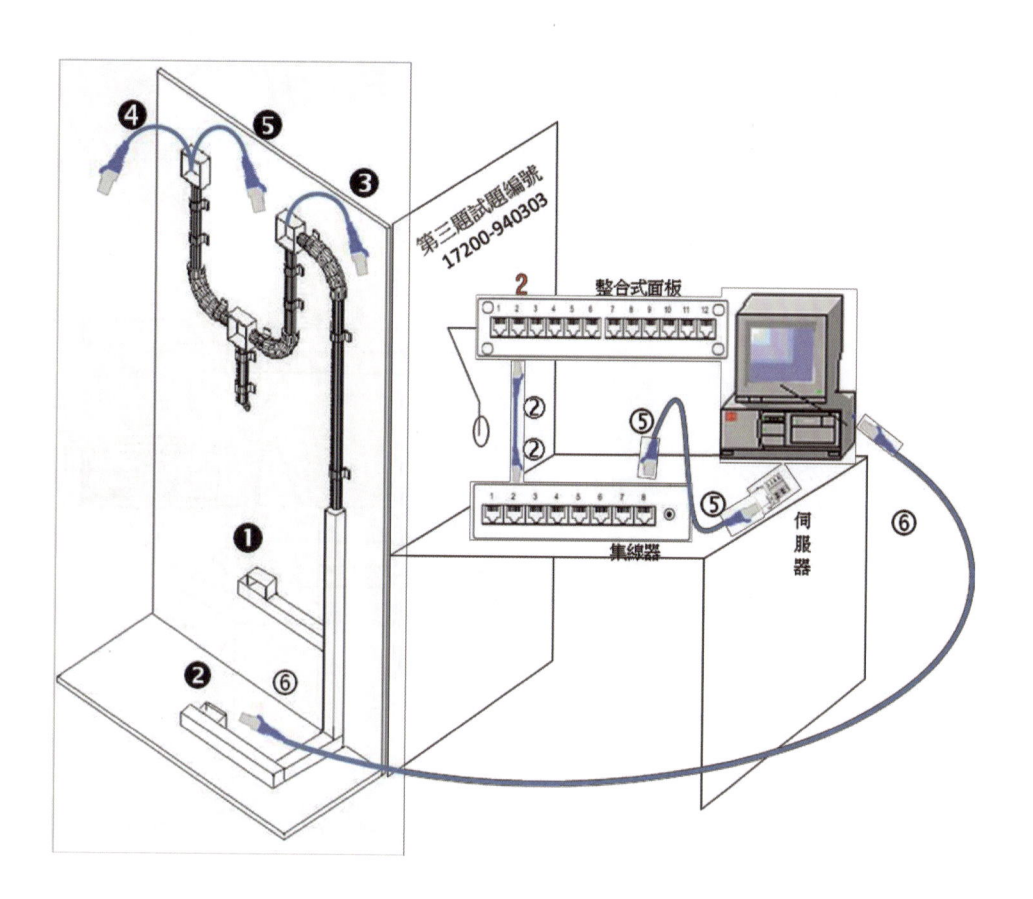

術科試題實作說明 **3**

步驟 9： 3 樓客戶端網路測試器連線測試。

將集線器通訊埠上 ③ 號網路線拔取出來，換插入網路線測試器，另將編號 ❸ 號 RJ45 接頭插入網路線測試器，用網路線測試器測量是否 8 芯線都導通。

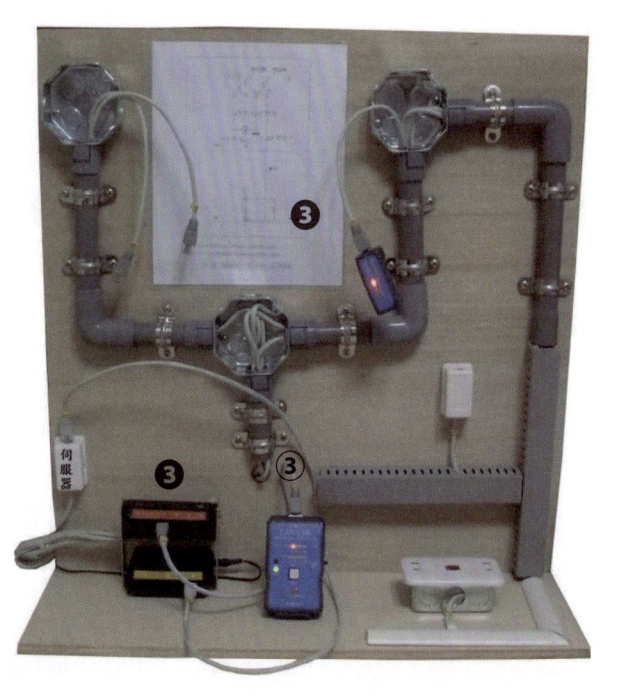

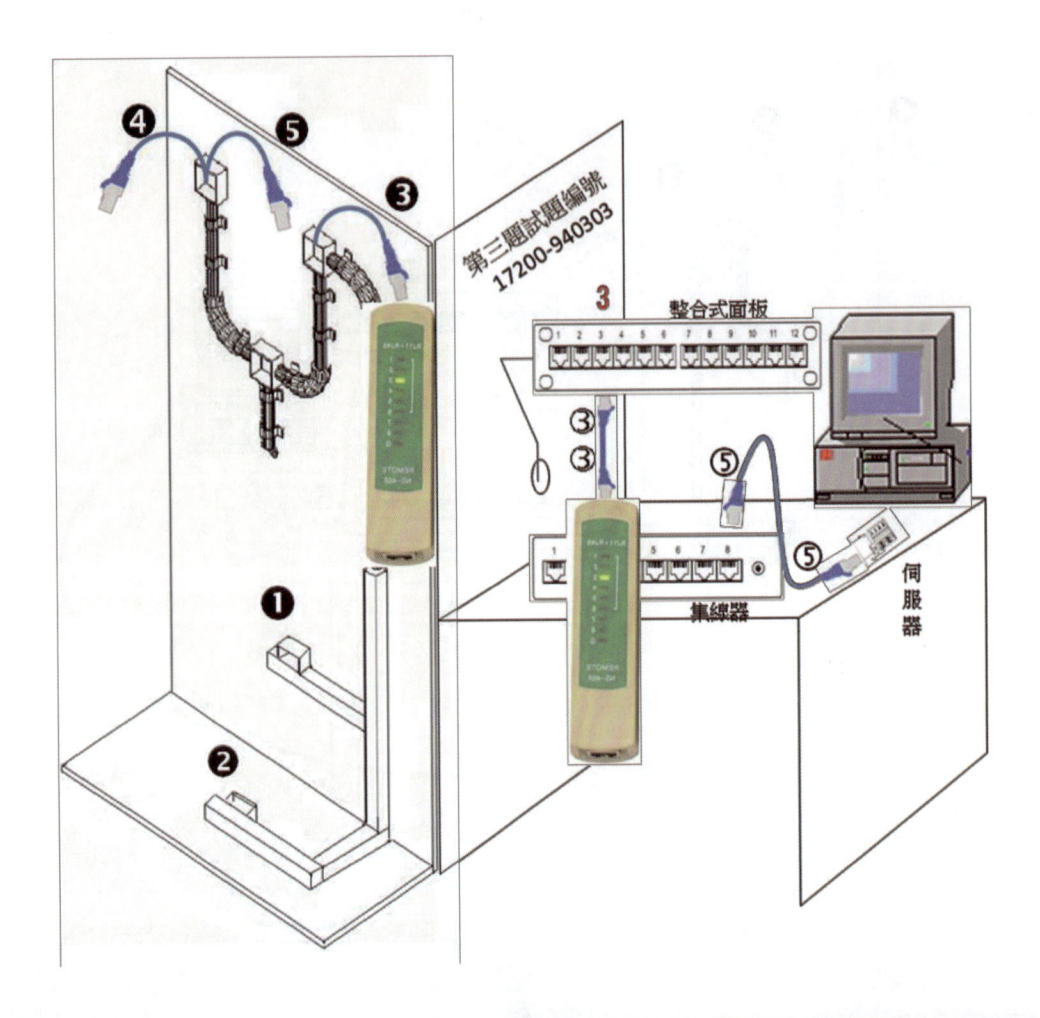

步驟 10：4 樓客戶端網路測試器連線測試。

將集線器通訊埠上 ❹ 號網路線拔取出來，換插入網路線測試器，另將編號 ❹ 號 RJ45 接頭插入網路線測試器，用網路線測試器測量是否 8 芯線都導通。

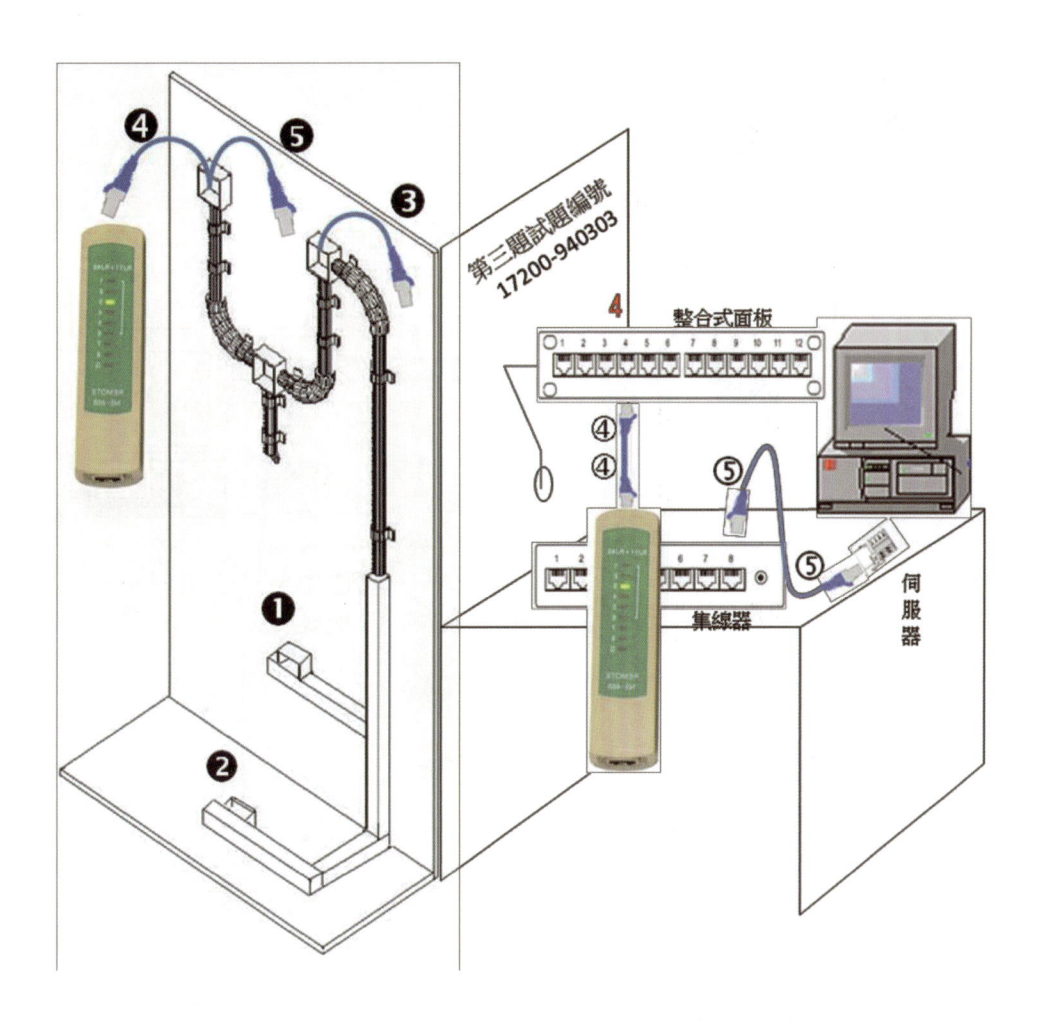

步驟 11： 5 樓客戶端網路測試器連線測試。

將集線器通訊埠上 ④ 號網路線，換插入整合式面板通訊埠上 ❺ 號，另將編號 ❺ 號 RJ45 接頭插入網路線測試器，用網路線測試器測量是否 8 芯線都導通。

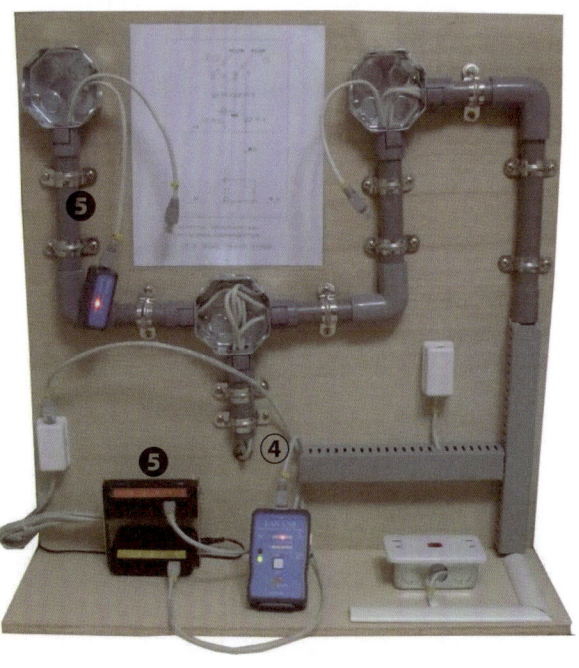

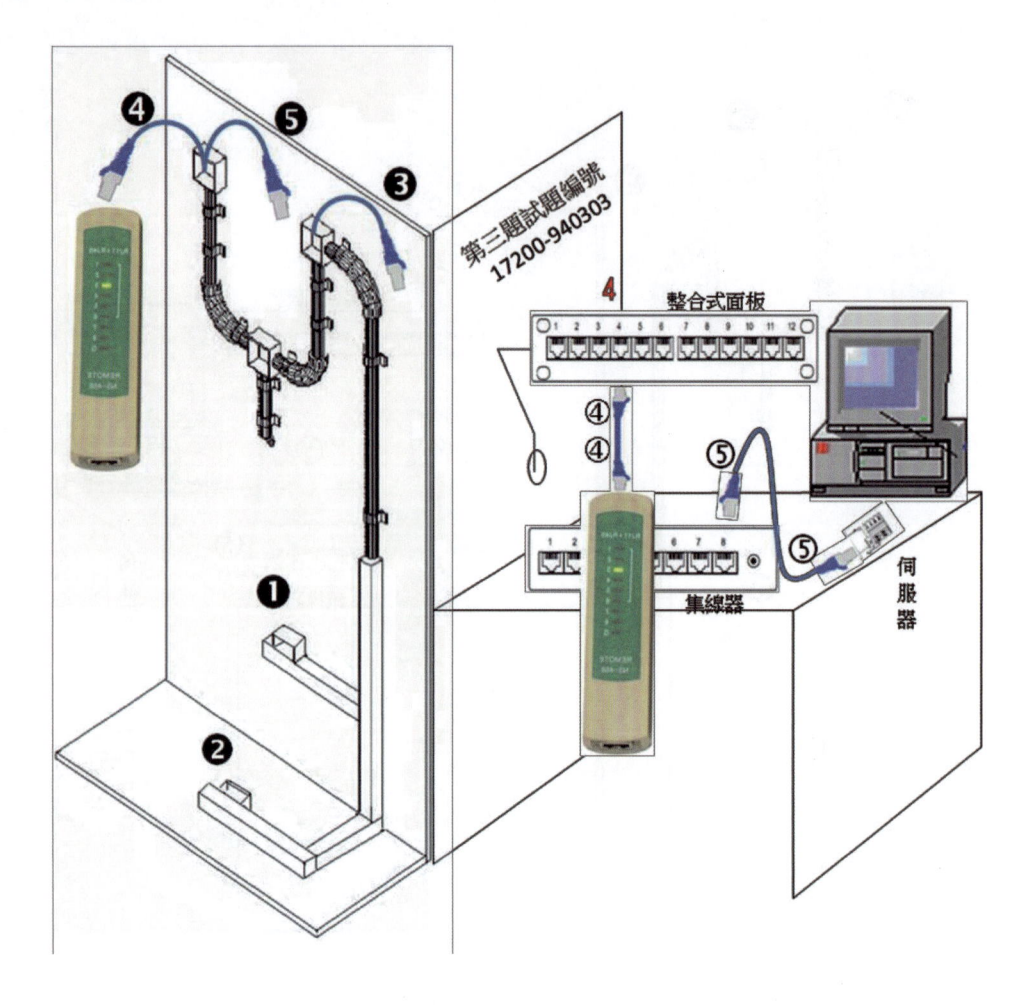

動作全部完成功能正常,先整理工作崗位再舉手請監評委員來評分,功能評分後必須依照監評規定拆除恢復原先工作崗位原狀,經考場服務人員確認後才能算評分完成方可離開,否則會被扣分。

丙級網路架設技能檢定自我評分表

題　號		
檢定日期　　年　月　日	姓　　名	崗位號碼
抽籤遮罩	抽籤 IP 位置	總評結果　☐ 及格　☐ 不及格
計算崗位遮罩	計算崗位 IP	

項　目		扣　分　標　準	每處扣分	扣分數
重大缺點	1	於規定 3 小時內完成或棄權	100	
	2	PVC 管水平佈線(左、右)架設網路	100	
網路設定	3	IP 位址計算設定是否正確	25	
	4	子網路遮罩計算設定是否正確	25	
	5	評審表上面，IP 與遮罩位置填寫錯誤	25	
	6	資訊插座❶號，是否可連上伺服器網頁	25	
	7	資訊插座❷號，是否可連上伺服器網頁	25	
整體佈線動作要求	8	資訊插座編號❶、❷號(上、下)安裝是否正確	10	
	9	天花板❸、❹、❺號網路線(左、右)佈線是否正確	10	
	10	水平方形壓條(線槽)是否距離地面 30 公分	10	
	11	編號①號 0.5 公尺網路線連接整合式面板與集線器 HUB	10	
	12	編號②號 0.5 公尺網路線連接整合式面板與集線器 HUB	10	
	13	編號③號 0.5 公尺網路線連接整合式面板與集線器 HUB	10	
	14	編號④號 0.5 公尺網路線連接整合式面板與集線器 HUB	10	
	15	編號⑤號 1 公尺網路線連接考場伺服器(Server)與集線器 HUB	10	
	16	編號⑥號 3 公尺網路線連接電腦網路卡與❶或❷號資訊插座	10	
	17	識別環未標示或標示不正確(一個扣 5 分)	5	
	18	11 個 PVC 管夾安裝是否正確(一個扣 5 分)	5	
	19	整合式面板配線整線(建議束線 3 條以上)	5	
網路線測試器量測	20	編號①號的 0.5 公尺網路線測試導通	15	
	21	編號②號的 0.5 公尺網路線測試導通	15	
	22	編號③號的 0.5 公尺網路線測試導通	15	
	23	編號④號的 0.5 公尺網路線測試導通	15	
	24	編號⑤號的 1 公尺網路線測試導通	15	
	25	編號⑥號的 3 公尺網路線測試導通	15	
	26	編號❶號資訊插座與整合式面板 1 號測試導通	25	
	27	編號❷號資訊插座與整合式面板 2 號測試導通	25	
	28	❸號 RJ45 接頭與整合式面板 3 號測試導通	15	
	29	❹號 RJ45 接頭與整合式面板 4 號測試導通	15	
	30	❺號 RJ45 接頭與整合式面板 5 號測試導通	15	
	31	15 個 RJ-45 接頭製作不良(未壓住網路線一個扣 5 分)	5	
	32	15 個 RJ-45 接頭製作不符合 568A/B 標準(一個扣 5 分)	5	
工作態度	33	工作態度不當或行為影響他人，經糾正仍不改正者	50	
	34	功能檢查後未將組裝之器材及工作崗位恢復原狀	20	

3-4　17200-940304 術科小板作法

》 考題說明

本試題如果是在實際施工上會有多項疑點不切實際，但這檢定題目只是網路配線施工模擬，讓應檢人了解如何網路配線、設定、測試、連線與網路器材使用，所以我們將檢定工作板縮小，以此縮小模擬板練習，除了木板上 1~5 號網路線長度不一樣，其餘跳線網路線長度都一樣，在客戶端一樓裝設桌上型資訊插座，二樓裝設埋入式資訊插座，三、四、五樓製作 RJ45 接頭。

試題編號：17200-940304（第四題）

一、檢定範圍： 網路架設

二、測試前檢查器材，並測試網路連線階段（共 15 分鐘，不納入評分）：

（一）依場地機具設備表、場地工具表及材料表，檢查機具設備、工具及材料。

（二）預先測試網路連線：依據附圖三檢查個人電腦與伺服器之間連線是否正常，在測試階段伺服器的 IP 位址為 192.168.168.168，應檢人的 IP 位址為 192.168.168.X（X 表示應檢人工作崗位號碼，01-20），網路遮罩設為 255.255.255.0，請應檢人自行檢查工作崗位電腦是否可連上伺服器首頁，無異議者，視同個人電腦及網路連線正常，之後不得再提異議。

三、測試時間： 3 小時（不包含測試前器材檢查、測試網路連線階段）

《前置作業一》 設定應檢人個人電腦測試用 IP 及網路遮罩，並做網路連線測試。

1 依考題考場會提供 1 條測試用網路線，直接連接伺服器資訊座到個人電腦，應檢人自己要測試網路是否正常連接到伺服器。

2 但一般考場會提供應檢人 2 條測試用網路線，1 條網路線連接伺服器資訊座接到集線器，另外 1 條網路線連接集線器接到個人電腦，應檢人自己要測試集線器與網路線是否正常連接到伺服器。

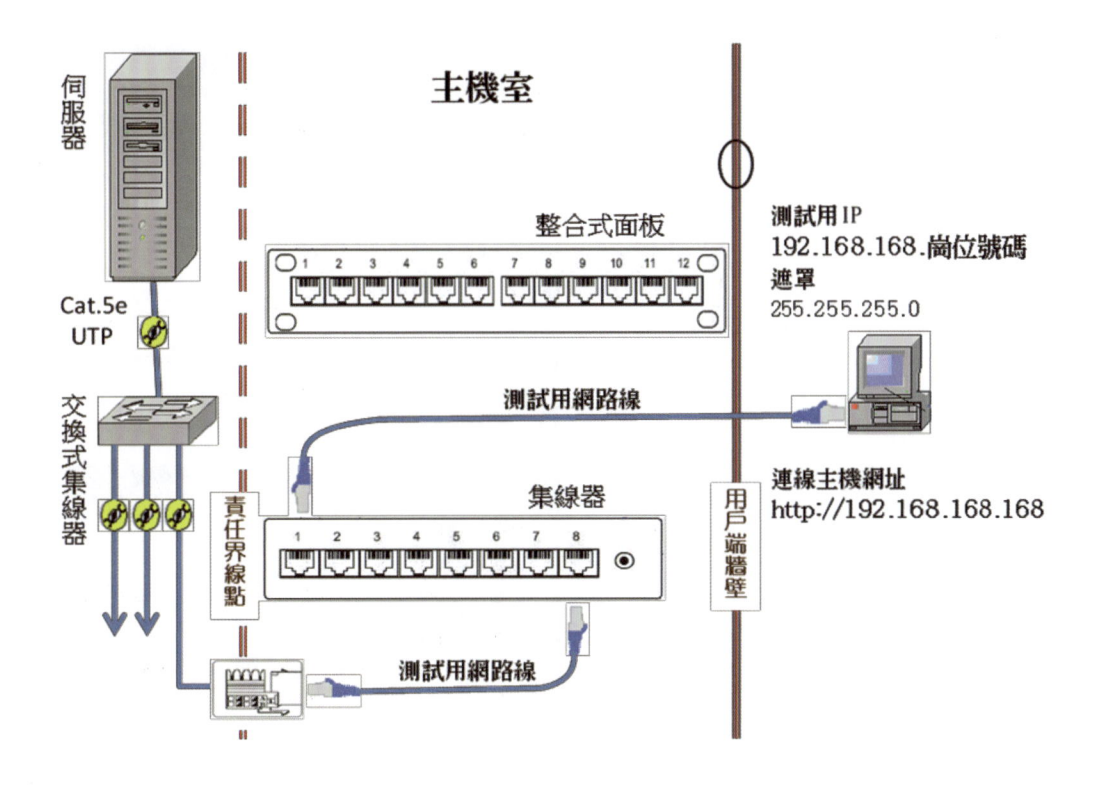

術科試題實作說明

伺服器 Cat.5e UTP

交換式集線器

主機室

整合式面板

測試用 IP
192.168.168.崗位號碼
遮罩
255.255.255.0

測試用網路線

責任界線點

集線器

用戶端牆壁

連線主機網址
http://192.168.168.168

測試用網路線

3 應檢人李成祥，抽到考試題目第 4 題，工作崗位 8 號，

由應檢人代表抽 IP 網路區段 18.61.112.X/26，伺服器位址 18.61.112.189

所以將測試用階段 IP 位置依考題設為 192.168.168.8 工作崗位，網路遮罩 255.255.255.0。

步驟1： 電腦桌面選網路上芳鄰，按滑鼠右鍵→點選內容→開啟網路連線工作區視窗。

127

步驟 2：點選區域連線按滑鼠右鍵→點選內容→開啟區域連線內容區視窗。

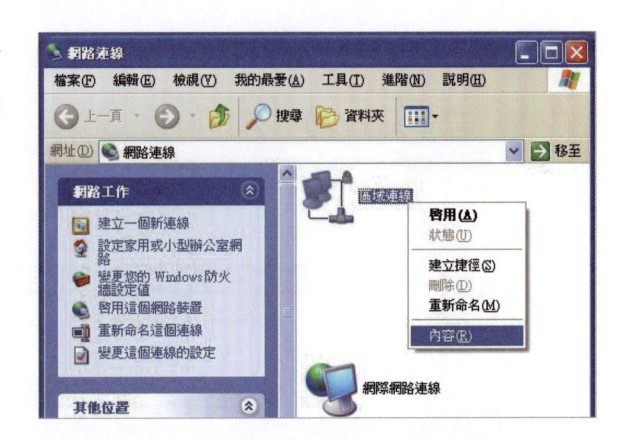

步驟 3：選擇 (TCP/IP) 設定按滑鼠左鍵點選內容。

步驟 4：在測試階段李成祥的 IP 位置為 192.168.168.8 工作崗位，網路遮罩 255.255.255.0。

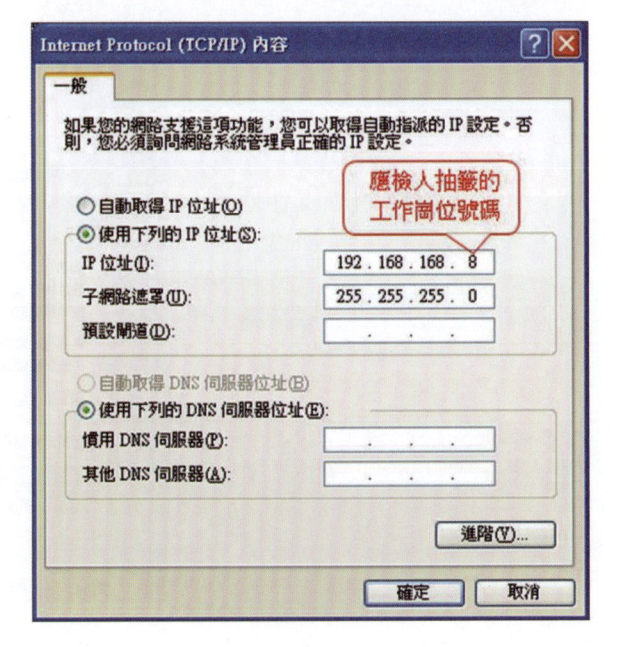

術科試題實作說明　3

> **注意**
>
> 以上 (1)~(4) 步驟為應檢人李成祥工作崗位個人電腦與主機伺服器連線測試動作，試場服務人員都會在所有應檢人未進入試場前，預先將 2 條網路線連接並測試完成，應檢人李成祥只需關閉 IE 瀏覽器，再重新開啟一次 IE 瀏覽器，做下一步驟動作 (5) 即可。但平常練習時必須 (1) ~ (5) 步驟自己操作一次。

步驟 5： 依試題規定，測試階段伺服器的 IP 位址為 192.168.168.168。

建議將 IE 瀏覽器關掉，再重新開啟一次 IE 瀏覽器，網址上輸入 http://192.168.168.168。

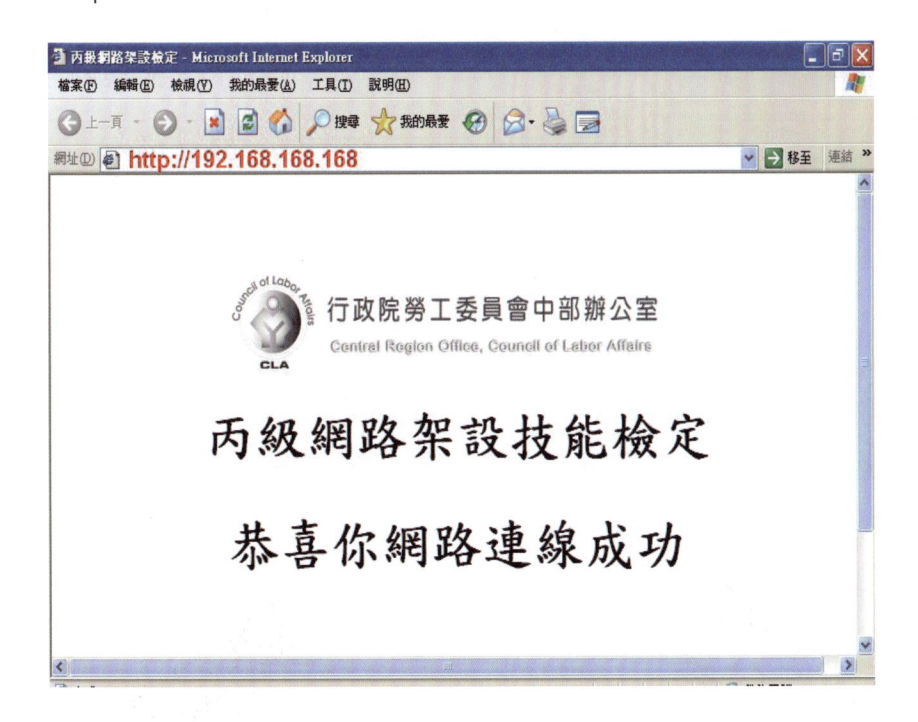

> **注意**
>
> 此時必須出現考場預設網頁，表示應檢人個人電腦、集線器、考場伺服器是正常的。如果沒出現預設網頁，考生不要做任何動作，馬上舉手請試場人員協助。

《前置作業二》 將考場提供的勞動部公告術科應檢資料材料表打開，清點材料。

可依照下圖材料單順序排放，以便利清點與施工。

9	電工膠帶(1 捲)		資訊插座(桌上埋入型)	10
8	螺絲(50 個)		網路線測試器	
7	束線帶(10 條)	網路架設丙級技術士技能檢定術科測驗評審表	十字起子	自備工具
6	PVC 盒接頭(6 個)		剝線鉗	
5	管夾(11 個)		壓接器	
4	識別環(1~6 號各四組)		斜口鉗	
2	護套(17 個)		原子筆	
1	RJ45 接頭(17 個)		奇異筆	

130

以上動作都不列入測驗時間，待整個考場考生連線都正常，考場服務人員會收回 2 條測試用的網路線，監評長宣佈開始測驗時間與結束時間，測驗時間為 3 小時。

第四題　試題編號：17200-940304 水平佈線圖

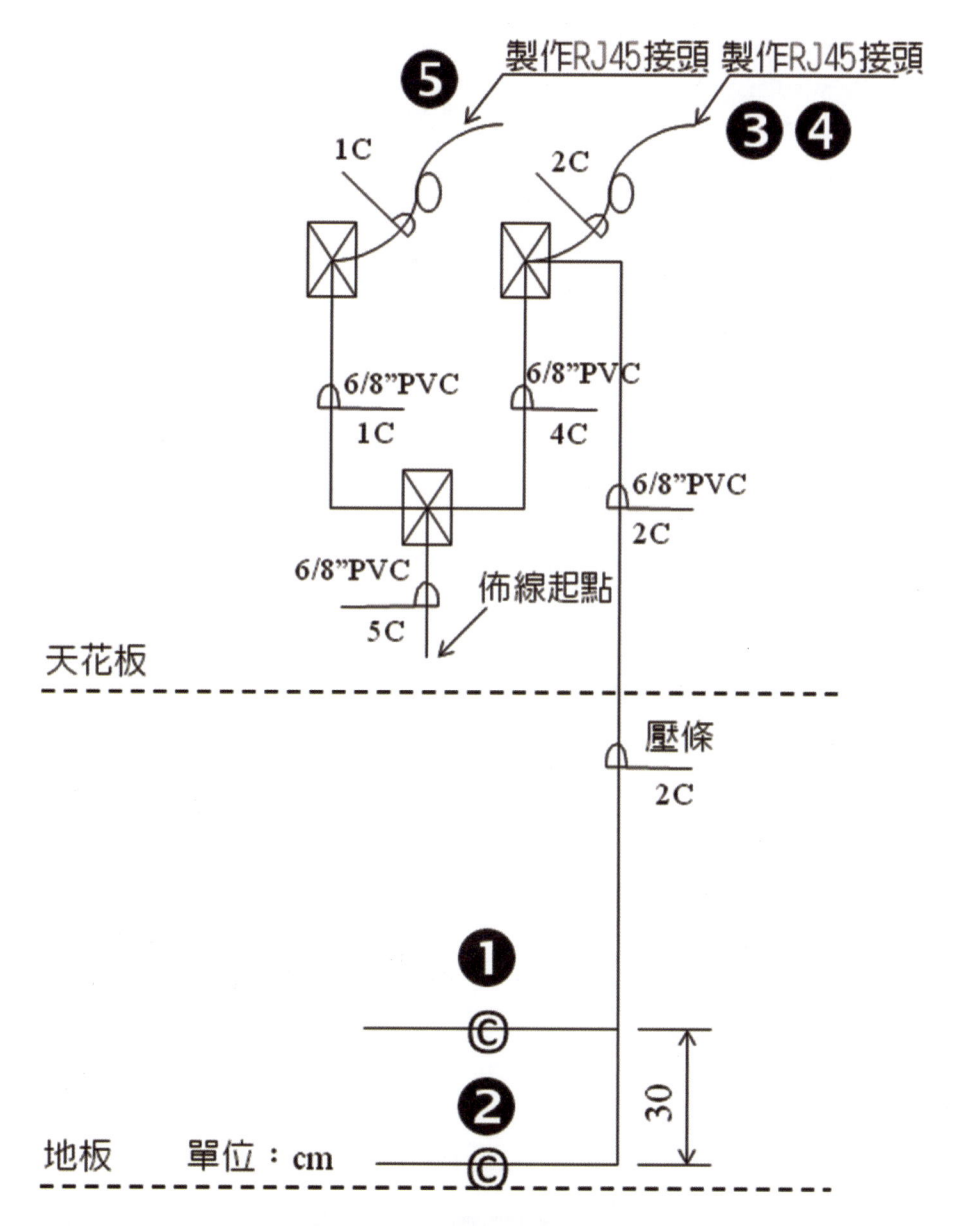

製作RJ45接頭　製作RJ45接頭

❺
❸❹

1C
2C

6/8"PVC　6/8"PVC
1C　　　　4C

6/8"PVC
2C

6/8"PVC
5C

佈線起點

天花板

壓條
2C

❶
Ⓒ
❷
Ⓒ

30

地板　單位：cm

註：1. 製作 RJ-45UTP 線，須將兩端加套識別環以資識別。
　　2. 圖中出線的標號與整合式跳線面板號碼要相互對應。

試題編號：17200-940304（第四題）

四、試題說明： 本試題為從事網路佈線、網路元件安裝及網路應用軟體操作的能力實作測試。請參照附圖一、附圖二、附圖三、附圖四、第一題試題水平佈線圖施工，配接 PVC 管、壓條、接線盒、資訊插座、網路線、整線束線並製作網路跳線等工作。依據現場抽定之 IP 網路區段及伺服器位址，設定電腦的 TCP/IP 參數，並透過佈放之網路線連接上伺服器首頁。

依照試題說明，第四題試題佈線圖施工順序：木板上配接 PVC 管 (管夾固定)→壓條→接線盒→資訊插座→配接 5 條網路線 (鏈結)→整線束線→製作 6 條網路跳線→設定 IP 與網路遮罩→連接伺服器測試。

補充

鏈結： 鏈結是指配線系統中兩個介面之間的傳輸路徑，不包括任何的跳接線，是屬於永久配線的部分，本題用 ❶❷❸❹❺ 表示鏈結網路編號。

跳線： 跳線是指設備與設備連接的導通線，本題用 ①②③④⑤⑥ 表示跳線網路編號。

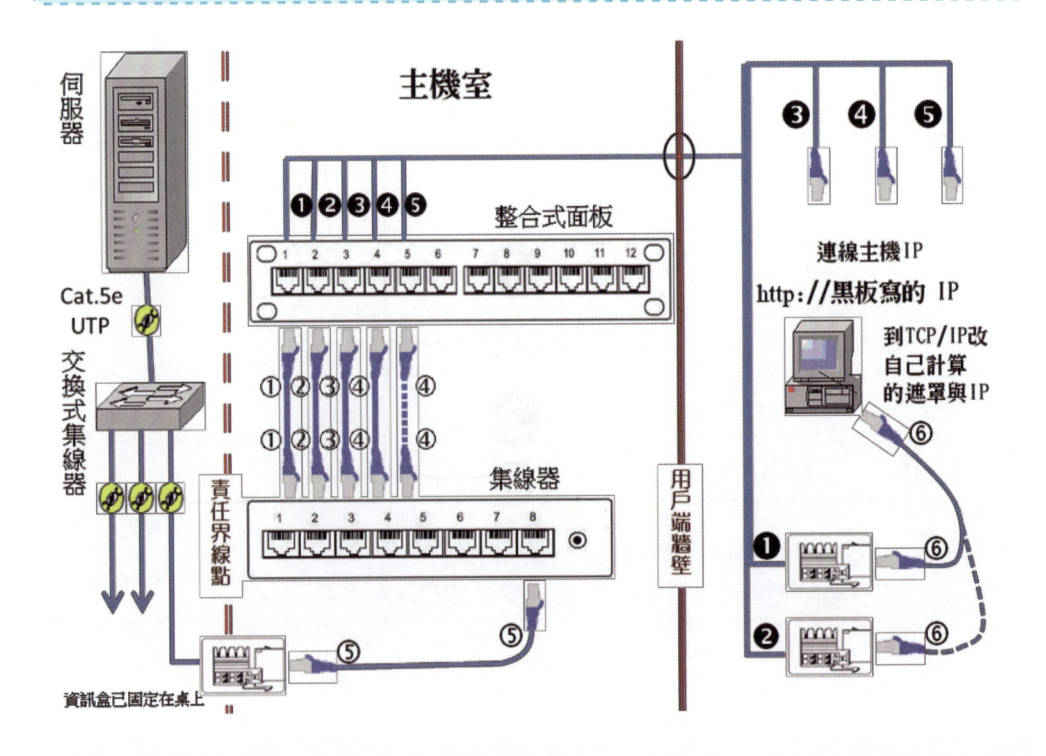

> **注意**
>
> ⑤號跳線是連接伺服器與集線器導通的重要網路線，⑤號網路線只做鏈結到整合式面板，未做跳接線到集線器，所以 ⑤號 RJ45 端無法測試鏈結的網路線是否導通，所以測試網線時可借用 ④號網路跳接線來測試。

試題編號：17200-940304（第四題）

五、動作要求：

（一）製作四條長 0.5 公尺的 UTP 跳線，兩端裝設 1～4 號識別號碼環。

（二）製作一條長 1 公尺的 UTP 跳線，兩端裝設 5 號識別號碼環。

（三）製作一條長 3 公尺的 UTP 跳線，兩端裝設 6 號識別號碼環。

依照考題要求，有 6 條網路線做『設備跳線』，並非電腦與電腦直接連接的『跳接線』，所以網路線須全部使用 568B 製作，網路線由最內圈中心開始抽取裁剪，才不會網路線打結凌亂掉。

動作 1： 裁剪 0.5 公尺網路線 4 條，並距離網路線頭處寫上編號 ①②③④。

動作 2： 裁剪 1 公尺網路線 1 條，並距離網路線頭處寫上編號 ⑤。

動作 3： 裁剪 3 公尺網路線 1 條，並距離網路線頭處寫上編號 ⑥。

防止識別環或護套忘記擺放而被扣分，將 6 條網線用電工膠帶纏繞依序號放入 (注意護套方向) 護套 (開口朝下)→識別環→識別環→護套 (開口朝上)，再依 568B 顏色壓接 12 個 RJ45 接頭。

6 條網路線需逐一用網路線測試器測量是否 8 芯線都導通。

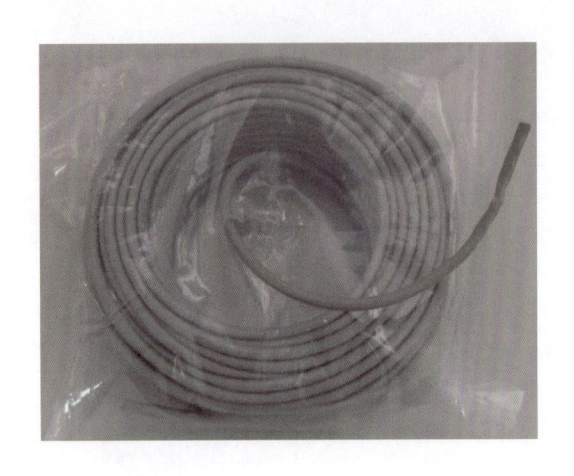

網路線由最內圈中心開始抽取裁剪　　　　護套→識別環→識別環→護套

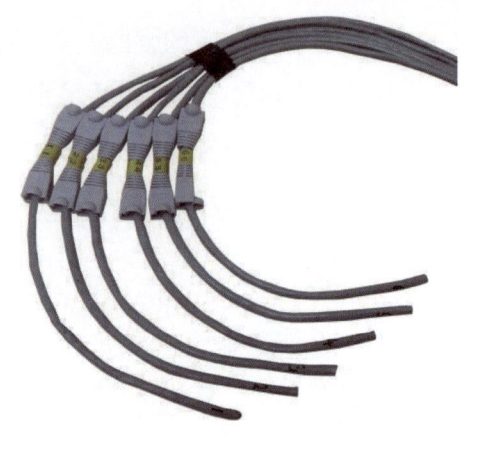

使用 TIA/EIA 568B 製做 12 個 RJ45 接頭　　　用網路線測試器測量是否 8 芯線都導通

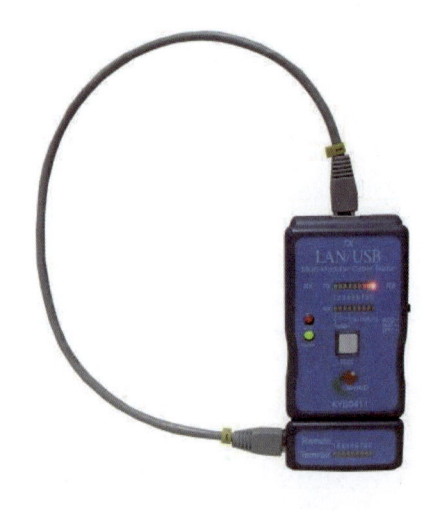

術科試題實作說明　**3**

試題編號：17200-940304（第四題）

五、動作要求：

（四）依照第四題試題水平佈線圖裝配網路導管、管夾、盒接頭及接線盒。（相關位置請參照附圖一工作崗位立體圖、附圖二工作崗位圖）

步驟 1： 八角型接線盒 3 邊接上盒接頭，下方盒接頭連接短的 PVC 管，再將八角型接線盒用螺絲固定。

> **注 意**
> PVC 管距離圓孔 2~5 公分以方便穿線。

步驟 2： 左、右兩邊盒接頭各連接短的 PVC 管。

135

步驟 3：左、右兩邊短的 PVC 管連接 90° PVC 彎頭，90° PVC 彎頭再連接上長的 PVC 管。

步驟 4：左、右兩邊各連接上八角型接線盒，並且依照試題第三題水平佈線圖，右邊八角型接線盒輸出時，往右邊輸出再多加上一個盒接頭。

步驟 5：往右邊的盒接頭，連接 90° PVC 彎頭，90° PVC 彎頭再連接上長的 PVC 管。

步驟 6： 固定垂直面方形的線槽。

> **注　意**
>
> 容易疏忽被扣分的地方依通訊法規定線槽必須**與地面距離 30 公分**，在第四題試題水平佈線圖施工也有標示。在此為模擬板施做，暫時以**距離 10 公分為依據**。

步驟 7： 固定水平面（地板）的線槽。

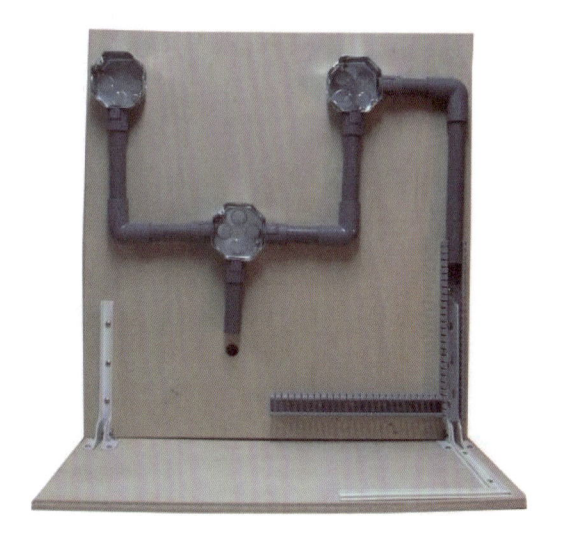

> 試題編號：17200-940304（第四題）
>
> **五、動作要求：**
>
> （五）依照第四題試題水平佈線圖裝配網路線並裝設 1～5 號識別號碼環。
>
> （六）依照第四題試題水平佈線圖安裝資訊插座。
>
> （七）配線架 UTP 線由內而外結線及束線（參照附圖四配線板進線與整線圖）。

依照考題要求，有 5 條網路線做『鏈結』，考題未規定裁剪網路線長度，網路線由最內圈中心開始拿取裁剪，才不會網路線打結凌亂掉。

步驟 1： 裁剪網路線並將兩端寫上編號。

裁剪 2 條 3 公尺網路線，編號為 ❶❷。

裁剪 3 條 2 公尺網路線，編號為 ❸❹❺。

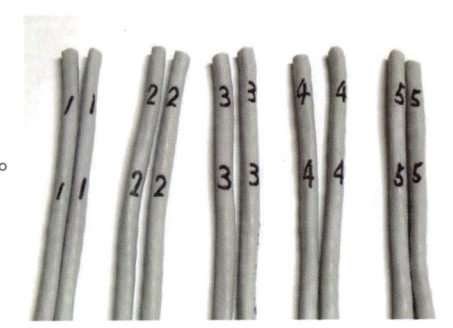

> **注 意**
>
> 正常考試時長度大約剪 2 條 5 公尺網路線，編號為 ❶❷ 裁剪 3 條 3 公尺網路線，編號為 ❸❹❺。

步驟 2： 整合式面板配線架，

建議先從 ❺→❹→❸→❷→❶ 順序配線。

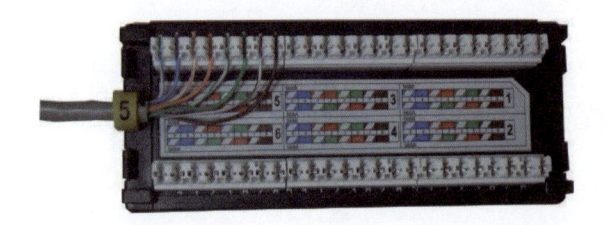

術科試題實作說明 **3**

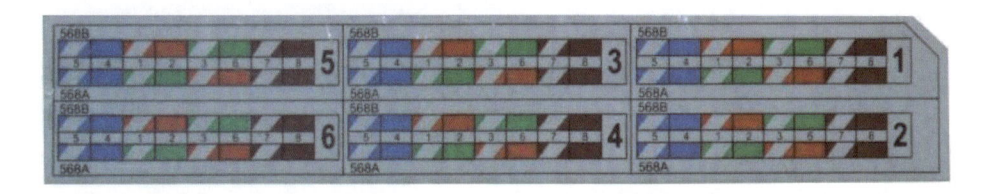

> **注意**
> 要先套上號碼識別環。

> **注意**
> 上排 568B 色盤緊靠 1、3、5 端子台，依顏色打線即可。
> 下排 568A 色盤緊靠 2、4、6 端子台，小心不要看錯，應使用 568B 色盤。

步驟 1： 依照第四題試題水平佈線圖，安裝桌上型資訊插座（垂直面木板上）與埋入式資訊插座（水平面地上）。

> **注意**
> 資訊插座請勿緊貼壓條，應保留適當距離。

步驟 2： 將 ❶～❺ 號 5 條鏈結用的網路線，由主機室穿過木板圓孔到客戶端。

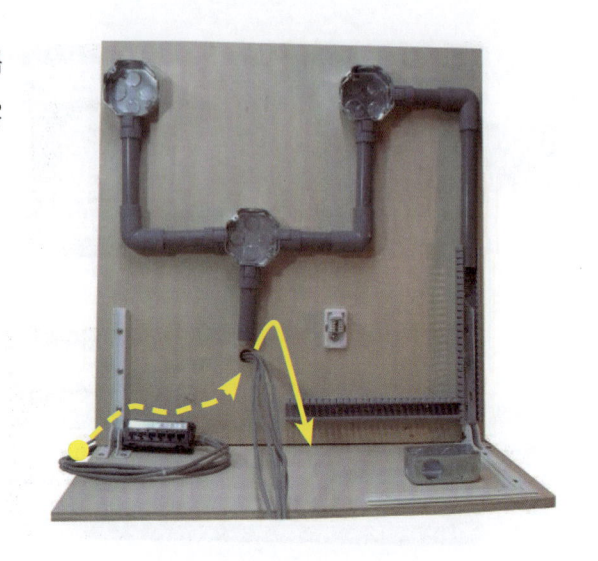

步驟 3： PVC 管拆下，直接將 5 條網路線穿入，再經中間八角型接線盒下面孔。

將整合式面板 ❶❷❸❹❺ 號網路線適當長度拉到客戶端。

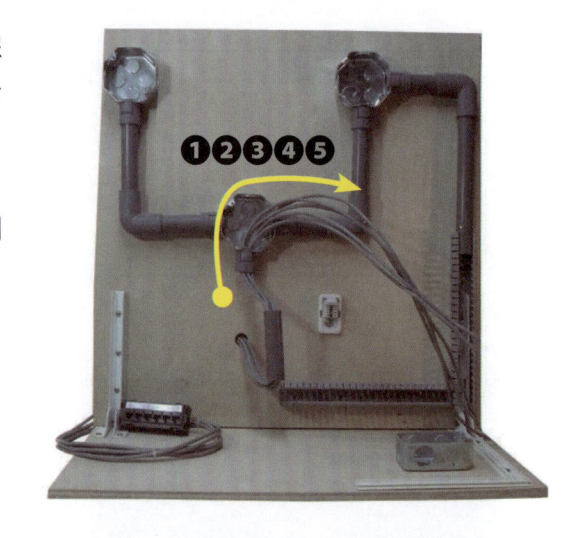

步驟 4： 依第四題試題水平佈線，將號網路線分開。

❶❷❸❹ 右邊

❺ 左邊

並拆下左邊 PVC 管。

步驟 5： 將 ❺ 號網路線，穿入中間八角型接線盒左邊孔，經 PVC 管及 90° 彎頭，到左邊八角型接線盒下方孔穿出。

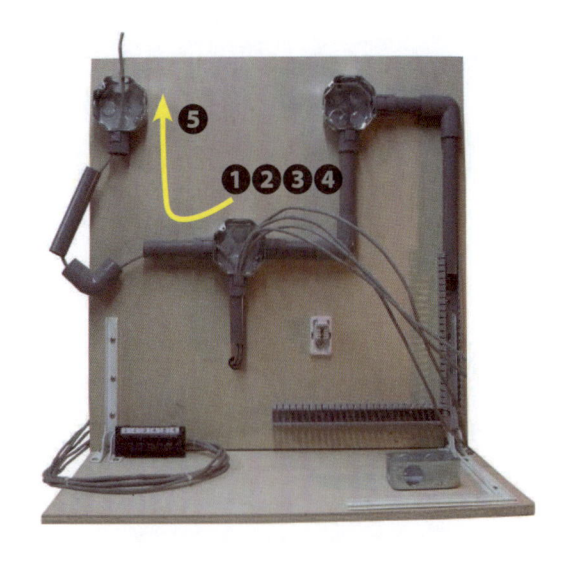

步驟 6： 拆下中間右邊 PVC 管。將 ❶❷❸❹ 號網路線，穿入中間八角型接線盒右邊孔。

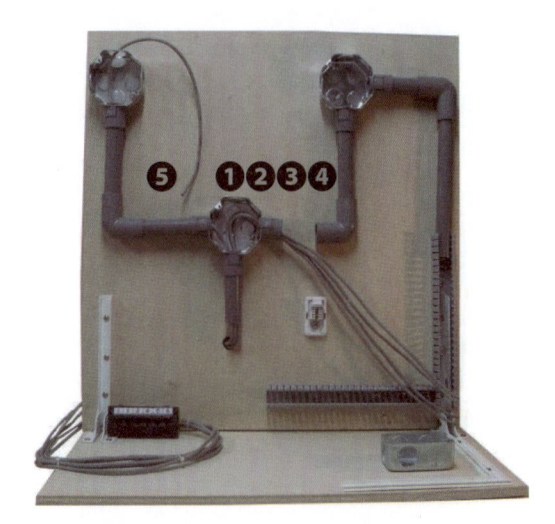

步驟 7： 再將 ❶❷❸❹ 號網路線，經 PVC 管及 90° 彎頭。

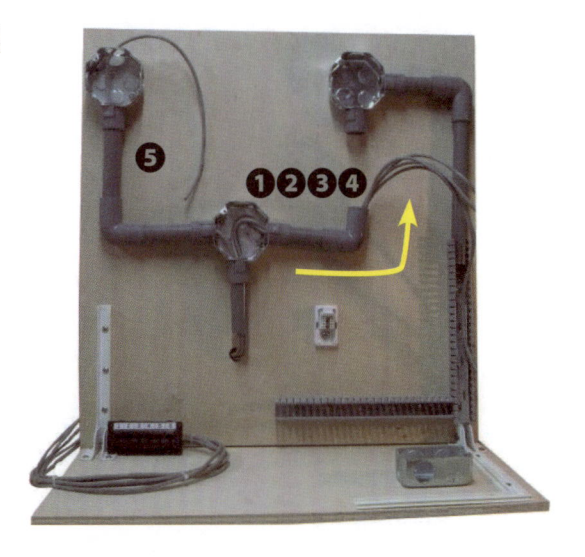

步驟 8： 到右邊八角型接線盒下方孔穿出，依第四題試題水平佈線，將 ❶❷❸❹ 號網路線分開。

❶❷ 右邊

❸❹ 左邊

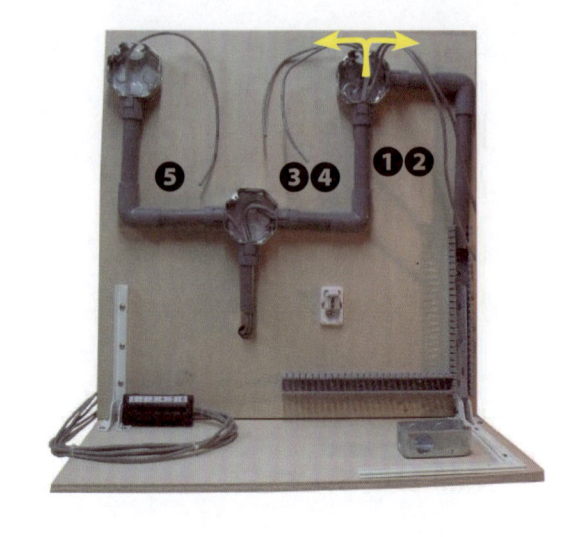

步驟 9： 拆下最右邊 PVC 管。

將 ❶❷ 號網路線，穿入八角型接線盒右邊孔。

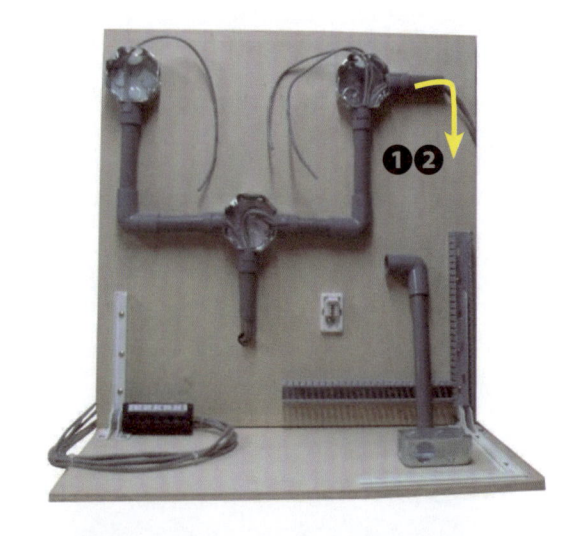

步驟 10： 再將 ❶❷ 號網路線，經 90° 彎頭及 PVC 管到線槽。

整理一下網路線（多餘網路線可放線槽中）。

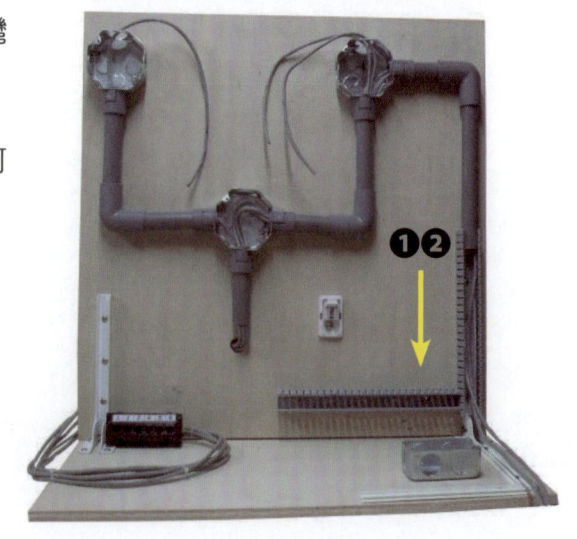

術科試題實作說明　**3**

步驟 11：依照第四題試題水平佈線圖，❶ 號網路線配接到桌上型資訊插座，❷ 號網路線配接到埋入式資訊插座。

　　　　　❶❷❸❹❺ 號網路線套上識別環 ❶❷ 號網路線打線於資訊插座上，❸❹❺ 號網路壓接 RJ45 接頭。

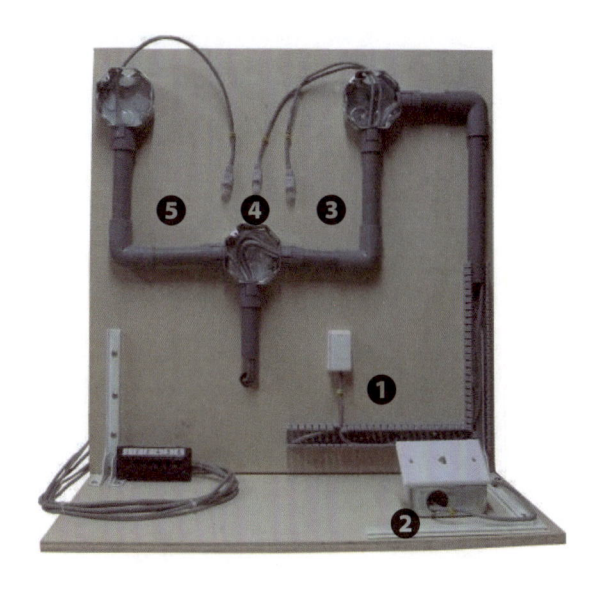

步驟 12：蓋上線槽蓋及資訊插座盒接蓋，鎖上 11 個護管夾，PVC 管垂直面的都是兩個護管夾，PVC 管水平面的都是一個護管夾。第四題試題水平佈線施工完成。

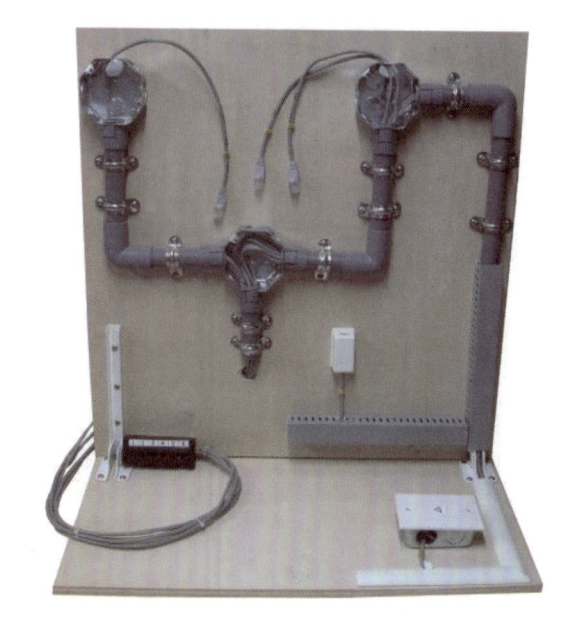

試題編號：17200-940304（第四題）

五、動作要求：

　　（八）網路線路測試。

　　（九）跳線連接：使用依動作要求（一）製作之 0.5 公尺長 1～4 號 UTP 跳線依序連接配線機架之通訊埠與集線器對應之通訊埠；使用依動作要求（二）製作之 1 公尺長 5 號 UTP 跳線連接集線器與檢定崗位配置之資訊插座。

（十）設定電腦 TCP/IP 參數：（網路區段 IP 位址及伺服器 IP 位址，由監評人員於現場主持抽籤並公佈）應檢人的 IP 位址為：網路區段起始位址＋工作崗位號碼。

例如：第 30 號工作崗位的應檢人，其網路區段位址為 192.168.1.X/27，伺服器 IP 位址為 192.168.1.188，則其 IP 位址為 192.168.1.160 ＋ 30，所以應檢人 IP 位址 = 192.168.1.190，網路遮罩為 255.255.255.224，應檢人可依此位址瀏覽伺服器網頁。

（十一）個人電腦可經由依動作要求（三）製作之 3 公尺長 6 號 UTP 跳線依次連接每一資訊插座，以網頁瀏覽器瀏覽檢定場伺服器網頁。

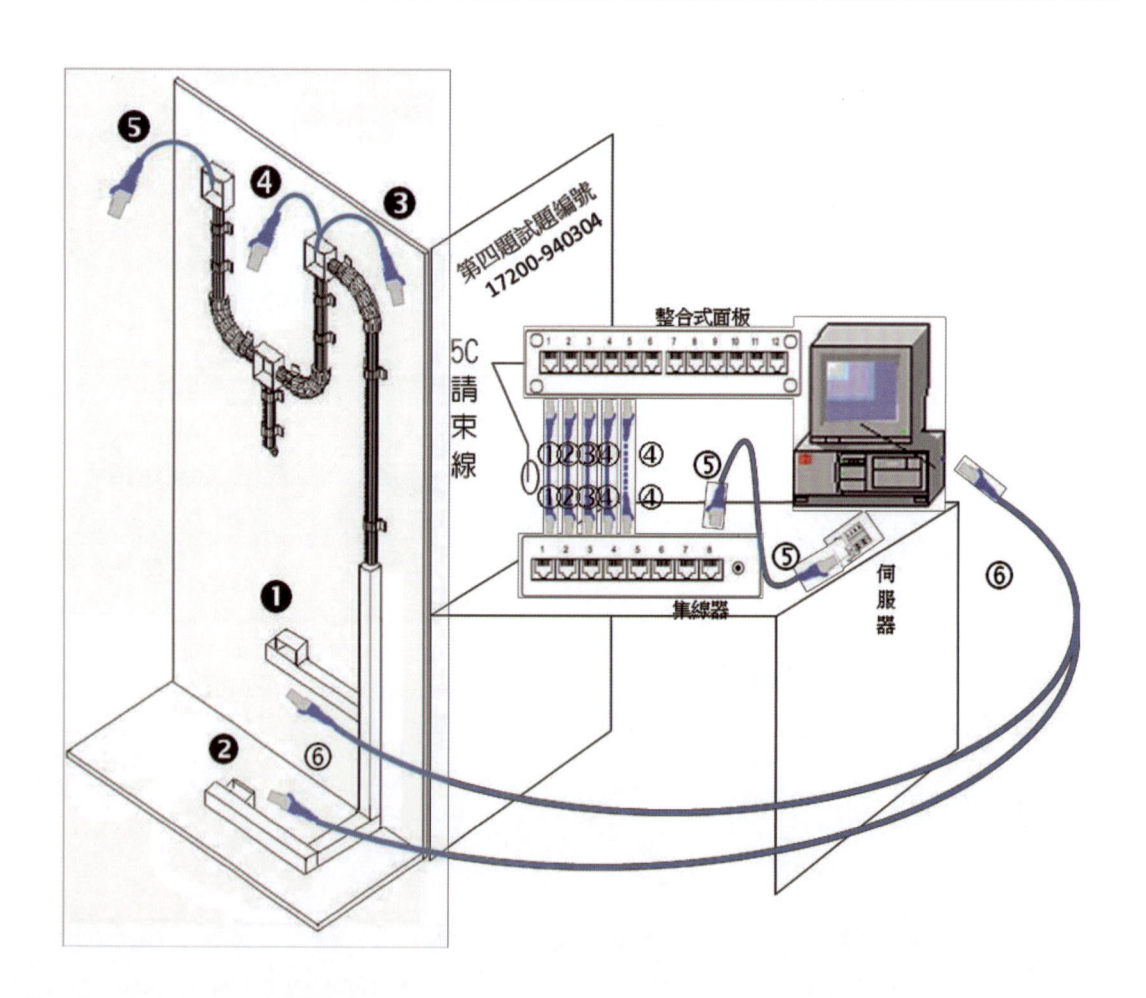

3 術科試題實作說明

步驟1： 將編號 ⑤ 號(1 公尺)網路線，一端連接到集線器通訊埠(任何一埠接可)另一端連接到主機伺服器(Server)的資訊插座。

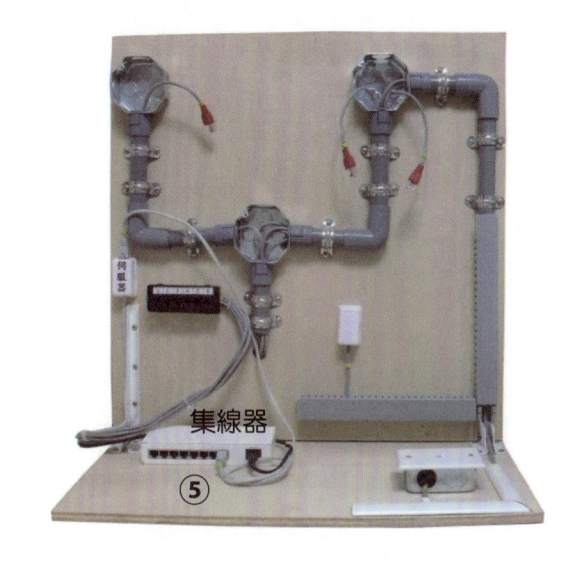

步驟2： 將編號 ①②③④ 號(0.5 公尺)網路線，一端依序連接到集線器通訊埠，即 ① 接 1，② 接 2，③ 接 3，④ 接 4。

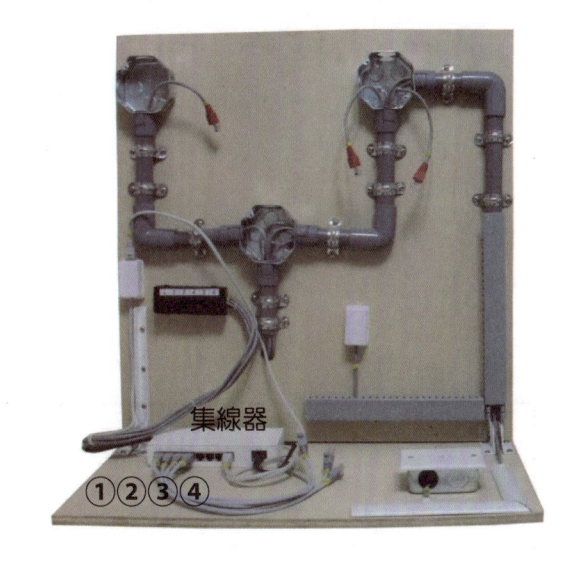

步驟3： 將編號 ①②③④ 號(0.5 公尺)網路線，另一端依序連接到整合式面板通訊埠，即 ① 接 1，② 接 2，③ 接 3，④ 接 4。

145

步驟 4：計算網路遮罩與 IP。

李成祥抽到工作崗位 8 號，考題第 4 題，

由應檢人代表抽 IP 網路區段 18.61.112.X/26，伺服器位址 18.61.112.189

經李成祥計算結果，自己遮罩為 255.255.255.192，IP 為 18.61.112.136。

> **注意**
>
> 李成祥測試階段 IP 位置為 192.168.168.8 工作崗位，網路遮罩 255.255.255.0
> 測試階段伺服器連線網址為 http://192.168.168.168
>
> 由應檢人代表抽 IP 網路區段後，李成祥必須自己計算 IP 與遮罩位置，
> 正式考試 IP 位置為 18.61.112.136　　　這值李成祥自己計算 & 設定
> 正式考試子網路遮罩 255.255.255.192　　　這值李成祥自己計算 & 設定
> 正式考試伺服器連線網址為 http:// 18.61.112.189　　　這值監評會公告在黑板

步驟 5：填寫 IP 和網路遮罩，注意遮罩與 IP 不要填寫錯表格位子。

▼ 網路架設丙級技術士技能檢定術科測驗評審表

檢定日期	100 年 10 月 10 日	題　號	第 4 題
准考證編號	123456789	總評結果	□及格　□不及格
應檢人姓名	李成祥	監評長簽章	
檢定崗位號碼	8	重大缺點應檢人簽名處	
設定子網路遮罩	255.255.255.192	設定 IP 位址	18.61.112.136

步驟 6： 選擇 (TCP/IP) 設定按滑鼠左鍵點選內容。

輸入正式考試時李成祥的 IP 位置為 18.61.112.136，網路遮罩 255.255.255.192。

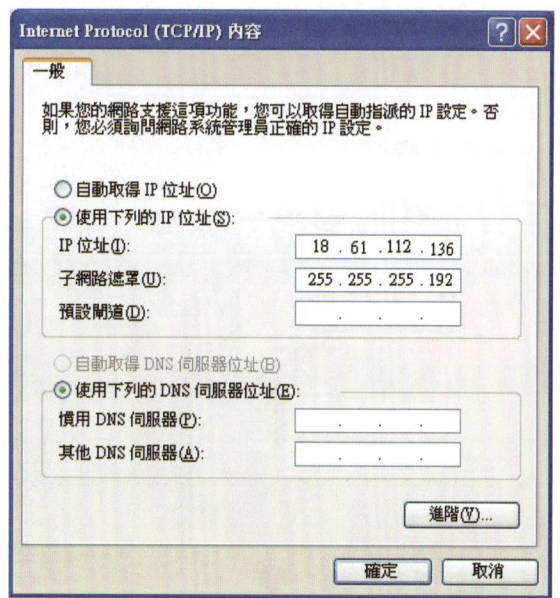

步驟 7： 1 樓客戶端電腦連接主機網頁連線測試。

將編號 ⑥ 號 (3 公尺) 網路線，接編號 ❶ 號桌上型資訊插座與電腦網路卡，先關閉網際網路 IE 瀏覽器，再重新開啟網際網路 IE 瀏覽器，輸入伺服器網址 (寫在黑板上的 IP)，http://18.61.112.189 電腦螢幕出現連線成功畫面。

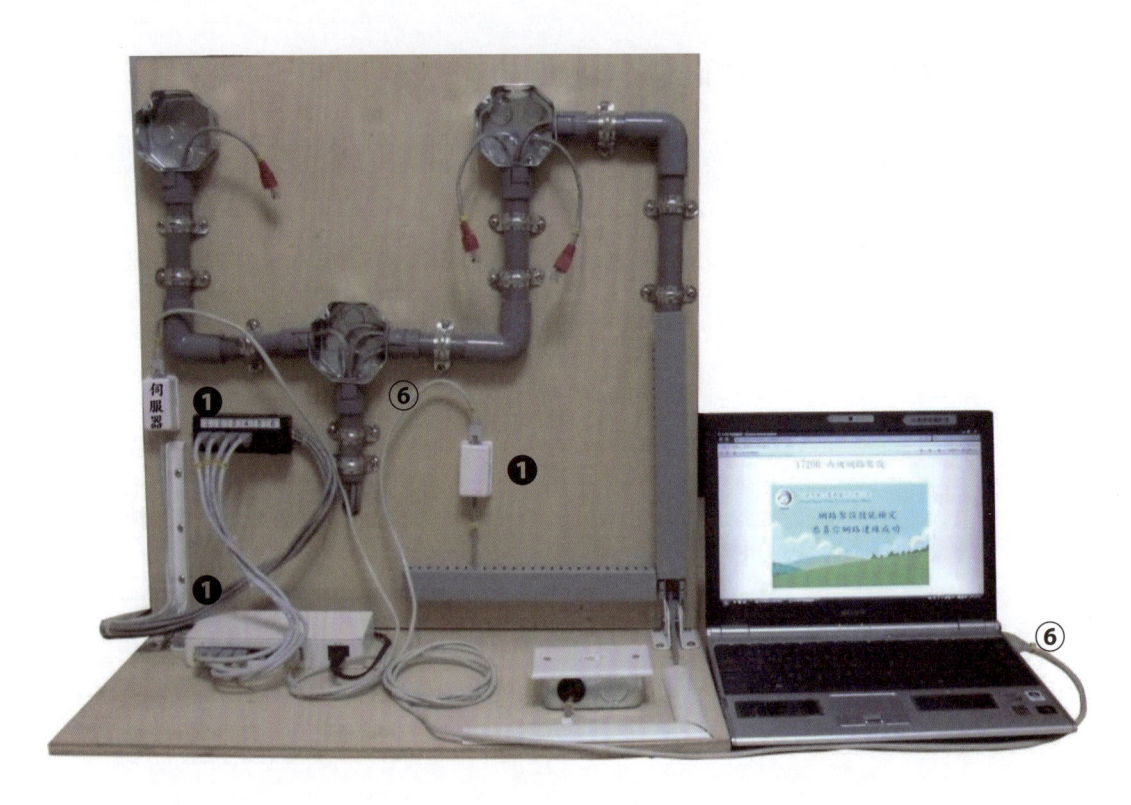

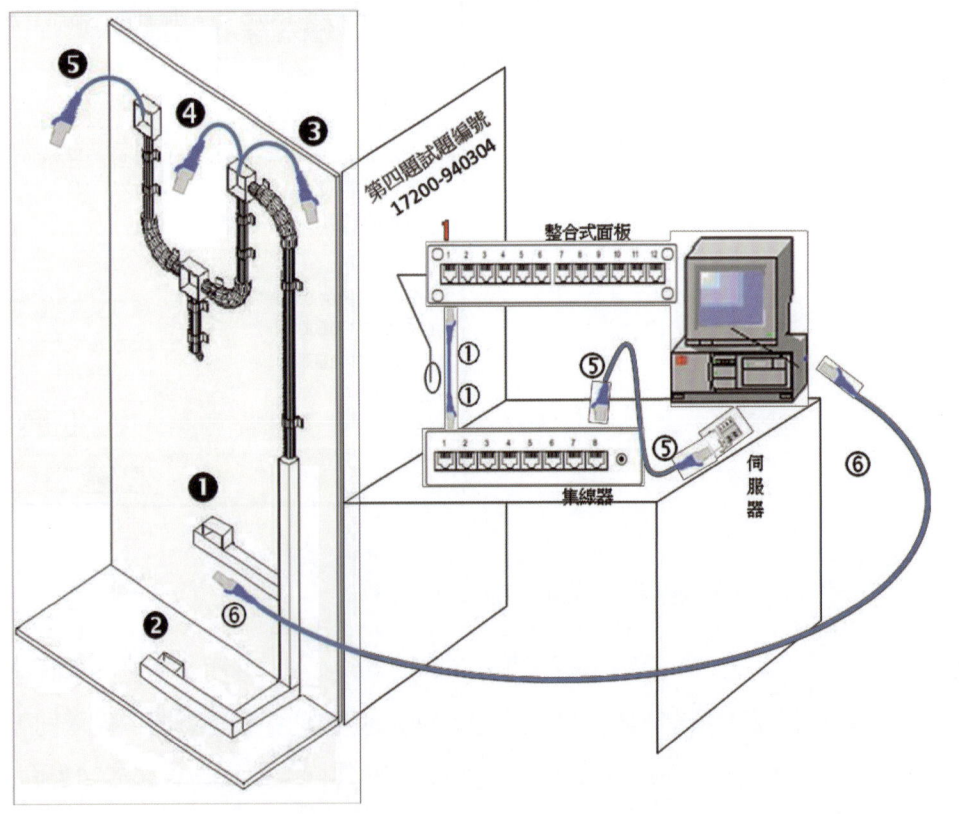

網路架設丙級技能檢定學術科

148

術科試題實作說明 **3**

步驟 8： 2 樓客戶端電腦連接主機網頁連線測試。

將編號 ❻ 號 (3 公尺) 網路線，接編號 ❷ 號埋入型資訊插座與電腦網路卡，先關閉網際網路 IE 瀏覽器，再重新開啟網際網路 IE 瀏覽器，輸入伺服器網址 (寫在黑板上的 IP)，http://18.61.112.189 電腦螢幕出現連線成功畫面。

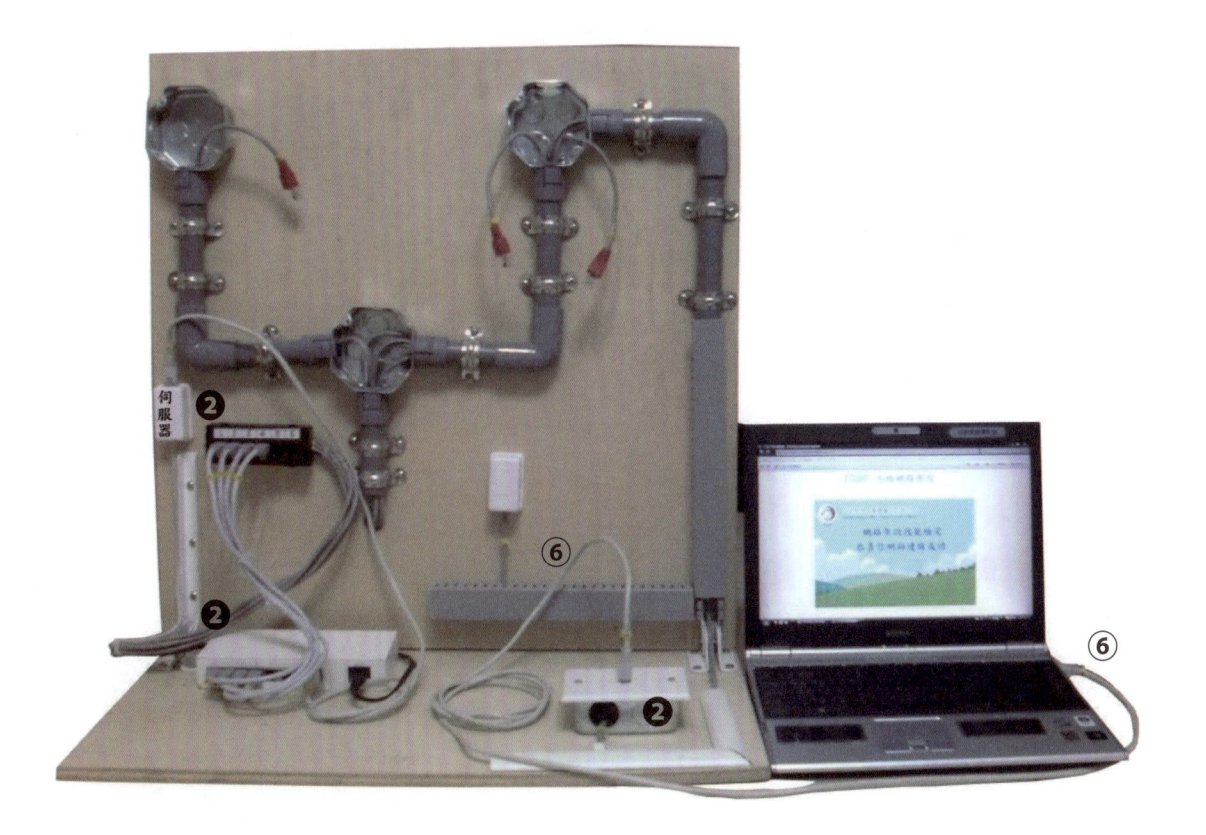

149

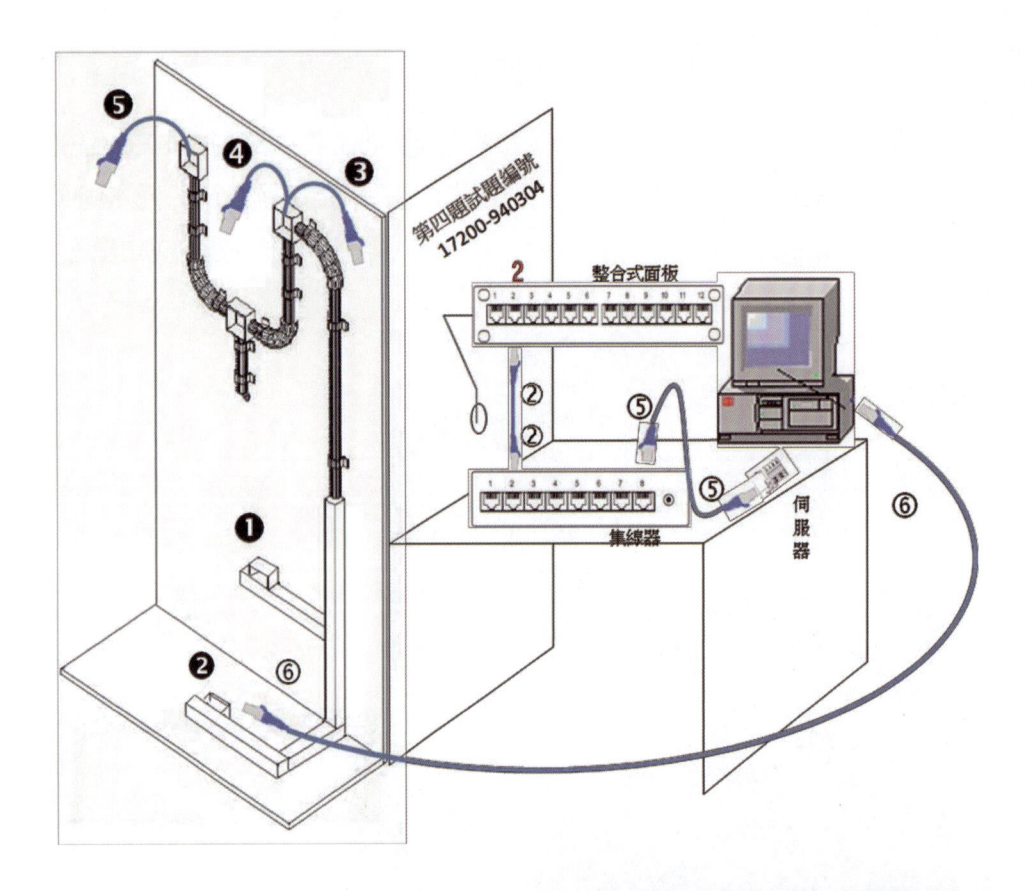

步驟 9： 3 樓客戶端網路測試器連線測試。

將集線器通訊埠上 ③ 號網路線拔取出來，換插入網路線測試器，另將編號 ❸ 號 RJ45 接頭插入網路線測試器，用網路線測試器測量是否 8 芯線都導通。

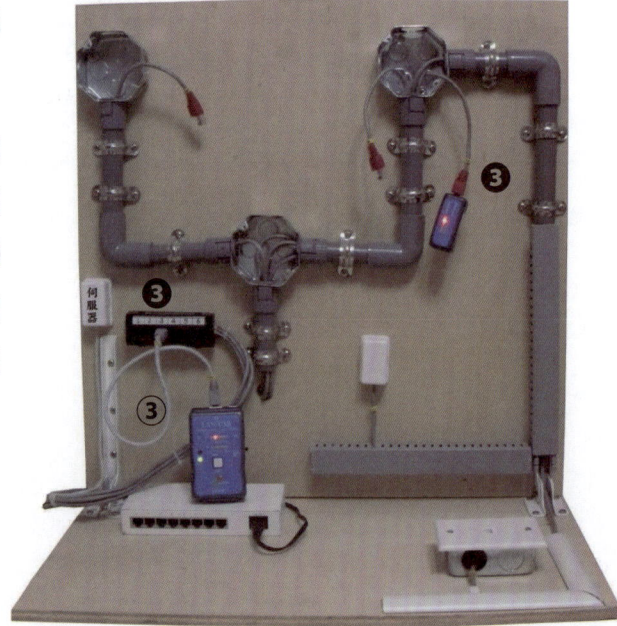

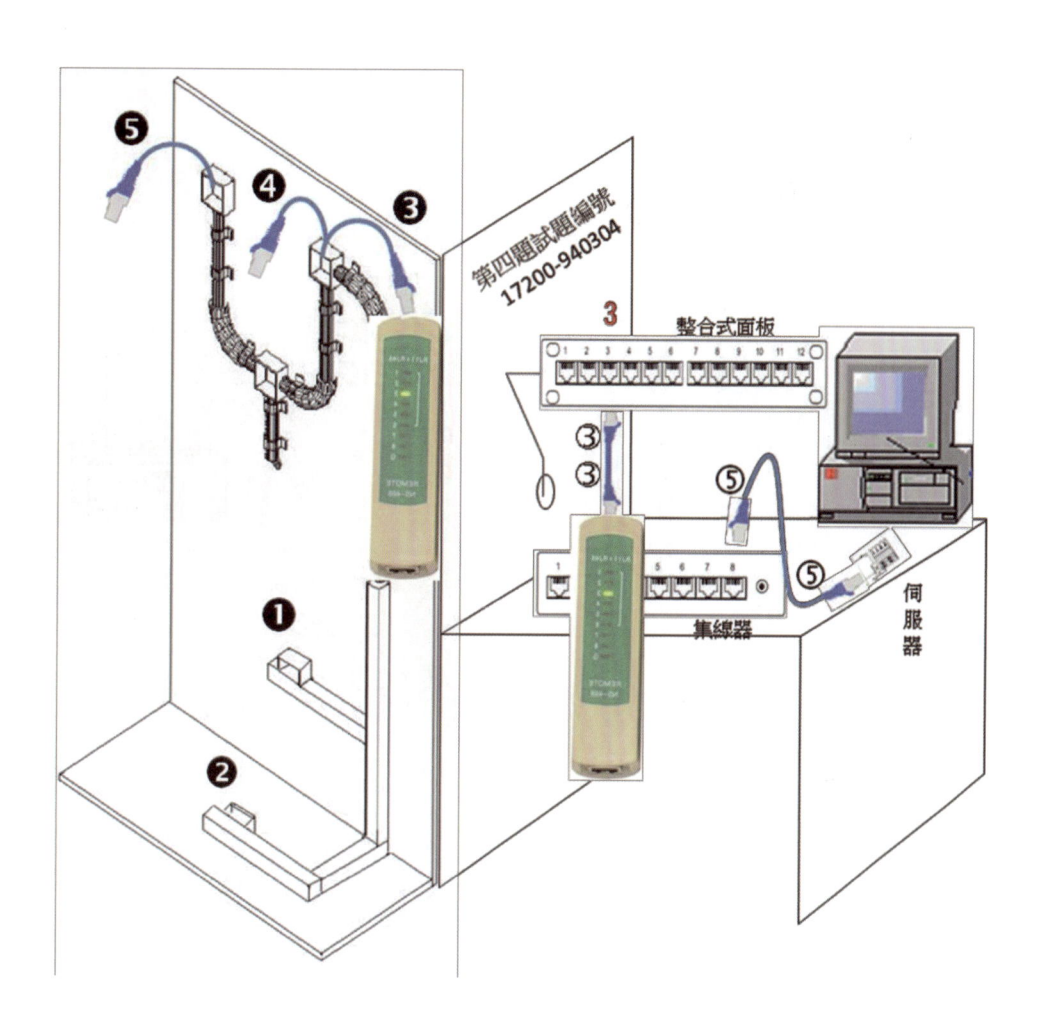

術科試題實作說明 **3**

步驟 10：4 樓客戶端網路測試器連線測試。

將集線器通訊埠上 ④ 號網路線拔取出來，換插入網路線測試器，另將編號 ④ 號 RJ45 接頭插入網路線測試器，用網路線測試器測量是否 8 芯線都導通。

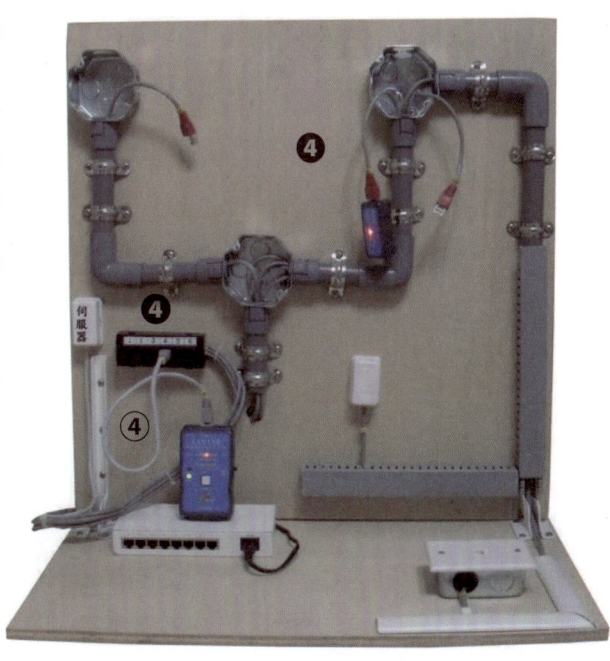

151

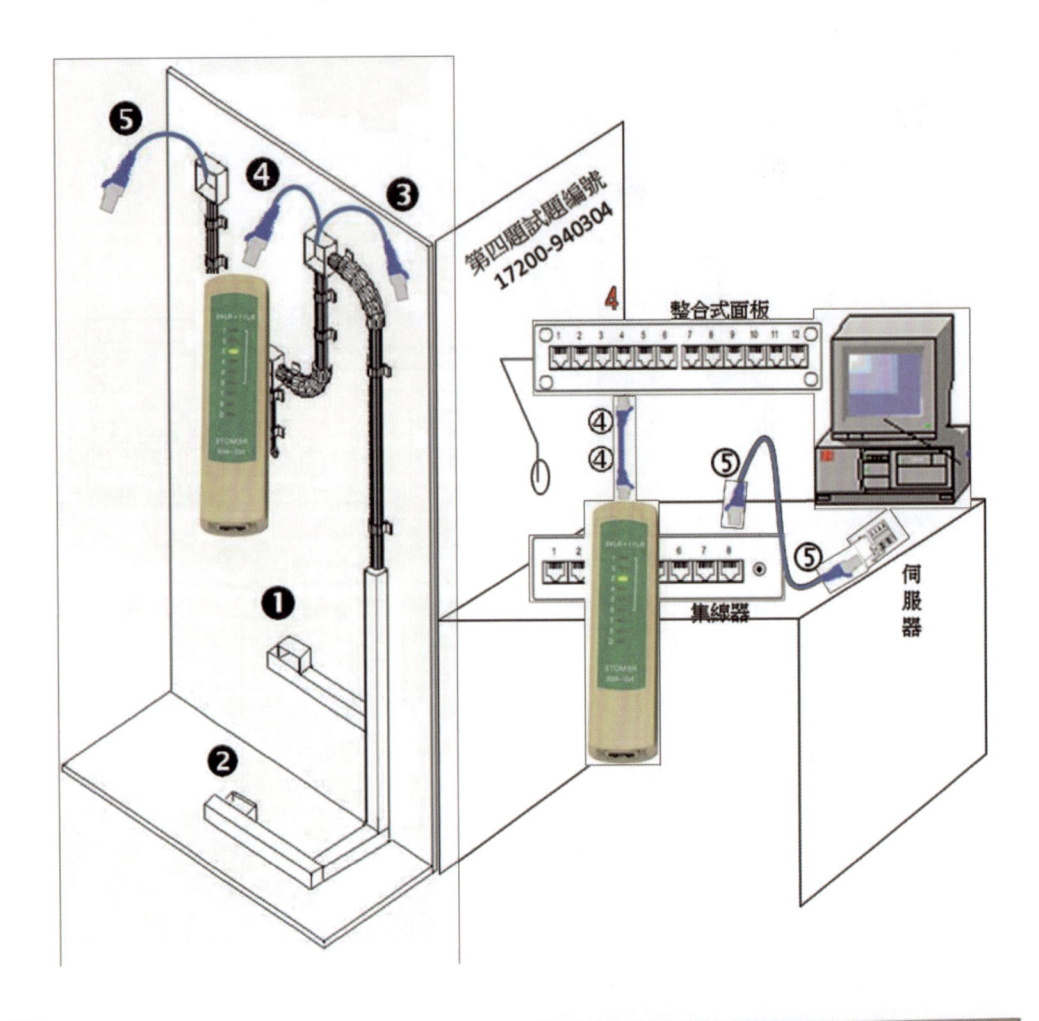

步驟 11：5 樓客戶端網路測試器連線測試。

將集線器通訊埠上 ④ 號網路線，換插入整合式面板通訊埠上 ❺ 號，另將編號 ❺ 號 RJ45 接頭插入網路線測試器，用網路線測試器測量是否 8 芯線都導通。

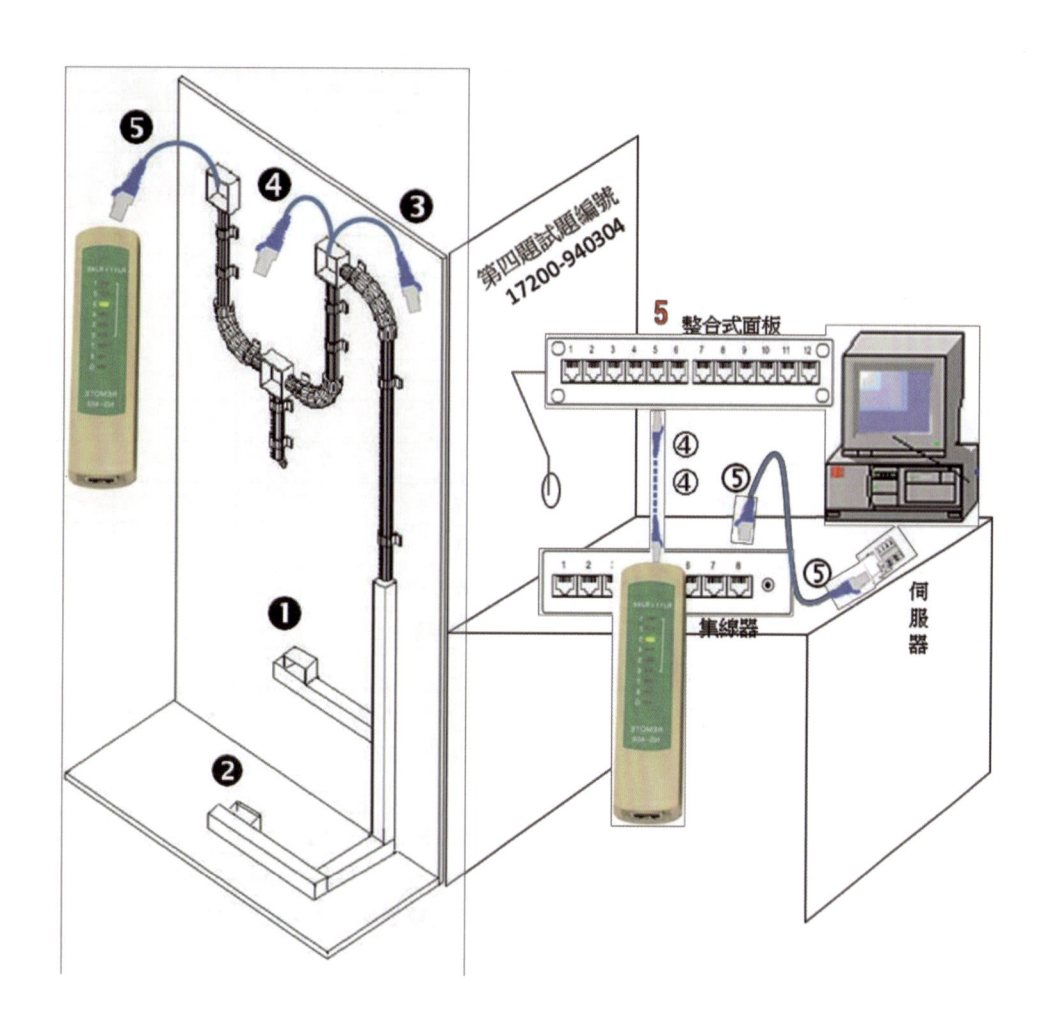

動作全部完成功能正常，先整理工作崗位再舉手請監平委員來評分，功能評分後必須依照監評規定拆除恢復原先工作崗位原狀，經考場服務人員確認後才能算評分完成方可離開，否則會被扣分。

丙 級 網 路 架 設 技 能 檢 定 自 我 評 分 表		題　　　號	
檢　定　日　期	年　　月　　日	姓　　名	崗位號碼	
抽　籤　遮　罩		抽籤 IP 位置	總評結果	☐ 及格
計 算 崗 位 遮 罩		計算崗位 IP		☐ 不及格
項　　　目		扣　分　標　準	每處扣分	扣分數
重大缺點	1	於規定 3 小時內完成或棄權	100	
	2	PVC 管水平佈線(左、右)架設網路	100	
網路設定	3	IP 位址計算設定是否正確	25	
	4	子網路遮罩計算設定是否正確	25	
	5	評審表上面，IP 與遮罩位置填寫錯誤	25	
	6	資訊插座❶號，是否可連上伺服器網頁	25	
	7	資訊插座❷號，是否可連上伺服器網頁	25	
整體佈線動作要求	8	資訊插座編號❶、❷號(上、下)安裝是否正確	10	
	9	天花板❸、❹、❺號網路線(左、右)佈線是否正確	10	
	10	水平方形壓條(線槽)是否距離地面 30 公分	10	
	11	編號①號 0.5 公尺網路線連接整合式面板與集線器 HUB	10	
	12	編號②號 0.5 公尺網路線連接整合式面板與集線器 HUB	10	
	13	編號③號 0.5 公尺網路線連接整合式面板與集線器 HUB	10	
	14	編號④號 0.5 公尺網路線連接整合式面板與集線器 HUB	10	
	15	編號⑤號 1 公尺網路線連接考場伺服器(Server)與集線器 HUB	10	
	16	編號⑥號 3 公尺網路線連接電腦網路卡與❶或❷號資訊插座	10	
	17	識別環未標示或標示不正確(一個扣 5 分)	5	
	18	11 個 PVC 管夾安裝是否正確(一個扣 5 分)	5	
	19	整合式面板配線整線(建議束線 3 條以上)	5	
網路線測試器量測	20	編號①號的 0.5 公尺網路線測試導通	15	
	21	編號②號的 0.5 公尺網路線測試導通	15	
	22	編號③號的 0.5 公尺網路線測試導通	15	
	23	編號④號的 0.5 公尺網路線測試導通	15	
	24	編號⑤號的 1 公尺網路線測試導通	15	
	25	編號⑥號的 3 公尺網路線測試導通	15	
	26	編號❶號資訊插座與整合式面板 1 號測試導通	25	
	27	編號❷號資訊插座與整合式面板 2 號測試導通	25	
	28	❸號 RJ45 接頭與整合式面板 3 號測試導通	15	
	29	❹號 RJ45 接頭與整合式面板 4 號測試導通	15	
	30	❺號 RJ45 接頭與整合式面板 5 號測試導通	15	
	31	15 個 RJ-45 接頭製作不良(未壓住網路線一個扣 5 分)	5	
	32	15 個 RJ-45 接頭製作不符合 568A/B 標準(一個扣 5 分)	5	
工作態度	33	工作態度不當或行為影響他人，經糾正仍不改正者	50	
	34	功能檢查後未將組裝之器材及工作崗位恢復原狀	20	

第 4 章
學科測驗試題

工作項目 01　識圖與製圖及相關法規

工作項目 02　作業準備

工作項目 03　網路架設佈線

工作項目 04　網路元件及軟體安裝與應用

90006 職業安全衛生共同科目

90007 工作倫理與職業道德共同科目

90008 環境保護共同科目

90009 節能減碳共同科目

90011 資訊相關職類共用工作項目 不分級

工作項目 01 識圖與製圖及相關法規

1. (3) 英文稱為"bus"的網路結構型式是下列何者?
   ① 星狀　② 環狀　③ 匯流排　④ 樹狀。

2. (2) 英文稱為"ring"的網路結構型式是下列何者?
   ① 星狀　② 環狀　③ 匯流排　④ 樹狀。

3. (1) 英文稱為"star"的網路結構型式是下列何者?
   ① 星狀　② 環狀　③ 匯流排　④ 樹狀。

4. (4) 英文稱為"tree"的網路結構型式是下列何者?
   ① 星狀　② 環狀　③ 匯流排　④ 樹狀。

5. (2) 下列何者是網際網路英文名稱?
   ① BITNET　② Internet　③ WWW　④ ADSL。

6. (1) 下列何者是網路資源位址的英文簡稱?
   ① URL　② E-mail　③ TCP/IP　④ BBS。

   解析 URL(Uniform Resource Locator),網路資源位址。

7. (1) 下列何者是全球資訊網的英文簡稱?
   ① WWW　② LAN　③ WAN　④ WLAN。

   解析 全球資訊網(World Wide Web,WWW)。

8. (2) 下列何者是區域網路的英文簡稱?
   ① WWW　② LAN　③ WAN　④ WLAN。

   解析 區域網路(Local Area Network,LAN)。

9. (4) 下列何者是無線區域網路的英文簡稱?
   ① WWW　② LAN　③ WAN　④ WLAN。

   解析 無線網路(Wireless Local Area Network,WLAN)。

10. (3) 下列何者是廣域網路的英文簡稱?
    ① WWW　② LAN　③ WAN　④ WLAN。

    解析 廣域網路(Wide Area Network,WAN)。

工作項目 01　識圖與製圖及相關法規

11. (　) 下列何種網路結構，會因某部特定電腦故障可能導致整個網路都不通？　(1)
    ① 星狀網路　② 雙環狀網路　③ 匯流排式網路　④ 樹狀網路。

12. (　) 提供民眾網際網路接取服務的業者稱為？　(1)
    ① ISP　② PSP　③ PPP　④ ATM。

> **解析** 網際網路服務提供者（Internet Service Provider，ISP）。

13. (　) 下列何者為整體數位服務網路的英文簡稱？　(4)
    ① SDNI　② IDSN　③ NISD　④ ISDN。

> **解析** 整體服務數位網路（Integrated Services Digital Network，ISDN）。

14. (　) 下列何者為非對稱數位用戶迴路？　(3)
    ① HDSL　② IDSL　③ ADSL　④ ASDL。

> **解析** 非對稱數位用戶迴路（Asymmetric Digital Subscriber Line，ADSL）。

15. (　) 下列何者不是 ADSL 所使用的技術？　(4)
    ① QAM　② DMT　③ CAP　④ FM。

16. (　) RJ45 接腳共有幾對線？　(2)
    ① 2　② 4　③ 6　④ 8。

17. (　) 下列何者為單模光纖纜線鏈路衰減與距離的正確關係圖 (橫軸為距離，縱軸為衰減 dB) ？　(2)

① 衰減 dB 隨距離遞減
② 衰減 dB 隨距離遞增
③ 衰減 dB 不隨距離變化
④ 衰減 dB 於某距離突增

18. ( ) 依據「建築物屋內外電信設備設置技術規範」規定，下列哪個圖示代表電信用插座？ (1)
    ① ⊙⊙   ② ⋈   ③ ◎   ④ Ⓣ 。

19. ( ) 依據「建築物屋內外電信設備設置技術規範」規定，下列哪個圖示代表總配線箱？ (1)
    ① ▢   ② ▢   ③ ▢   ④ MDF 。

20. ( ) 依據「建築物屋內外電信設備設置技術規範」規定，下列哪個圖示代表主配線箱？ (2)
    ① ▢   ② ▢   ③ ▢   ④ MDF 。

21. ( ) 依據「建築物屋內外電信設備設置技術規範」規定，下列哪個圖示代表總接地箱？ (4)
    ① ▢   ② ▢   ③ ▢   ④ E 。

22. ( ) 依據「建築物屋內外電信設備設置技術規範」規定，下列哪個圖示代表電信室？ (1)
    ① E/R   ② MDF   ③ OLDF   ④ E 。

23. ( ) 依據「建築物屋內外電信設備設置技術規範」規定，下列哪個圖示不屬於配線箱？ (4)
    ① ▢   ② ▢   ③ ▢   ④ E 。

24. ( ) 依據「建築物屋內外電信設備設置技術規範」規定，下列哪個圖示代表支配線箱？ (3)
    ① ▢   ② ▢   ③ ▢   ④ E 。

25. ( ) 依據「建築物屋內外電信設備設置技術規範」規定，下列哪個圖示代表電線管線暗式？ (4)
    ① --T--   ② ---T---   ③ ⚲   ④ ─T─ 。

26. ( ) 依據「建築物屋內外電信設備設置技術規範」規定，下列哪個圖示代表電線管線明式？ (1)
    ① --T--   ② ---T---   ③ ⚲   ④ ─T─ 。

27. ( ) 下列何者非屬光纖連接器？ (4)
    ① SC ② ST ③ FC/PC ④ RJ45。

28. ( ) 下列何者屬於銅質網路線終端的接續硬體？ (4)
    ① SC ② ST ③ FC/PC ④ RJ45。

工作項目 01　識圖與製圖及相關法規

29. (　) 依據「建築物屋內外電信設備設置技術規範」規定，下列哪個英文縮寫代表樓層配線架？ (2)
    ① MDF　② IDF　③ OLDF　④ RDF。

    解析 中間配線架（Intermediate Distribution Frame）。

30. (　) 依據「建築物屋內外電信設備設置技術規範」規定，下列哪個英文縮寫代表光纖到府？ (4)
    ① FFTX　② FTTC　③ FTTB　④ FTTH。

    解析 光纖到府（Fiber To The Home，FTTH）。

31. (　) 下列哪個英文縮寫代表混合光纖同軸電纜？ (3)
    ① FHC　② FCH　③ HFC　④ FCC。

    解析 混合光纖同軸電纜（Hybrid fiber-coaxial，HFC）。

32. (　) 下列哪個英文縮寫代表網路電視？ (2)
    ① TVIP　② IPTV　③ TPTV　④ CATV。

    解析 網路電視（Internet Protocol television，IPTV）。

33. (　) 下列何者為小型辦公室或家庭辦公室的英文縮寫？ (2)
    ① HOSO　② SOHO　③ SHO　④ HSO。

    解析 小型辦公室或家庭辦公室（Small office/home office，SOHO）。

34. (　) 下列何者為多媒體的英文縮寫？ (3)
    ① MID　② NM　③ MM　④ NN。

    解析 Multimedia 多媒體。

35. (　) 依據「建築物屋內外電信設備設置技術規範」規定，下列哪個英文縮寫代表總配線架？ (1)
    ① MDF　② IDF　③ OLDF　④ RDF。

    解析 主配線架（Main Distribution Frame）。

159

36. ( ) 依據「建築物屋內外電信設備設置技術規範」規定,下列哪個英文縮寫代表光終端配線架? (3)
    ① MDF　② IDF　③ OLDF　④ RDF。

    解析 光終端配線架(Optical Line Distribution Frame,OLDF/ODF)。

37. ( ) 依據「建築物屋內外電信設備設置技術規範」規定,下列哪個圖示代表宅內配線箱? (4)
    ①　②　③　④ DD 。

38. ( ) 下列何者為訊號衰減值的單位? (3)
    ① mW　② mV　③ db　④ Hz。

39. ( ) 下列哪個英文縮寫代表網域名稱? (1)
    ① DN　② IP　③ IPDN　④ NII。

    解析 網域名稱(Domain Name,DN)。

40. ( ) 直徑 1300nm 的光纖纜線與 850nm 的光纖纜線相比,兩光纖纜線長度相同時的衰減值何者較大? (2)
    ① 1300nm　② 850nm　③ 相同　④ 均無衰減。

41. ( ) 相同直徑的室內光纖與室外光纖相比,兩光纖長度相同時的衰減值何者較大? (1)
    ① 室外光纖　② 室內光纖　③ 相同　④ 均無衰減。

42. ( ) 下列標準何者定義 Cat.5e 的規格? (1)
    ① TIA/EIA-568-B　　② TIA/EIA-568-C
    ③ TIA/EIA-568-D　　④ TIA/EIA-568-E。

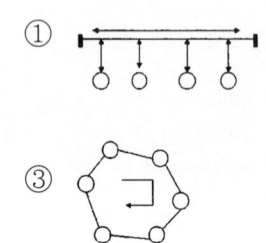

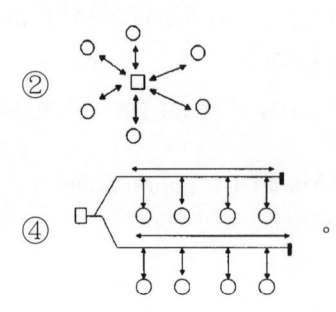

    解析 Cat.5e 有 TIA/EIA-568-A 及 TIA/EIA-568-B 兩種規格。

43. ( ) 下列何者為匯流排網路架構圖? (1)

工作項目 01　識圖與製圖及相關法規

44. （ ）下列何者為星狀網路架構圖？ (2)

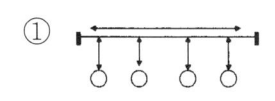

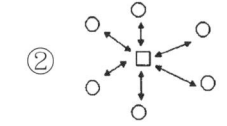

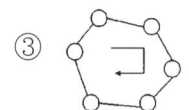

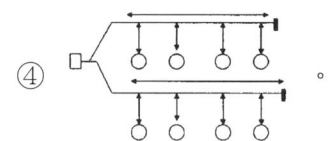

45. （ ）下列何者為環狀網路架構圖？ (3)

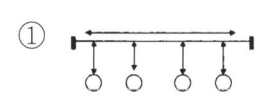

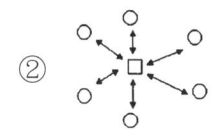

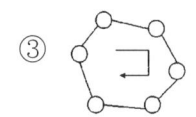

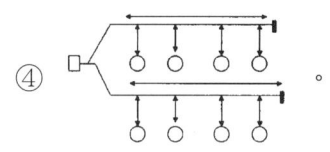

46. （ ）下列何者為樹狀網路架構圖？ (4)

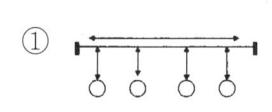

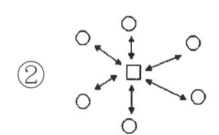

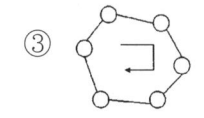

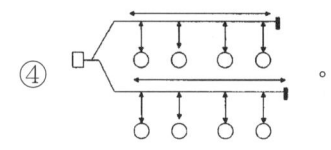

47. （ ）下列何者為電感的單位？ (3)
　　①歐姆　②法拉第　③亨利　④安培。

48. （ ）下列何者為電容的單位？ (2)
　　①歐姆　②法拉第　③亨利　④安培。

49. （ ）依據「建築物屋內外電信設備設置技術規範」規定，建築物電信設備設置架構不包括下列何者？ (2)
　　①引進設施　②戶外配線系統　③主幹配線系統　④宅內配線系統。

> 解析　建築物屋內外電信設備設置技術規範4建築物電信設備設置架構主要包括：引進設施、配線箱(室)、主幹配線系統、宅內配線系統等四大部分組成。

161

50. ( ) 依據「建築物屋內外電信設備設置技術規範」規定，主幹配線系統架構不包括下列何種配接方式？ (4)
    ① 主幹線纜直接接續　　　② 主幹線纜分歧接續
    ③ 主幹線纜中間交接　　　④ 主幹線纜分歧交接。

> **解析** 建築物屋內外電信設備設置技術規範 4.3.2 主幹配線系統架構可分成三種配接方式：(1) 主幹線纜直接接續 (2) 主幹線纜分歧接續 (3) 主幹線纜中間交接。

51. ( ) 依據「建築物屋內外電信設備設置技術規範」規定，宅內電纜配線提供用戶寬頻數據使用時，應採用 Cat 6 對絞型數據以上等級之電纜，其為何？ (2)
    ① 80 m　② 90 m　③ 100 m　④ 110 m。

> **解析** 建築物屋內外電信設備設置技術規範 4.4.3 依用戶需求，選擇 Cat 5e 對絞型數據以上等級之電纜；使用於寬頻數據時，最大配線長度為 90 公尺。

52. ( ) 主幹配線設計中採用對絞型數據電纜提供數據服務時，兩端之跳接線或設備線的總長度不可超過多少？ (3)
    ① 3 m　② 5 m　③ 10 m　④ 20 m。

> **解析** 建築物屋內外電信設備設置技術規範 11.1.3 (4) 採用對絞型數據電纜提供數據服務時，最大配線長度為 90 公尺，兩端之跳接線或設備線的總長度不可超過 10 公尺。主幹配線長度超過 90 公尺時，得採適當之配接方式設計之。

53. ( ) 依據「建築物屋內外電信設備設置技術規範」規定，電信配管中水平配管之設計，採用之配管的最小標稱管徑為多少？ (2)
    ① 15 mm　② 20 mm　③ 25 mm　④ 30 mm。

> **解析** 建築物屋內外電信設備設置技術規範 6.5.1 (3) 水平配管之設計應採用標稱管徑 20 毫米以上之配管，若以 CD/PF 管設計應採用標稱管徑 22 毫米以上之配管。

54. (1) 依據 ANSI/ TIA-568 - C.2 規定，T568B 資訊插頭色碼之排列方式，下列何者正確？
① 白橘 / 橘 / 白綠 / 藍 / 白藍 / 綠 / 白棕 / 棕
② 白綠 / 綠 / 白橘 / 藍 / 白藍 / 橘 / 白棕 / 棕
③ 白橘 / 橘 / 白綠 / 綠 / 白藍 / 藍 / 白棕 / 棕
④ 白橘 / 白綠 / 白藍 / 白棕 / 橘 / 綠 / 藍 / 棕。

55. (2) 依據「建築物屋內外電信設備設置技術規範」規定，下列電信插座圖示之方向何者正確？

> 解析　建築物屋內外電信設備設置技術規範 9.1.9 為避免彈片接觸不良，不論是橫式或直式插座，插座安裝方向應如圖 9-2，不可倒立或側向放置。

56. (4) 依據「建築物屋內外電信設備設置技術規範」規定，下列哪個圖示代表光資訊單插座？

57. (3) 依據「建築物屋內外電信設備設置技術規範」規定，下列哪個圖示代表光纖出線匣？

58. (1) 依據「建築物屋內外電信設備設置技術規範」規定，下列哪個圖示代表光纖管線暗式？

59. (2) 依據「建築物屋內外電信設備設置技術規範」規定，下列哪個圖示代表資訊管線明式？

60. (4) 依據「建築物屋內外電信設備設置技術規範」規定，下列哪個圖示代表光纖管線明式？

61. (　) 依據「建築物屋內外電信設備設置技術規範」規定，下列哪個圖示代表拖線箱？　① HH　② PB　③ E　④ DD 。 (2)

62. (　) 依據「建築物屋內外電信設備設置技術規範」規定，下列哪個圖示代表資訊出線匣？　① Ⓒ　② Ⓕ　③ Ⓥ　④ ㎩ 。 (1)

63. (　) 依據「建築物屋內外電信設備設置技術規範」規定，下列哪個圖示代表資訊雙插座？　① ⦿⦿　② ◦◦　③ Ⓥ　④ ◉ 。 (2)

64. (　) 依據「建築物屋內外電信設備設置技術規範」規定，下列哪個圖示代表資訊管線暗式？　① ---C---　② ——T——　③ ——C——　④ ---T--- 。 (3)

65. (　) 依據「建築物屋內外電信設備設置技術規範」規定，下列哪個圖示代表接地？　① ⏚　② ---C---　③ ——C——　④ ----- 。 (1)

工作項目 02 作業準備

1. (1) 語音頻率 4000 赫茲轉換為數位信號後，最少需多少傳輸速率？
   ① 64kbps　② 128kbps　③ 368kbps　④ 1.544Mbps。

   解析 Hz*2=bps 4000*2=8kbps

2. (1) 依據「建築物屋內外電信設備設置技術規範」規定，設置於建築物內作為電信引進管線、垂直管線及水平管線間介面之配線箱，稱為？
   ① 總配線箱　② 集中總箱　③ 支配線箱　④ 宅內配線箱。

   解析 建築物屋內外電信設備設置技術規範 2.1.12 總配線箱：指設置於建築物內作為電信與有線廣播電視引進管線、垂直管線及水平管線間介面、信號處理設備及訂戶分接器之配線箱。

3. (1) 依據「建築物屋內外電信設備設置技術規範」規定，從建築物外引進供建築物本身使用之電信電纜或光纜，稱為？
   ① 引進線纜　② 配線線纜　③ 水平線纜　④ 垂直線纜。

   解析 建築物屋內外電信設備設置技術規範 2.2.1 引進線纜：指從建築物外引進供建築物本身使用之電信及有線廣播電視電纜或光纜。

4. (2) 依據「建築物屋內外電信設備設置技術規範」規定，建築物內各樓層主幹或水平配線所使用之電信電纜或光纜，稱為？
   ① 引進線纜　② 配線線纜　③ 水平線纜　④ 垂直線纜。

   解析 建築物屋內外電信設備設置技術規範 2.2.2 配線線纜：指建築物內各樓層主幹或宅內配線所使用之電信及有線廣播電視電纜或光纜。

5. (2) 依據「建築物屋內外電信設備設置技術規範」規定，建築物使用類別之商業用及辦公用建築物，其出線匣及電信插座之設計，以多大區域為單位？
   ① 5 m²　② 10 m²　③ 15 m²　④ 20 m²。

   解析 建築物屋內外電信設備設置技術規範 4.4.4(1) 建築物使用類別之商業用及辦公用建築物，得以 10 平方公尺為一個單位，每一單位至少設置一出線匣。

165

6. (　　) 依據「建築物屋內外電信設備設置技術規範」規定，下列何者不是屋內光纜所使用的光纖？　(4)
　　① 單模光纖　　　　　　　　② 50/125μm 多模光纖
　　③ 62.5/125μm 多模光纖　　　④ 50/62.5μm 單模光纖。

> **解析** 建築物屋內外電信設備設置技術規範 6.2.1 屋內光纜：
> 屋內光纜使用單模光纖，其規格應至少符合ITU-T G.652D/657A 規範。其他自用通信設施除單模光纖外，亦可選用50/125 微米（以下簡稱μm）多模光纖、62.5/125μm 多模光纖或雷射優化50/125μm 多模光纖。屋內光纜應具不延燒性。

7. (　　) 關於接地系統，下列敘述何者不正確？　(1)
　　① 裝潢時可因環境而省略接地
　　② 接地系統可以保護人員及設備的安全
　　③ 可降低來自電信纜線的電磁干擾
　　④ 接地不正確會產生干擾其他通信網路的感應電壓。

8. (　　) 下列何者不是選擇骨幹網路線材的主要考慮因素？　(3)
　　① 組織大小及使用者數目　　② 纜線的有效使用壽命
　　③ 可否當作電力線使用　　　④ 支援的服務所需要的頻寬。

9. (　　) 下列何者不是光纖纜線佈放時必須使用的器具？　(4)
　　① 光纖切割器　② 光纖被覆剝除器　③ 光纖牽引器　④ 三用電表。

10. (　　) 下列有關光纖纜線施工後的保護方式，何者不正確？　(2)
　　① 光纖纜線切口應以熱縮套管保護防止進水
　　② 如果是充氣光纖纜線，應先充氣再熱縮封套
　　③ 捲繞管應深入管口一段距離，避免管口處光纖被折彎
　　④ 多捲繞管的光纖固定於支架時，應注意彎曲半徑不可小於容許值。

11. (　　) 下列何者不是佈放光纖纜線必須準備的材料？　(4)
　　① 聚乙烯捲繞管　② 鍍鋅角鐵　③ 熱縮套管　④ 電源線。

12. (　　) 關於高架地板材質，下列敘述何者不正確？　(1)
　　① 為了減輕重量可使用蔗板　　② 需通過耐壓硬度試驗
　　③ 需作防靜電處理　　　　　　④ 材質為不可燃。

工作項目 02　作業準備

13. (　) 下列何者是使用跳接線（Patch Cord）達成纜線終接與協助佈線管理的連接硬體系統？ (2)
　　① 電信出口箱　② 跳接線板　③ 橋接器　④ 交換器。

14. (　) 4 個位元的二進位可代表幾種狀況？ (4)
　　① 2　② 4　③ 8　④ 16。

15. (　) 依據「建築物屋內外電信設備設置技術規範」規定，從宅內配線箱至宅內各廳室出線匣之配線方式，應以何種網路型態架設？ (1)
　　① 星狀　② 環狀　③ 匯流排　④ 不限型態均可。

16. (　) 依據「建築物屋內外電信設備設置技術規範」規定，宅內配線箱之設置，其下緣至少應離地面多高？ (2)
　　① 20 cm　② 30 cm　③ 40 cm　④ 50 cm。

解析 建築物屋內外電信設備設置技術規範 12.3.7 主配線箱之設置應依下列規定：
(1) 主配線箱材質、構造與裝設位置，應參照 12.1 總配線箱設計及 6.3.2 主配線箱之規定設計，且箱體下緣不得低於距地面 30 公分。

17. (　) 依據「建築物屋內外電信設備設置技術規範」規定，建築物之引進管及建築物內各樓層之配管，其長度超過多少時，應設置拖線箱以利線纜之佈放及接續？ (2)
　　① 20 m　② 25 m　③ 30 m　④ 50 m。

解析 建築物屋內外電信設備設置技術規範 12.5.2 建築物之引進管與建築物內各樓層之配管，其長度超過 25 公尺，或其一次彎曲角度大於 90 度，或其彎曲點超過二處且其彎曲角度之和超過 180 度時，應設置拖線箱，以利線纜之佈放及接續。

18. (　) 依據「建築物屋內外電信設備設置技術規範」規定，埋入式資訊插座安裝時，在電纜末端剝除 4 cm 電纜外被，將絞距鬆開需至少小於多少距離？ (2)
　　① 8 mm　② 13 mm　③ 20 mm　④ 25 mm。

> **解析** 建築物屋內外電信設備設置技術規範 9.3.2 埋入式資訊插座之電纜終端安裝步驟：
>
> 以下為資訊插座電纜終端安裝範例，若產品廠商另有建議安裝步驟，請依其規定施作。
> (1) 打開資訊插座之外蓋。
> (2) 將出線匣內預留之 UTP/ScTP 電纜餘長拉出，將多餘的電纜長度剪掉。
> (3) 在電纜末端剝除 4 cm 電纜外被。
> (4) 將絞距鬆開需小於 13 mm，依資訊插座上接線色碼標示排序。
> (5) 使用之壓接工具應為資訊插座產品廠商規定之壓接工具，將電纜心線壓接至配線端子，並固定好線纜。
> (6) 將資訊插座之外蓋蓋好並扣緊。

19. (　) 依據「建築物屋內外電信設備設置技術規範」規定，佈放水平配管時，應準備多大管徑以上的配管？ (1)

　　① 20 mm(3/4")　② 28 mm(1")　③ 41 mm(1 1/2")　④ 52 mm(2")。

> **解析** 建築物屋內外電信設備設置技術規範 6.5.1
> (3) 水平配管之設計應採用標稱管徑 20 毫米以上之配管，若以 CD/PF 管設計應採用標稱管徑 22 毫米以上之配管。

20. (　) 依據「建築物屋內外電信設備設置技術規範」規定，在垂直幹管中要佈放 30 對以下之電纜線，至少須多大管徑的配管？ (2)

　　① 16 mm(1/2")　② 28 mm(1")　③ 41 mm(1 1/2")　④ 52 mm(2")。

> **解析** 建築物屋內外電信設備設置技術規範 6.5.1 電信配管器材規格 (5)
>
> | 線纜種類 | 主幹線纜對數 | 標稱管徑 (mm) | 英制管徑 (inch) | 備註 |
> |---|---|---|---|---|
> | 1. 電纜 | 30 對以下 | 28 | 1 | 主幹線纜對數 200 對以下者亦可採用線架或線槽；300 對以上者採用線架或線槽。 |
> | | 100 對以下 | 41 | 1 1/2 | |
> | | 200 對以下 | 52 | 2 | |
> | | 300 對以上 | 如備註 | 如備註 | |
> | 2. 光纜 | — | 52 | 2 | |

21. (　) 依據「建築物屋內外電信設備設置技術規範」規定，在垂直幹管中要佈放 50 對～100 對之電纜線，至少須多大管徑的配管？ (3)

　　① 16 mm(1/2")　② 28 mm(1")　③ 41 mm(1 1/2")　④ 52 mm(2")。

工作項目 02　作業準備

> **解析** 請參閱工作項目 02 第 20 題解析。

22. ( ) 依據「建築物屋內外電信設備設置技術規範」規定，在垂直幹管中要佈放主幹線電纜對數在 101 對～200 對，至少須多大管徑的配管？ (4)
　　① 16 mm(1/2")　② 28 mm(1")　③ 41 mm(1 1/2")　④ 52 mm(2")。

> **解析** 請參閱工作項目 02 第 20 題解析。

23. ( ) 室外用 PVC 材質光纜導管，必須能耐下列何種損耗？ (1)
　　① 紫外線　② 輻射線　③ 紅外線　④ 雷射光。

24. ( ) 關於網路舖設與天花板間，下列敘述何者不正確？ (1)
　　① 可直接將纜線舖設於天花板上
　　② 天花板應為可拆式
　　③ 天花板與上層樓板之間要有足夠的空間
　　④ 無法接近的天花板不可作為配線通路。

25. ( ) 依據「建築物屋內外電信設備設置技術規範」規定，橫式電信插座之出線匣裝設高度，至少須離地板多少距離？ (1)
　　① 30 cm　② 50 cm　③ 120 cm　④ 130 cm。

> **解析** 建築物屋內外電信設備設置技術規範 9.1.13 出線匣裝設高度，橫式電信插座之出線匣裝設高度，至少須離地板 30 公分。

26. ( ) 依據「建築物屋內外電信設備設置技術規範」規定，由工作區內用戶設備到配線箱（室）內設備的距離不可超過多少距離？ (1)
　　① 90 m　② 100 m　③ 110 m　④ 120 m。

27. ( ) 光纖軸芯（Core）密度比被覆層的密度為？ (1)
　　① 小　② 大　③ 相同　④ 無法比較。

28. ( ) 光纖軸芯的材質為下列何者？ (1)
　　① 玻璃　② 銅　③ 合金　④ 鋁。

29. ( ) 依據「建築物屋內外電信設備設置技術規範」規定，電信室面積多大，應設置獨立門鎖？ (2)
　　① 10 m²(含) 以上　　　② 不論大小
　　③ 16.5 m²(含) 以上　　④ 19.8 m²(含) 以上。

169

30. ( ) 依據安全規則,電信室門打開的方向為下列何者? (1)
    ① 由內向外開式　② 側開式　③ 由外向內推式　④ 拆卸式。

31. ( ) 依據「建築物屋內外電信設備設置技術規範」規定,電信室面積多大, (2)
    應裝設總配線架作為引進管線及垂直管線間之介面?
    ① 10 m² 以上　② 14 m² 以上　③ 16.5 m² 以上　④ 19.8 m² 以上。

解析 建築物屋內外電信設備設置技術規範 13.3.2 總配線架(板)之設計及施工:
(1) 電信室面積 14 m² 以上者,應裝設總配線架作為引進管線及垂直管線間之介面。

32. ( ) 依據「建築物屋內外電信設備設置技術規範」規定,電信室引進電纜 (1)
    總對數 200 對以下,其室內淨高至少幾公尺?
    ① 2.1 m　② 3.1 m　③ 4.1 m　④ 5.1 m。

解析

引進電話電纜總對數	用戶側光纖心數	電信室面積	備註
200 對以下 但必須設置電信室者	49～96	3.6 m² 以上	室內淨高至少 2.1 m,最窄平面長度不得少於 1.5 m。

33. ( ) 依據「建築物屋內外電信設備設置技術規範」規定,電信室引進電纜 (2)
    總對數 200 對以下,其室內最窄平面長度至少幾公尺?
    ① 1.0 m　② 1.5 m　③ 2.0 m　④ 2.5 m。

解析

引進電話電纜總對數	用戶側光纖心數	電信室面積	備註
200 對以下 但必須設置電信室者	49～96	3.6 m² 以上	室內淨高至少 2.1 m,最窄平面長度不得少於 1.5 m。

34. ( ) 接地銅線安裝時應該與鋼樑成何種方向? (1)
    ① 平行　② 垂直　③ 45 度　④ 沒有限制。

解析 施工綱要規範修訂篇章「第 16061 章接地」:(3) 接地銅線之安裝應與鋼樑平行。

35. ( ) 依據「建築物屋內外電信設備設置技術規範」規定,裝設總接地箱時, (3)
    箱體下緣距離樓板面不得小於幾公分?
    ① 40 cm　② 50 cm　③ 30 cm　④ 60 cm。

> **解析** 建築物屋內外電信設備設置技術規範 14.1.6 裝設總接地箱時,箱體下緣距離樓板面不得小於 30 公分,裝置處所應至少有 60 公分寬×200 公分高×90 公分深之工作空間,並具備照明或插座、通風設備,且應位於不淹水之位置。

36. (　) 依據「電工法規」規定,接地線應為何種顏色? (4)
    ① 紅色　② 白色　③ 黑色　④ 綠色。

> **解析** 屋內線路裝置規則第 27 條接地系統應符合左列規定施工:
> 六、接地線以使用銅線為原則,可使用裸線、被覆線或絕緣線。個別被覆或絕緣之接地線,其外觀應為綠色或綠色加一條以上之黃色條紋者。

37. (　) 無熔絲開關(NFB)接通時,開關應該在下列何種狀態? (1)
    ① ON　② 中間　③ OFF　④ Timer。

38. (　) 無熔絲開關(NFB)關閉時,開關應該在下列何種狀態? (3)
    ① ON　② 中間　③ OFF　④ Timer。

39. (　) 依據「建築物屋內外電信設備設置技術規範」規定,建築物之引進管及建築物內各樓層之配管,其彎曲點超過二處且其彎曲角度之和超過多少度時,應設置拖線箱以利線纜之佈放及接續? (3)
    ① 120 度　② 180 度　③ 140 度　④ 150 度。

> **解析** 建築物屋內外電信設備設置技術規範 12.5.2 建築物之引進管及建築物內各樓層之配管,其長度超過 25 m,或其一次彎曲角度大於 90 度,或其彎曲點超過二處且其彎曲角度之和超過 180 度時,應設置拖線箱以利線纜之佈放及接續。

40. (　) 依據「建築物屋內外電信設備設置技術規範」規定,宅內配線管道之彎曲,其彎曲處內側半徑應為管外徑幾倍以上? (2)
    ① 5 倍　② 6 倍　③ 7 倍　④ 8 倍。

> **解析** 建築物屋內外電信設備設置技術規範 10.3.1 一般事項:
> (1) 施作時應注意公眾及工作人員之安全。
> (2) 配線管道之彎曲,其彎曲處內側半徑應為管外徑 6 倍以上,彎曲角度不得大於 90 度,且彎曲點不得超過二處。

41. ( ) 依據「建築物屋內外電信設備設置技術規範」規定,宅內水平配線管道之彎曲,彎曲角度不得大於幾度? (4)
    ① 60 度　② 70 度　③ 80 度　④ 90 度。

    解析 建築物屋內外電信設備設置技術規範 10.3.1 一般事項:
    (1) 施作時應注意公眾及工作人員之安全。
    (2) 配線管道之彎曲,其彎曲處內側半徑應為管外徑 6 倍以上,彎曲角度不得大於 90 度,且彎曲點不得超過二處。

42. ( ) 依據「建築物屋內外電信設備設置技術規範」規定,宅內水平配線管道之彎曲點不得超過幾處? (1)
    ① 2 處　② 3 處　③ 4 處　④ 5 處。

    解析 建築物屋內外電信設備設置技術規範 10.3.1 一般事項:
    (1) 施作時應注意公眾及工作人員之安全。
    (2) 配線管道之彎曲,其彎曲處內側半徑應為管外徑 6 倍以上,彎曲角度不得大於 90 度,且彎曲點不得超過二處。

43. ( ) 依據「建築物屋內外電信設備設置技術規範」規定,總配線箱至少應採用多少厚度以上,且經防銹面漆處理之鐵板或不銹鋼板製造,並應附裝活葉式箱門及啟閉門栓把手? (2)
    ① 1.0 mm　② 1.6 mm　③ 2.0 mm　④ 2.5 mm。

    解析 建築物屋內外電信設備設置技術規範 6.3.1.2 總配線箱材質:
    (1) 總配線箱至少應採用 1.6 mm 以上厚度經防銹面漆處理之鐵板或不銹鋼板製造,並應附裝活葉式箱門及啟閉門栓把手。

44. ( ) 依據「建築物屋內外電信設備設置技術規範」規定,總配線架之裝設位置,應依引進管及銜接屋內垂直幹管之引出位置,做適當之安排,採雙側設置者應離牆壁約多少距離? (1)
    ① 80 cm　② 100 cm　③ 120 cm　④ 50 cm。

    解析 建築物屋內外電信設備設置技術規範 13.3.2 總配線架(板)之設計及施工:
    (4) 總配線架之裝設位置,應依引進管及銜接屋內垂直幹管之引出位置,做適當之安排,其種類分為單側及雙側兩種。單側得貼靠牆壁設置,雙側應離牆壁約 80 cm 設置,以上之種類選擇應考量端子板容量、電信室環境、人員工作空間等因素為之。

45. ( ) 依據「建築物屋內外電信設備設置技術規範」規定,各樓層主配線箱(室)佈放至該樓層每一區分所有權宅內配線箱/主出線匣之水平電話主幹配線,至少應提供多少對電纜線? ①1對 ②2對 ③3對 ④4對。 (2)

> **解析** 建築物屋內外電信設備設置技術規範 8.3.1.2
> 當各樓層每一區分所有權電纜對數以面積等密度法估計結果低於2對時,至少應以2對估算各樓層每一區分所有權電纜對數。

46. ( ) 依據「建築物屋內外電信設備設置技術規範」規定,垂直主幹配管設計管數超過幾管時,應設計電信專用管道間或於公共管道間內預留電信專用位置? ①2管 ②4管 ③6管 ④8管。 (3)

> **解析** 建築物屋內外電信設備設置技術規範 11.2.1 垂直幹管設置數量:
> (3) 垂直幹管設計管數超過六管時,應設計電信專用管道間或於公共管道間內預留電信專用位置。

47. ( ) 依據「建築物屋內外電信設備設置技術規範」規定,總配線架之位置設計,應以節省電信室空間為原則,並應預留至少多少距離以上之設備間通道? ①60 cm ②80 cm ③100 cm ④120 cm。 (2)

> **解析** 建築物屋內外電信設備設置技術規範 13.3.2 總配線架(板)之設計及施工:
> (3) 總配線架之位置設計,應以節省電信室空間為原則,並應預留至少80 cm 以上之設備間通道。

48. ( ) 依據「建築物屋內外電信設備設置技術規範」規定,下列何者不屬於配線室收容之電信設備? ①總配線架 ②樓層配線架 ③光終端配線架 ④電信機械設備。 (1)

> **解析** 建築物屋內外電信設備設置技術規範 2.3.3 配線室:
> 指收容樓層配線架、用戶端子板、配線電纜、光終端配線架、電信機械設備、電信保安接地設備等電信設備及其他附屬設備之空間。其他附屬設備包括電源供應設備、空調設備及必要時預留之冷氣窗口等。

49. ( ) 下列哪個機關負責建築物屋內外電信設備及相關設置空間設計之審查及審驗業務? ①交通部 ②科技部 ③國家通訊傳播委員會 ④經濟部。 (3)

工作項目 03 網路架設佈線

1. ( ) 100 BaseT 網路使用下列何種線材？ (4)
   ① RG-58 A/U ② RG-62 ③ Cat.3 UTP ④ Cat.5e UTP。

2. ( ) 下列何者不為 1000 Base TX 之特性？ (4)
   ① 同時使用 4 對絞線傳輸資料　② 傳輸速率為 1Gbps
   ③ 使用 2 對絞線專門傳輸資料　④ 每對絞線皆可傳送及接收資料。

   解析 1000Base-TX 基於 4 對雙絞線，採用快速乙太網中與 100Base-TX 標準類似的傳輸機制，是以 2 對線傳送和 2 對線接收。

3. ( ) 100 BaseT 網路，網路介面卡到集線器（Hub）間，線材最遠距離為何？ (1)
   ① 100 公尺 ② 200 公尺 ③ 300 公尺 ④ 400 公尺。

4. ( ) 關於 IEEE 802.11 無線傳輸協定，下列敘述何者不正確？ (2)
   ① 802.11 運作於 2.4GHz，最大傳輸速率為 2Mbps
   ② 802.11a 運作於 2.4GHz，最大傳輸速率為 54Mbps
   ③ 802.11b 運作於 2.4GHz，最大傳輸速率為 11Mbps
   ④ 802.11g 運作於 2.4GHz，最大傳輸速率為 54Mbps。

   解析 IEEE 802.11。定義了工作在 2.4GHz 頻段，總資料傳輸速率設計為 2Mbps。
   802.11a 定義了一個在 5GHz 頻段上的資料傳輸速率可達 54Mbps 的實體層。
   802.11b 定義了一個在 2.4GHz 頻段上但資料傳輸速率高達 11Mbps 的實體層。
   802.11g，資料傳輸速率可達 54Mbps，頻段在 2.4GHz。

5. ( ) 雙絞線的絞結主要是為了 (4)
   ① 增加傳輸速率　② 增加頻寬
   ③ 使電線更具有張力　④ 減少串音的影響。

   解析 雙絞線把兩根絕緣的銅導線按一定規格互相絞在一起，可降低訊號干擾的程度，每一根導線在傳輸中輻射的電波會被另一根線上發出的電波抵消。

工作項目 03　網路架設佈線

6. （ 4 ）在 100 BaseT 網路中，使用何種接頭連接網路卡？
   ① BNC　② AUI　③ RJ-11　④ RJ-45。

7. （ 3 ）在 ADSL 網路中，由電信業者機房到用戶的 ADSL 數據機間的線路為何？
   ① 同軸電纜線　② Cat.5e UTP　③ 電話線　④ 光纖。

   解析 在電信服務提供商端，需要將每條開通 ADSL 業務的電話線路連接在數位用戶線路訪問多路復用器上。用戶需要使用一個 ADSL 終端來連接電話線路。

8. （ 3 ）下列何種不是網路連接的線材？
   ① 雙絞線　② 光纖　③ 單蕊電線　④ 同軸電纜。

9. （ 2 ）下列何者不是架設同軸電纜的網路所需之設備？
   ① RG-58 線材　② RJ-45 線材　③ T 型接頭　④ BNC 接頭。

   解析 RJ-45 為雙絞線使用之接頭。

10. （ 1 ）有線廣播電視業者提供用戶 Cable Modem 連接網際網路接取服務使用何種線材？
    ① 同軸電纜線　② Cat.5e UTP　③ 電話線　④ 光纖。

    解析 Cable Modem 與有線電視使用相同的同軸電纜線。

11. （ 4 ）下列何種介質的傳輸速率最快？
    ① 電話線　② 同軸電纜　③ 雙絞線電纜　④ 光纖纜線。

12. （ 2 ）利用玻璃纖維為介質傳遞資料，具小體積、高頻寬、不易受干擾特性的線路是？
    ① 聲波　② 光纖　③ 同軸電纜　④ 微波。

13. （ 4 ）下列何者為非導引型（Un-guided）之傳輸介質？
    ① 光纖　② 雙絞線　③ 同軸電纜　④ 微波。

    解析 導引型媒體 (guided medium)：電波沿著固體媒體傳播，如光纜、雙絞線或同軸電纜等；非導引型媒體 (unguided medium)：電波在空氣或外層空間中傳播，如無線電等。

14. ( ) 下列哪項網路通訊線路的型式，具備最佳資料保密性及最高傳輸效率？ (4)
    ① 電話線　② 雙絞線　③ 同軸電纜　④ 光纖。

15. ( ) 下列何者不是數據通訊的傳輸介質？ (2)
    ① 同軸電纜　② 數據機　③ 微波　④ 光纖。

    解析 數據機為類比訊號與數位訊號互相轉換的裝置。

16. ( ) 依據「建築物屋內外電信設備設置技術規範」規定，建築物內設置之電信管線，應附設電信保安接地設備，設置電信室之建築物接地電阻值為多少歐姆以下？ (2)
    ① 5Ω　② 10Ω　③ 15Ω　④ 20Ω。

    解析 建築物屋內外電信設備設置技術規範 14.1.1 建築物內設置之電信管線，應附設電信保安接地設備，其接地電阻值：
    一般建築物為 25 Ω 以下。
    設置電信室之建築物為 10 Ω 以下。

17. ( ) 雙絞線使用下列何種接頭？ (1)
    ① RJ-45　② BNC　③ AUI　④ T 型。

18. ( ) 當公司決定使用 100TX 網路佈線，需要下列哪種 UTP 電纜？ (1)
    ① Cat.5e　② Cat.4　③ Cat.3　④ Cat.2。

19. ( ) 新一代的 WiFi 技術 IEEE 802.11ac 採用下列哪種頻道？ (2)
    ① 2.4GHz　② 5GHz　③ 2.5GHz　④ 5.5GHz。

    解析 IEEE 802.11ac，透過 5GHz 頻帶進行通訊。

20. ( ) 下列何者可以同時連接 Gigabit 乙太網路與環狀網路？ (3)
    ① Repeater　② L2 Switch　③ Router　④ HUB。

21. ( ) 物聯網 (Internet of Things, IoT) 的架構中不包括下列哪一項？ (3)
    ① 感知層　② 網路層　③ 處理層　④ 應用層。

    解析 物聯網的架構主要分為三層：1. 感知層 2. 網路層 3. 應用層。

22. ( ) 連接埠的編號為幾個位元長度的數字？ (2)
    ① 8 個　② 16 個　③ 24 個　④ 32 個。

工作項目 03　網路架設佈線

23. (　) 下列哪一段的連接埠編號稱為「動態」(Dynamic) 連接埠？ (3)
    ① 0～1023　　　　　　② 1024～49151
    ③ 49152～65535　　　④ 0～65535。

24. (　) 依據「建築物屋內外電信設備設置技術規範」規定，建築物屋內外電 (1)
    信設備設置技術規範規定各樓層至少需設置幾個主配線箱？
    ① 1 個　② 2 個　③ 3 個　④ 4 個。

    解析　建築物屋內外電信設備設置技術規範 4.2.2 主配線箱（室）
    (1) 每樓層均應設置主配線箱（室），且每一主配線箱（室）服務之樓
    　　地板面積以不超過 990 平方公尺為原則；一樓層之樓地板面積超過
    　　990 平方公尺時，得增設主配線箱（室）。但該樓層依規定無電信線
    　　數之需求者不在此限。

25. (　) 下列何者抗雜訊力最好？ (4)
    ① 細同軸電纜　② 粗同軸電纜　③ 雙絞線　④ 光纖纜線。

26. (　) 同軸電纜心線的靜電容量與下列何者無關？ (3)
    ① 纜線長度　　　　　　② 心線絕緣程度
    ③ 信號頻率　　　　　　④ 心線在電纜內的位置。

27. (　) 下列光纖中何者的傳輸速率最快？ (4)
    ① 多模階射率光纖　② 塑膠光纖　③ 多模斜射率光纖　④ 單模光纖。

    解析　塑膠光纖＜多模階射率光纖＜多模斜射率光纖＜單模光纖。

28. (　) 下列何者使用數位信號？ (4)
    ① 人類的視覺　② 人類的聽覺　③ 電話機的耳機筒　④ 電腦設備。

29. (　) 光纖軸心的折射率與披覆層的折射率不同，目的是下列何者？ (1)
    ① 使光束在光纖內產生反射　　② 使光纖容易接續
    ③ 增加光束的傳播速度　　　　④ 減少光信號的衰減。

30. (　) 下列何者是光纖的優點？ (3)
    ① 串音大　② 損失高　③ 傳輸容量大　④ 傳輸容量小。

31. ( ) 被動式光纖網路使用下列何者將機房信號分送到用戶端？ (3)
    ① 分波多工器　② 光纖衰減器　③ 光纖分歧器　④ 光纖連接器。

    > **解析** 被動式光纖網路由電信機房將下行的光信號經過光纖分歧器，分成多路給各個光網路單元。

32. ( ) 光纖使用下列哪種波長的光源損失會較低？ (3)
    ① 1.33μm　② 1.44μm　③ 1.55μm　④ 1.66μm。

33. ( ) T568A 標準的第 1 對雙絞線是下列哪兩隻腳位的組合？ (3)
    ① 1、2 腳　② 3、6 腳　③ 4、5 腳　④ 7、8 腳。

    > **解析** T568A 標準順序
    >
    > | 腳位 | 對 | 顏色 |
    > | --- | --- | --- |
    > | 1 | 3 | 白綠 |
    > | 2 | 3 | 綠 |
    > | 3 | 2 | 白橙 |
    > | 4 | 1 | 藍 |
    > | 5 | 1 | 白藍 |
    > | 6 | 2 | 橙 |
    > | 7 | 4 | 白棕 |
    > | 8 | 4 | 棕 |

34. ( ) T568A 標準的第 2 對雙絞線是下列哪兩隻腳位的組合？ (2)
    ① 1、2 腳　② 3、6 腳　③ 4、5 腳　④ 7、8 腳。

    > **解析** 請參閱工作項目 03 第 33 題解析。

35. ( ) T568A 標準的第 3 對雙絞線是下列哪兩隻腳位的組合？ (1)
    ① 1、2 腳　② 3、6 腳　③ 4、5 腳　④ 7、8 腳。

    > **解析** 請參閱工作項目 03 第 33 題解析。

36. ( ) T568A 標準的第 4 對雙絞線是下列哪兩隻腳位的組合？ (4)
    ① 1、2 腳　② 3、6 腳　③ 4、5 腳　④ 7、8 腳。

    > **解析** 請參閱工作項目 03 第 33 題解析。

37. ( ) T568B 標準的第 1 對雙絞線是下列哪兩隻腳位的組合？ (3)
    ① 1、2 腳　② 3、6 腳　③ 4、5 腳　④ 7、8 腳。

    解析 T568B 標準順序

腳位	對	顏色
1	2	白橙
2	2	橙
3	3	白綠
4	1	藍
5	1	白藍
6	3	綠
7	4	白棕
8	4	棕

38. ( ) T568B 標準的第 2 對雙絞線是下列哪兩隻腳位的組合？ (1)
    ① 1、2 腳　② 3、6 腳　③ 4、5 腳　④ 7、8 腳。

    解析 請參閱工作項目 03 第 37 題解析。

39. ( ) T568B 標準的第 3 對雙絞線是下列哪兩隻腳位的組合？ (2)
    ① 1、2 腳　② 3、6 腳　③ 4、5 腳　④ 7、8 腳。

    解析 請參閱工作項目 03 第 37 題解析。

40. ( ) T568B 標準的第 4 對雙絞線是下列哪兩隻腳位的組合？ (4)
    ① 1、2 腳　② 3、6 腳　③ 4、5 腳　④ 7、8 腳。

    解析 請參閱工作項目 03 第 37 題解析。

41. ( ) 依據「建築物屋內外電信設備設置技術規範」規定，採對絞型數據電 (4)
    纜作為主幹配線，佈放時應預留兩端多少餘長，作為未來接續使用？
    ① 10 cm　② 20 cm　③ 25 cm　④ 30 cm。

    解析 建築物屋內外電信設備設置技術規範 11.3.2.2 對絞型數據電纜配線施作
    (4)佈放電纜應注意預留兩端餘長約 30 公分，作為未來接續使用，並應
    於兩端設置標籤，以利日後施作及維護辨識。

42. ( ) 依據「建築物屋內外電信設備設置技術規範」規定，大型建築物如於公共走道上方水平方向佈設水平屋內電纜時，應每隔多少距離設置固定線架？ (2)
    ① 15-25 cm ② 30-50 cm ③ 55-75 cm ④ 75-95 cm。

    > **解析** 建築物屋內外電信設備設置技術規範 10.1.2 宅內配線設計
    > (2) 大型建築物如於各樓層水平方向佈設線纜時，應每隔 30~50 公分設置固定線架。

43. ( ) 下列何者不是舖設高架地板的優點？ (2)
    ① 保護電力線、網路線及接頭
    ② 地板下可作為重要資料的儲存空間
    ③ 使機房更加美觀整齊
    ④ 避免工作人員絆倒。

44. ( ) 關於 UTP 網路線施工，下列敘述何者不正確？ (3)
    ① 佈線時應避免平行接近電力線
    ② 所有線路進出皆需以書面資料及牌子標示清楚
    ③ 為節省材料，室內佈線可不用配管或壓條
    ④ 多餘線頭需用束帶固定，避免鬆脫或短路。

45. ( ) 關於光纖網路纜線佈線，下列敘述何者不正確？ (1)
    ① 外層有高密度聚乙烯護套可用力拉址
    ② 最小容許彎曲半徑不可超過外徑的規定倍數
    ③ 佈線前應建立良好通信系統以利隨時溝通
    ④ 光纖線盤不得在地面作長距離滾動。

46. ( ) 下列何者不是網路纜線施工完成後的注意事項？ (4)
    ① 所有組件是否完全固定
    ② 現場是否清理乾淨
    ③ 竣工圖是否確實反應纜線佈放及網路設備位置
    ④ 網路設備插頭是否已全部拔除。

47. ( ) 依據「建築物屋內外電信設備設置技術規範」規定，宅內配管設計時，電信配管與低壓電力線至少應相隔多少距離？ (2)
    ① 10 cm ② 15 cm ③ 20 cm ④ 25 cm。

解析 建築物屋內外電信設備設置技術規範 10.2.4 宅內配管設計
(1) 電信配管與低壓電力線應相隔 15 公分以上，與高壓線應相隔 50 公分以上。但低壓電力線或電信線纜具接地遮蔽效果者、或收容於接地金屬管內或宅內配線箱者及出線匣處，不在此限。

48. （ ） 依據「建築物屋內外電信設備設置技術規範」規定，宅內配管設計時，電信配管與高壓電力線至少應相隔多少距離？
① 30 cm　② 40 cm　③ 50 cm　④ 60 cm。 (3)

解析 請參閱工作項目 03 第 47 題解析。

49. （ ） 依據「建築物屋內外電信設備設置技術規範」規定，宅內配管設計時，電信配管與瓦斯管、暖氣管間至少應相隔多少距離？
① 30 cm　② 40 cm　③ 50 cm　④ 60 cm。 (1)

解析 建築物屋內外電信設備設置技術規範 10.2.4 宅內配管設計
(2) 電信配管與瓦斯管、暖氣管之間隔應在 30 cm 以上。

50. （ ） 依據「建築物屋內外電信設備設置技術規範」規定，佈放後，4 對 UTP 對絞型數據電纜的最小彎曲半徑至少須為該電纜直徑幾倍？
① 2 倍　② 3 倍　③ 4 倍　④ 6 倍。 (3)

解析 建築物屋內外電信設備設置技術規範 10.3.2 對絞型數據電纜配線施作
(2) 佈放後，4 對 UTP 對絞型數據電纜的最小彎曲半徑不可小於該電纜直徑的 4 倍，4 對 ScTP 對絞型數據電纜的最小彎曲半徑不可小於該電纜直徑的 8 倍。

51. （ ） 依據「建築物屋內外電信設備設置技術規範」規定，佈放後，4 對 ScTP 對絞型數據電纜的最小彎曲半徑至少須為該電纜直徑幾倍？
① 4 倍　② 6 倍　③ 8 倍　④ 10 倍。 (3)

解析 請參閱工作項目 03 第 50 題解析。

52. （ ） 依據「建築物屋內外電信設備設置技術規範」規定，大對數對絞型數據主幹電纜的最小彎曲半徑至少須為該電纜直徑幾倍？
① 4 倍　② 6 倍　③ 8 倍　④ 10 倍。 (4)

> **解析** 建築物屋內外電信設備設置技術規範 11.3.2.2 對絞型數據電纜配線施作
> (2) 大對數之對絞型數據主幹電纜，其最小彎曲半徑不可少於該電纜直徑的 10 倍。

53. (　) 依據「建築物屋內外電信設備設置技術規範」規定，宅內光纜施作，其彎曲半徑不可小於製造商規定值，如果製造商沒有規定，則施工佈放時，其彎曲半徑至少不可小於光纜外徑的幾倍？
① 8 倍　② 10 倍　③ 15 倍　④ 20 倍。 (3)

> **解析** 建築物屋內外電信設備設置技術規範 11.3.2.3 光纜配線施作
> (1) 屋內主幹光纜的彎曲半徑須遵守製造商的建議值，沒有建議值時，佈放後，其彎曲半徑不可少於該光纜外徑的 10 倍；佈放中承受拉力時，其彎曲半徑不可少於該光纜外徑的 15 倍。

54. (　) 依據「建築物屋內外電信設備設置技術規範」規定，為便於將來建築物擴增通信需求用，垂直主幹配管每一路由至少需設計幾管以上（含預備管），以便延伸至樓頂適當位置？
① 1 管　② 2 管　③ 3 管　④ 4 管。 (2)

> **解析** 建築物屋內外電信設備設置技術規範 11.2.1 垂直幹管設置數量：
> (2) 垂直幹管每一路由至少須設計兩管（含預備管一管），總管數最多四管（不含接地導線用 PVC 管或 CD/PF 管），於各樓層間，其管數與管徑不得縮減。但屬地下垂直幹管使用類別為停車場、緊急避難所等，並且符合線纜對數最小適用管徑者，不在此限。

55. (　) 依據「建築物屋內外電信設備設置技術規範」規定，主幹配線附掛於電纜線架或線槽時，應每隔多少距離，使用麻線或尼龍緊束帶縛紮於支架上？
① 30～50 公分　　② 60～100 公分
③ 120～150 公分　④ 160～200 公分。 (2)

> **解析** 綁紮間隔為 60～100 公分。

56. (　) 依據「建築物屋內外電信設備設置技術規範」規定，建築物內設置之電信管線，應附設電信保安接地設備，一般建築物接地電阻值為多少歐姆以下？
① 5Ω　② 10Ω　③ 25Ω　④ 20Ω。 (3)

> **解析** 建築物屋內外電信設備設置技術規範 14.1.1
> 建築物內設置之電信管線，應附設電信保安接地設備，其接地電阻值：
> 一般建築物為 25 Ω 以下。
> 設置電信室之建築物為 10 Ω 以下。

57. (　) 若將 1 個 Class C 的網路分為 2 個子網路，則子網路遮罩應設為？ (3)
    ① 255.255.255.0　　　② 255.255.0.0
    ③ 255.255.255.128　　④ 255.255.255.192。

58. (　) 依據「建築物屋內外電信設備設置技術規範」規定，住宅用建築物內，主幹配管內佈放 1 條電纜時，電纜的截面積不得超過管截面積的百分之多少？ (3)
    ① 31%　② 40%　③ 53%　④ 60%。

> **解析** 建築物屋內外電信設備設置技術規範 10.2.3
> 宅內配管內佈放一條電纜時，電纜的截面積不得超過管截面積的 53%；
> 二條電纜時，電纜的截面積和不得超過管截面積的 31%；三條以上電纜時，電纜的截面積和不得超過管截面積的 40%。

59. (　) 下列何者不是使用 URL 的協定名稱？ (3)
    ① ftp　② http　③ html　④ gopher。

> **解析** html 是網頁。

60. (　) 下列何種網路拓樸，在每個節點間均有 2 個以上的傳輸路徑可供選擇？ (3)
    ① 匯流排　② 星狀　③ 網狀　④ 環狀。

61. (　) 下列何種網路拓樸，在節點間具有最多可能的傳輸路徑？ (2)
    ① 星狀　② 網狀　③ 環狀　④ 匯流排。

62. (　) 下列何種網路設備，可以動態的選擇資料傳遞的路徑？ (3)
    ① HUB　② Bridge　③ Router　④ Modem。

63. (　) 下列何種網路設備，可讓多對電腦在同一時間互相傳送資料？ (4)
    ① Bridge　② HUB　③ Router　④ Switch。

64. (　) 下列訊號傳輸方式何者錯誤？ (2)
    ① 單工　② 半單工　③ 半雙工　④ 全雙工。

65. (　) 下列何者是單工傳輸模式？ (1)
　　　① 收音機　　　　　　　　② 警用對講機
　　　③ 電話　　　　　　　　　④ 數據機。

66. (　) 下列何者是半雙工傳輸模式？ (2)
　　　① 收音機　　　　　　　　② 警用對講機
　　　③ 電話　　　　　　　　　④ 擴音器。

67. (　) 下列何者是全雙工傳輸模式？ (3)
　　　① 收音機　　　　　　　　② 警用對講機
　　　③ 數據機　　　　　　　　④ 擴音器。

68. (　) IEEE 488 是屬於何種傳輸方式？ (3)
　　　① 合列傳輸　　　　　　　② 串列傳輸
　　　③ 並列傳輸　　　　　　　④ 中列傳輸。

解析 美國 Hewlett-Packard 公司於 1975 年訂定出 IEEE-488 介面匯流排標準，它是一種匯流排結構，又稱 GPIB（General Purpose Interface Bus），為 8 位元雙向並列傳輸介面。

69. (　) RS232-C 是屬於何種傳輸方式？ (1)
　　　① 串列非同步　② 串列同步　③ 並列非同步　④ 並列同步。

解析 RS-232C 是標準的非同步串列傳輸標準。

70. (　) 下列何種連接器施作錯誤後可重複使用？ (3)
　　　① RJ-45　② RJ-11　③ DVO　④ SC。

解析 Digital Video Output（DVO）連接器即 40pin 排線的接頭可重複使用。

71. (　) 下列何者非網路佈線標準？ (4)
　　　① EIA/TIA 568　　　　　② EIA/TIA 569
　　　③ EIA/TIA 606　　　　　④ EIA/TIA 567。

解析 沒有 EIA/TIA 567 此標準。

72. (　) 關於測試光纖系統的目的，下列敘述何者正確？ (1)
　　　① 是否達到傳輸性能要求　② 瞭解其電氣特性
　　　③ 避免串音干擾　　　　　④ 增加網路傳輸頻寬。

工作項目 03　網路架設佈線

73. （　）下列何者為佈線系統中編碼標準？　　　　　　　　　　　　　　(3)
    ① EIA/TIA 568　　　　② EIA/TIA 569
    ③ EIA/TIA 606　　　　④ EIA/TIA 567。

> **解析** TIA/EIA-606：商業大樓通訊基礎架構管理標準。

74. （　）下列何者非光纖連接器？　　　　　　　　　　　　　　　　　　(4)
    ① SA905　② SC　③ ST　④ SF。

75. （　）下列何者為高密度的光纖連接器？　　　　　　　　　　　　　　(2)
    ① RJ-45　② MT-RJ　③ ST　④ SC。

76. （　）Cat.5e UTP 接線中，下列哪對電纜線線路故障時不會影響網路的傳輸？　(4)
    ① 1,2　② 3,4　③ 5,6　④ 7,8。

> **解析** Cat.5e UTP 接線使用 1,2,3,6 傳輸訊號。

77. （　）使用 Cable Modem 由家中連線至業者機房連接方式為何？　　　　(1)
    ① 串聯固接　② 並聯固接　③ 無線連接　④ 撥接。

78. （　）使用 ADSL 由家中連線至業者機房連接方式為何？　　　　　　　(2)
    ① 串聯固接　② 並聯固接　③ 無線連接　④ 撥接。

79. （　）下列何者可使用超五類無遮蔽雙絞線（Cat.5e UTP）線材？　　　(1)
    ① 100BaseT　② 10Base2　③ 100BaseF　④ 10Base5。

80. （　）下列何者為 1000BaseT 之實體網路拓撲？　　　　　　　　　　　(2)
    ① 匯流排（Bus）　② 星狀（Star）　③ 環狀（Ring）　④ 網狀（Mesh）。

81. （　）下列何者為 100BaseT 之邏輯網路拓撲？　　　　　　　　　　　(1)
    ① 匯流排（Bus）　② 星狀（Star）　③ 環狀（Ring）　④ 網狀（Mesh）。

82. （　）下列何種網路資料傳輸上行／下行速率不對稱？　　　　　　　　(1)
    ① ADSL　② IDSL　③ Frame Relay　④ T1。

> **解析** ADSL（Asymmetric Digital Subscriber Line）因為上行（上傳）和下行（下載）頻寬不對稱（即上行和下行的速率不相同），因此稱為非對稱數位用戶線路。

83. （　）下列何種網路資料傳輸速率可超過 100Mbps？　　　　　　　　　(2)
    ① ADSL　② ATM　③ T1　④ T3。

> **解析** 非同步傳輸模式（Asynchronous Transfer Mode, ATM），又叫細胞中繼。ATM 採用電路交換的方式，它以細胞（cell）為單位。其傳輸速率由 1.5 Mbps 到 2.5 Gbps，一般以 155 Mbps(OC-3) 或是 622 Mbps(OC-12) 居多。

84. (　) 下列何種網路資料傳輸協定使用固定大小的細胞（Cell）傳送資料？ (2)
　　　①ADSL　②ATM　③T1　④T3。

> **解析** 請參閱工作項目 03 第 83 題解析。

85. (　) 為防護內部網路免於受到外部入侵，所裝置的設備為下列何者？ (3)
　　　①檢查台　②集線器　③防火牆　④橋接器。

86. (　) 下列何種網路有線路自動癒合的容錯設計？ (2)
　　　①ADSL　②FDDI　③Ethernet　④T1。

87. (　) 下列何種傳輸方式需在近距離可視範圍內進行？ (4)
　　　①ADSL　②FDDI　③Ethernet　④IrDA。

> **解析** 紅外通訊技術不需要實體連線，廣泛應用於小型移動設備互換數據和電器設備的控制中。

88. (　) 下列何者不是光纖的特性？ (1)
　　　①不易斷裂　②訊號衰減率低　③重量輕　④較不易被竊聽。

89. (　) 數據通信系統中，傳輸網路兩端之節點可作雙向資料傳輸，但無法同時雙向傳輸的通訊方式是？ (2)
　　　①單工　②半雙工　③全雙工　④倍雙工。

90. (　) 數據通信系統中，僅可單向傳輸資料的通訊方式是？ (1)
　　　①單工　②半雙工　③全雙工　④倍雙工。

91. (　) 數據通信系統中，可同時資料傳輸的通訊方式是？ (3)
　　　①單工　②半雙工　③全雙工　④倍雙工。

92. (　) 傳統無線電視台電視廣播節目的傳輸模式為下列何者？ (3)
　　　①全雙工　②半雙工　③單工　④全雙工和半雙工皆可。

93. (　) 個人電腦與鍵盤之間的資料傳輸屬何種通訊模式？ (1)
　　　①單工　②半雙工　③全雙工　④多工。

94. ( ) 個人電腦與軟碟之間的資料傳輸屬何種通訊模式？ (2)
① 單工　② 半雙工　③ 全雙工　④ 多工。

95. ( ) 使用非同步傳輸，以 9600bps 傳輸資料時，傳送 1 個位元組需要 1 個 (2)
起始位元與 1 個停止位元，當傳送 80K 位元組的資料約需多少秒？
① 41.67　② 83.33　③ 166.67　④ 66.67。

> **解析** 傳輸速率 =9600/8=1200 Bytes/ 秒 =1.2Kbps
> 80K*2/8=20KB
> (80K+20K)/1.2Kbps=83.33 秒

96. ( ) 下列何者為資料傳輸速率之單位？ (2)
① Hz　② bps　③ dpi　④ Kb。

97. ( ) 下列何者非屬區域網路的架構？ (1)
① 雲狀架構　② 環狀架構　③ 星狀架構　④ 匯流排架構。

98. ( ) 區域網路架構，具廣播特性，且任一部電腦將資料傳送上電纜線後， (2)
其訊號會向兩端傳遞的是？
① 星狀　② 匯流排　③ 環狀　④ 網狀。

99. ( ) 下列哪種網路架構，若任一部電腦有問題，將導致網路中所有電腦都 (2)
無法聯繫？
① 星狀　② 環狀　③ 樹狀　④ 匯流排。

100. ( ) 關於區域網路，下列敘述何者不正確？ (4)
① 通常為短距離通訊網路　② 有許多種連線架構
③ 可共享軟硬體資源　④ 無法傳送電子郵件。

101. ( ) 下列敘述何者不正確？ (4)
① 開放式系統互連 (OSI) 參考模式的通訊協定分為七層
② 將電腦連接成網路可增進資料交換效率
③ 國家資訊基礎建設簡稱 NII
④ 網路上的軟體不管有無版權皆可複製使用。

102. ( ) 網路元件間為相互溝通而訂定 1 套交換資訊的格式和內容之規則， (4)
稱為？
① 通訊線路　② 參考模式　③ 資訊基礎建設　④ 通訊協定。

103. ( ) LAN 意指下列何者？ (2)
    ① 匯流排　　　　　　　② 區域網路
    ③ 廣域網路　　　　　　④ 乙太網路。

104. ( ) 下列何者不是網路安全的標準？ (2)
    ① SET　　　　　　　　② ATM
    ③ SSL　　　　　　　　④ PKI。

    解析 非同步傳輸模式（Asynchronous Transfer Mode, ATM）。

105. ( ) 使用非同步傳輸時，傳送 1 個位元組資料需加上 1 個起始位元與 1 個 (2)
    停止位元，則其網路使用率為？
    ① 60%　　　　　　　　② 80%
    ③ 100%　　　　　　　 ④ 120%。

106. ( ) 以學校及學術研究單位為主的服務網路為？ (1)
    ① TANet　　　　　　　② SeedNet
    ③ HiNet　　　　　　　 ④ TwNet。

107. ( ) 將資料以加密演算法加密，可增進下列何資訊安全特性？ (3)
    ① 可用性　　　　　　　② 完整性
    ③ 機密性　　　　　　　④ 不可否認性。

108. ( ) 下面何種存取方法在傳送資料時會偵測碰撞？ (1)
    ① CSMA/CD　　　　　 ② CSMA/CA
    ③ 權杖通行　　　　　　④ 輪詢（Polling）。

    解析 載波偵聽多路存取／碰撞檢測（Carrier Sense Multiple Access with Collision Detection, CSMA/CD）會要求裝置在傳送資料的同時要對通道進行監聽，以確定是否發生碰撞。

109. ( ) 權杖通行（Token Pass）使用哪種方法來避免資料碰撞？ (3)
    ① 使用規則來引導權杖互相環繞
    ② 有多個使用不同路徑的權杖
    ③ 同時間內只允許 1 台電腦擁有權杖
    ④ 使用區域劃分來控制網路流量的壅塞。

110. ( ) 電話通信所使用的標準語音線路（類比線路），也稱之為下列何種線路？ (1)
    ① 撥接　② 直接數位　③ 任意　④ ISDN。

工作項目 03　網路架設佈線

111. (　) 壓縮技術利用下列何種方法來改善傳送資料所需要的時間？ (2)
    ① 減少可能的路徑　　　　② 移除重複的資料
    ③ 移除線路的雜訊　　　　④ 減少兩次傳送之間的間隔。

112. (　) 有關於 T1 線，下列敘述何者正確？ (1)
    ① 提供 1.544Mbps 點對點，全雙工傳輸
    ② 傳輸速率比 T3 線高
    ③ 為 SONET 載波的永久性連結
    ④ 傳輸速率是 45Mbps。

113. (　) 訊框中繼（Frame Relay）是 1 種點對點系統，使用最有經濟效益的路徑來進行下列何種動作？ (4)
    ① 在實體層傳送固定長度的封包
    ② 在實體層傳送可變長度的封包
    ③ 在資料鏈路層傳送固定長度的封包
    ④ 在資料鏈路層傳送可變長度的封包。

114. (　) 下列何者不是網路電話的使用方式？ (4)
    ① PC 對 PC　　　　　　　② PC 對 Phone
    ③ Phone 對 Phone　　　　④ Printer 對 Printer。

    解析 網路電話與印表機無關。

115. (　) 於 TCP 協定中，伺服器使用何者區分同一用戶端之不同連接？ (3)
    ① 用戶端 IP 位址　② 用戶名稱　③ 用戶端埠號　④ 伺服器 IP 位址。

116. (　) 下列哪一項是達成數位訊號轉換成類比訊號的技術？ (4)
    ① 解調變　② 穩壓　③ 控制定時　④ 調變。

117. (　) 全 IP 之行動通信世代為下列何者？ (4)
    ① 第 1 代 (1G)　② 第 2 代 (2G)　③ 第 3 代 (3G)　④ 第 4 代 (4G)。

118. (　) 若要定址 16M 記憶體，至少需使用多少條位址線 (Address Line)？ (3)
    ① 20　② 22　③ 24　④ 25。

    解析 此記憶體有 2 的 24 次方 (=16,777,216)。需要 24 條位址線。

119. (　) 若信號強度衰減為原來之十分之一，則其減少多少分貝 (dB)？ (3)
    ① 0.1　② 1　③ 10　④ 100。

189

120. (　) 因路由器之最大傳輸單位 (Maximum transfer unit, MTU) 限制，經過路由器之 IPv4 封包需分割成較小封包傳輸。分割後之封包中，下列哪個欄位值會與原封包中之值相同？ (2)
　① M 旗標 (M Flag)　　　　　② 協定 (Protocol)
　③ 標頭檢查碼 (Header checksum)　④ 分段偏置 (Fragment offset)。

> **解析** 此記憶體有 2 的 24 次方 (=16,777,216)。需要 24 條位址線。

121. (　) 在 Ethernet 區域網路中延伸長度時最多可用幾個 Repeater ？ (3)
　① 2 個　② 3 個　③ 4 個　④ 無限制。

122. (　) IEEE 802.3 的訊號傳送與調變的方式是下列哪一項？ (2)
　① 調頻　② 基頻　③ 寬頻　④ 高頻。

123. (　) 下列敘述何者正確？ (4)
　① 信號發生交越情形時會產生火花
　② 長距離傳輸信號時會增加封包數
　③ 長距離傳輸信號時會減少封包數
　④ 長距離傳輸信號時信號會減弱。

124. (　) 網路電話又稱為？ (3)
　① Mail Over IP　　　　　② Data Over IP
　③ Voice Over IP　　　　④ Image Over IP。

125. (　) 啟用 IP 的智慧感應器的設定中為何需要預設閘道位址？ (3)
　① 在感應器發生故障時，能緊急丟棄封包
　② 允許感應器將 URL 解析為 IP 位址
　③ 使感應器能夠試圖將資料傳送到遠端目的地
　④ 允許感應器與未啟用 IP 的裝置通訊。

126. (　) IP 位址的用途是什麼？ (4)
　① 用於標識資料中心的實體位置
　② 用於標識執行程式的記憶體中的位置
　③ 用於標識對電子郵件訊息做出應答的回覆地址
　④ 用於標識網路上資料封包的來源位址和目的地位址。

工作項目 03　網路架設佈線

127. (　) 因路由器之最大傳輸單位 (Maximum Transfer Unit, MTU) 限制，IPv4 封包需分割成較小封包傳輸。分割後之各封包中，下列哪個欄位值一定會與原封包中之同一欄位值相同？　(2)
① 標頭檢查碼 (Header Checksum)　② 協定 (Protocol)
③ 分段偏置 (Fragment Offset)　　④ TTL。

解析　協定（Protocol）占 8bit，此欄位定義了封包資料區使用的協定。

128. (　) 線性遞增倍數遞減 (Additive Increase Multiplicative Decrease, AIMD) 控制定律使用於下列哪個協定之何種用途？　(3)
① UDP 協定之流量控制　　② TCP 協定之錯誤檢查
③ TCP 協定之擁塞控制　　④ UDP 協定之錯誤控制。

解析　線性遞增倍數遞減 (Additive Increase Multiplicative Decrease, AIMD) 控制定律常見的用途是在 TCP 協定之擁塞控制。

129. (　) 將 12 個各需 3000 Hz 頻寬之信號，使用 FDM 多工處理成單一頻道。假設每 2 個信號間之保護頻帶 (Guard Band) 頻寬 400 Hz，則此頻道所需最小頻寬為多少 Hz？　(3)
① 36000　② 44000　③ 40400　④ 40800。

130. (　) 若信號強度衰減為千分之一，則其減少多少分貝 (dB)？　(3)
① 0.1　② 0.01　③ 30　④ 3。

解析　dB = 10lg（A／B）=10lg（1000／1）= 30dB

131. (　) 經乙太網路 (Ethernet) 傳送 ICMP 之封包中，由外至內各協定標頭 (Header) 出現順序為何？　(3)
① IP 封包標頭 -Ethernet 封包標頭 - ICMP 封包標頭
② ICMP 封包標頭 -IP 封包標頭 - Ethernet 封包標頭
③ Ethernet 封包標頭 -IP 封包標頭 - ICMP 封包標頭
④ Ethernet 封包標頭 -ICMP 封包標頭 -IP 封包標頭。

132. (　) 下列何者不是屬於無線通訊技術？　(1)
① 100 BaseTx
② 802.11a
③ GPRS（General Packet Radio Service）
④ 5G。

191

133. ( ) 關於行動通訊系統，下列敘述何者不正確？ (4)
① 全球行動通訊系統（Global System for Mobile Communications, GSM）為第二代行動通訊系統的主要技術
② 寬頻分碼多重存取（Wideband Code Division Multiple Access, WCDMA）為第三代行動通訊系統的主要技術
③ 正交分頻多工技術（Orthogonal Frequency Division Multiplexing, OFDM）為第四代行動通訊的主要技術
④ 全球定位系統（Global Positioning System, GPS）為第一代行動通訊的主要技術。

134. ( ) 關於定位系統之敘述，下列何者不正確？ (3)
① 全球定位系統（Global Positioning System, GPS）是美國所發展的
② 全球導航衛星系統（GLObal NAvigation Satellite System, GLONASS）是俄羅斯所發展的
③ 北斗衛星導航系統（BeiDou Navigation Satellite System, BDS）是由日本所發展的
④ 伽利略定位系統（Galileo Positioning System）是由歐洲國家所發展的。

> **解析** 中國的北斗衛星導航系統。

135. ( ) 關於第五代行動通訊系統的特性，下列敘述何者不正確？ (4)
① 高速率　　　　　　　② 低延遲
③ 可支援大量終端裝置　④ 為類比蜂巢式系統。

> **解析** 第五代行動通訊系統（5th generation wireless systems，簡稱5G）是最新一代行動通訊技術。5G的效能目標是高資料速率、減少延遲、節省能源、降低成本、提高系統容量和大量裝置連接。

136. ( ) 關於區域網路與廣域網路的比較，下列何者不正確？ (4)
① 廣域網路的涵蓋範圍通常較大
② 區域網路的傳輸品質通常較佳
③ 廣域網路的設備價格通常較高
④ 區域網路的傳輸速率通常較慢。

> **解析** 廣域網路的傳輸速率通常較慢。

工作項目 03　網路架設佈線

137. ( ) 在開放系統互連 (Open System Interconnection, OSI) 網路參考模型中，視訊軟體 (諸如 Teams 等) 應該在哪一層運作？
    ① 會議層　② 應用層　③ 表示層　④ 傳輸層。 (2)

138. ( ) 關於藍芽與近場通訊 (Near Field Communication, NFC) 的敘述，下列何者不正確？
    ① NFC 的傳輸距離比藍芽短　② NFC 的目標是取代藍芽
    ③ NFC 的傳輸速率較藍芽慢　④ NFC 的安全性較藍芽高。 (2)

    解析 NFC 的目標並非是取代藍牙等其他無線技術，而是在不同的場合、不同的領域達到互補的作用。

139. ( ) 關於 Wi-Fi、藍芽、4G 的敘述，下列何者不正確？
    ① 三者的傳輸速率以藍芽最慢　② 藍芽的標準為 IEEE 802.15
    ③ 三者傳輸距離以 Wi-Fi 最遠　④ Wi-Fi 的標準為 IEEE 802.11x。 (3)

    解析 三者傳輸距離以 4G 最遠

140. ( ) 下列何者屬於無線連接上網傳輸技術？
    ① Wi-Fi　② ADSL　③ Cable Modem　④ FTTx。 (1)

141. ( ) 依據 ANSI/ TIA-568 - C.2 規定，水平布線所採用的網路對絞線最大直徑為何？
    ① 7.0 mm　② 8.0 mm　③ 9.0 mm　④ 10.0 mm。 (3)

142. ( ) 依據 ANSI/ TIA-568 - C.2 規定，水平布線所採用的網路對絞線中每一對線扭曲一圈的最大距離為何？
    ① 36 mm　② 38 mm　③ 40 mm　④ 42 mm。 (2)

143. ( ) Cat 6 對絞線最高傳輸頻率為多少？
    ① 100MHz　② 200 MHz　③ 250MHz　④ 500MHz。 (3)

工作項目 04 網路元件及軟體安裝與應用

1. （ ）在 OSI 7 層協定中「網路硬體協定」，屬於以下哪一層？ (2)
   ① 網路層（Network） ② 實體層（Physical）
   ③ 應用層（Application） ④ 傳輸層（Transport）。

   解析 開放式系統互連通訊參考模型（Open System Interconnection Reference Model, OSI）：
   7. 應用層（Application Layer）：應用程式。
   6. 表現層（Presentation Layer）：資料表示形式，加密和解密，把資料轉換為能與接收者的系統格式相容並適合傳輸的格式。
   5. 會議層（Session Layer）：主機間通訊，管理應用程式之間的會話。
   4. 傳輸層（Transport Layer）：在網路的各個節點之間可靠地分發封包。
   3. 網路層（Network Layer）：決定資料的路徑選擇和轉寄。
   2. 資料連結層（Data Link Layer）：負責網路尋址、錯誤偵測和改錯。
   1. 實體層（Physical Layer）：在區域網路上傳送資料，負責管理電腦通訊裝置和網路媒體之間的硬體通訊。

2. （ ）在 OSI 7 層協定中定義終端設備與網路間使用的介面，屬於以下哪一層？ (2)
   ① 網路層（Network） ② 實體層（Physical）
   ③ 應用層（Application） ④ 傳輸層（Transport）。

   解析 請參閱工作項目 04 第 1 題解析。

3. （ ）下列何者不屬類比信號調變？ (1)
   ① 波長調變（WM） ③ 頻率調變（FM）
   ② 振幅調變（AM） ④ 相位調變（PM）。

   解析 類比信號連續調變方式：調幅（AM），調頻（FM），調相（PM），其他（SM）。

4. （ ）下列何者，是可以將類比信號轉換成數位信號的設備？ (3)
   ① 橋接器（Bridge） ② 路由器（Router）
   ③ 數據機（MODEM） ④ 交換器（Switch）。

工作項目 04　網路元件及軟體安裝與應用

> **解析** 數據機（Modem，源自 modulator-demodulator）是一個將數位訊號調制 (modulation) 到類比訊號上進行傳輸，並解調 (demodulation) 收到的類比訊號以得到數位訊號的電子裝置。

5. (　) "IP 層" 是 TCP/IP 協定中的哪一層？ (1)
   ① 網路層（Network）　　② 表示層（Presentation）
   ③ 傳輸層（Transport）　　④ 應用層（Application）。

> **解析** TCP/IP 協定包括 TCP（傳輸控制協定）和 IP（網際協定），分為四層：
> 4. 應用層 application layer：例如 HTTP、FTP、DNS 等。
> 3. 傳輸層 transport layer：例如 TCP、UDP、RTP、SCTP 等。
> 2. 網路互連層 internet layer：例如 ICMP、IGMP、IP 等。
> 1. 網路介面層 link layer：例如乙太網路、Wi-Fi、MPLS 等。

6. (　) 下列哪一 IPv4 位址，被保留作迴路測試用？ (2)
   ① 0.0.0.1　② 127.0.0.1　③ 255.255.0.0　④ 255.255.255.0。

7. (　) 在 test@ xxx.com.tw 中 @ 的左邊代表的是什麼？ (4)
   ① 個人的網址　② 個人的姓名　③ 個人的密碼　④ 個人的帳號。

8. (　) E-mail 的帳號一定要有哪個字元？ (1)
   ① @　② $　③ !　④ &。

9. (　) 若使用者希望可以接收電子郵件（E-Mail），其電腦之電子郵件軟體需要設定哪種郵件協定？ (3)
   ① MAIL　② NNTP　③ POP3　④ SMTP。

> **解析** POP3 收信；SMTP 寄信。

10. (　) 在設定網路連線時，SMTP 伺服器所指為何？ (2)
    ① 收信伺服器　② 寄信伺服器　③ 檔案伺服器　④ 網站伺服器。

> **解析** POP3 收信；SMTP 寄信。

11. (　) 在設定網路連線時，POP3 伺服器所指為何？ (1)
    ① 收信伺服器　② 寄信伺服器　③ 檔案伺服器　④ 網站伺服器。

> **解析** POP3 收信；SMTP 寄信。

12. ( ) 在雲端運算服務中,服務商建構虛擬化的環境,提供使用者處理、儲存與網路環境的服務,此服務模式稱為 (1)
　　① IaaS（Infrastructure as a Service）
　　② PaaS（Platform as a Service）
　　③ SaaS（Software as a Service）
　　④ HaaS（Hardware as a Service）。

13. ( ) 在雲端運算服務中,使用者不需花錢購買軟體（如文書處理軟體）,利用瀏覽器透過網路服務來處理資料,此服務模式稱為 (3)
　　① IaaS（Infrastructure as a Service）
　　② PaaS（Platform as a Service）
　　③ SaaS（Software as a Service）
　　④ HaaS（Hardware as a Service）。

14. ( ) 網址名稱 http://www.evta.gov.tw 之中「gov」代表的是下列何者？ (3)
　　① 主機名稱　② 單位名稱　③ 單位性質　④ 地理位置。

解析 主機名稱 www；單位名稱 evta；單位性質 gov；地理位置或國別 tw

15. ( ) 網址名稱 http://www.evta.gov.tw 之中「tw」代表的是下列何者？ (4)
　　① 主機名稱　② 單位名稱　③ 單位性質　④ 地理位置或國別。

解析 請參閱工作項目 04 第 14 題解析。

16. ( ) 使用瀏覽器時,若發現網頁顯示的速度變得很慢,下列何者不是可能的原因？ (3)
　　① 網頁的內容太過龐大
　　② 網頁的圖片太多或太大
　　③「我的最愛」或「標籤」中收集太多網站
　　④ 網路塞車。

17. ( ) 在台灣的公司、財團法人及個人之網域名稱,最終由下列何單位統籌管理？ (1)
　　① TWNIC　② 教育部電算中心　③ SEEDNET　④ 中華電信。

18. ( ) 目前 TCP 已定義埠（Well-Known Port）之分布範圍為下列何者？ (4)
　　① 0～127　② 0～255　③ 0～511　④ 0～1023。

> **解析** TCP 已定義埠（Well-Known Port）之分布範圍為 0～1023，動態或私有的埠號為 1024~65535。

19. ( ) 以 http://www.cea.org.tw/tvc/title.html 為例，「http」所代表的涵意是？ (1)
    ① 一種通訊協定　② 電腦目前的網址　③ 網頁名稱　④ 路徑。

20. ( ) 下列何種網路協定可以自動取得使用者電腦的 IP 位址？ (3)
    ① RIP　② TCP/IP　③ DHCP　④ IPX/SPX。

> **解析** 動態主機設定協定（Dynamic Host Configuration Protocol, DHCP）是一個區域網路的網路協定，使用 UDP 協定工作，主要用途為用於內部網路或網路服務供應商自動分配 IP 位址給用戶。

21. ( ) 下列何者是 TCP/IP 之應用層協定？ (4)
    ① ICMP　② ARP　③ IP　④ FTP。

> **解析** 4. 應用層 application layer：例如 HTTP、FTP、DNS 等。

22. ( ) 將某 Class C 網路以網路遮罩 255.255.255.224 切割成子網路，可切成幾個網路區段？ (3)
    ① 2　② 4　③ 8　④ 16。

> **解析** 256/(256-224)=8

23. ( ) 將某 Class C 網路以網路遮罩 255.255.255.224 切割成子網路，每個子網路中可用之網路位址數為？ (1)
    ① 30　② 32　③ 62　④ 64。

> **解析** 256-224=32-2=30
> 每個子網路 32 個 IP，其中須扣除網段第一個 IP 為網路位址及最後一個 IP 為廣播位址，故每個子網路可用之網路位址數為 30 個。

24. ( ) FTP 服務中的傳輸層是使用哪一種協定？ (3)
    ① IP　② UDP　③ TCP　④ NETBIOS。

> **解析** 3. 傳輸層 transport layer：例如 TCP、UDP、RTP、SCTP 等。

25. (　) 下列何者為 220.35.12.40/25 的可用 IP 範圍？ (2)
   ① 220.35.12.0 ～ 220.35.12.127
   ② 220.35.12.1 ～ 220.35.12.126
   ③ 220.35.12.127 ～ 220.35.12.255
   ④ 220.35.12.128 ～ 220.35.12.254。

   > **解析** 25 為子網路遮罩 255.255.255.128
   > IP 範圍為 0~127，其中網段第一個 IP 為網路位址及最後一個 IP 為廣播位址，故可用 IP 範圍為 220.35.12.1 ～ 220.35.12.126

26. (　) 下列何種工具程式可用來測試網際網路（Internet）中，目的電腦的網路回應時間？ (1)
   ① ping　　　　　　　　　② Response Probe
   ③ ipconfig　　　　　　　④ netstat。

27. (　) 下列何者不屬於區域網路協定？ (4)
   ① Ethernet　　　　　　　② NetBEUI
   ③ IPX/SPX　　　　　　　④ ISP。

   > **解析** ISP 是網際網路服務提供者。

28. (　) 將某 Class C 網路均分為 4 個子網路，則 4 個子網路可用 IP 數總共有多少個？ (3)
   ① 244　② 240　③ 248　④ 256。

   > **解析** 256-(4*2)=248
   > 每一個子網段第一個 IP 為網路位址及最後一個 IP 為廣播位址，故可用 IP 數有 248 個。

29. (　) 網址 www.taipei.gov.tw 中的 gov 代表什麼意義？ (4)
   ① 組織　② 教育單位　③ 公司　④ 政府機關。

30. (　) 網址 www.netscape.com 中的 com 代表什麼意義？ (3)
   ① 組織　② 教育單位　③ 公司　④ 政府機關。

31. (　) 網址 www.irtf.org 中的 org 代表什麼意義？ (1)
   ① 組織　② 教育單位　③ 公司　④ 政府機關。

工作項目 04　網路元件及軟體安裝與應用

32. （ ）網址 www.ntu.edu.tw 中的 edu 代表什麼意義？　　　　　　　　　　　(2)
    ① 組織　② 教育單位　③ 公司　④ 政府機關。

33. （ ）使用點對點式（Point-to-Point）網路連接時，最多可連接幾台電腦？(1)
    ① 2 台　② 5 台　③ 10 台　④ 不限。

    解析 點對點式（Point-to-Point）即是兩台電腦網路連接。

34. （ ）使用瀏覽器連結到 www.evta.gov.tw 的電腦上埠號（Port Number）為　(3)
    8000 的 Web 虛擬主機，位址應如何輸入？
    ① http：//www. evta.com.tw/　　② http：//www. tw/8000.htm
    ③ http：//www.evta.gov.tw：8000/　④ http：//www.evta.com.tw/8000。

35. （ ）FTP 預設使用哪一個埠號（Port Number）來傳送資料？　　　　　　(1)
    ① 21　② 80　③ 110　④ 6150。

36. （ ）如果用 255.255.255.248 網路遮罩來分割子網路，每個子網路最多有幾　(4)
    個 IP 位址？
    ① 1 個　② 4 個　③ 16 個　④ 8 個。

    解析 256-248=8

37. （ ）傳輸中，頻寬是指下列何者？　　　　　　　　　　　　　　　　　　(2)
    ① 頻道的最高頻率和最低頻率的差
    ② 每秒多少個位元（bps）之速率
    ③ 網路卡的傳輸能力
    ④ 傳輸線的粗細。

38. （ ）下列關於增訊器（Repeater）的敘述何者正確？　　　　　　　　　　(1)
    ① 可延長網路傳輸距離的裝置
    ② 可將網路連接的範圍擴張到超過網路架構承受的範圍
    ③ 可連接兩種不同存取方法的不同網路架構
    ④ 可過濾掉已毀損的資料。

39. （ ）下列何者是 IPv6 唯一區域單點傳播（Unique Local Unicast）位址範圍？(3)
    ① FC00::/5　② FC00::/6　③ FC00::/7　④ FC00::/8。

    解析 FC00::/7 唯一的區域單點傳播位址範圍。

199

40. ( ) 將網際網路的架構應用在企業營運的架構，模擬成網際網路上的各種服務，此種網路稱為？ (3)
    ① WAN　② Internet　③ Intranet　④ ISDN。

41. ( ) 下列何種通信協定不支援路由器？ (1)
    ① NETBEUI　② IPX　③ OSI　④ IP。

42. ( ) Hinet 及 TANet 是提供上網服務的單位，稱之為？ (4)
    ① NIC　② WWW　③ NI　④ ISP。

43. ( ) 下列何者在網際網路（Internet）中屬於單一性不可重複？ (2)
    ① 子遮罩網路（Subnet Mask）
    ② IP 位址（IP Address）
    ③ 預設閘道器（Default Gateway）
    ④ 密碼（Password）。

44. ( ) 下列何種設備可連接兩個（或以上）的網路，並具有路徑選擇的能力？ (2)
    ① 橋接器（Bridge）　　② 路由器（Router）
    ③ 集線器（Hub）　　　④ 交換器（Switch）。

45. ( ) IPv4 位址通常是由 4 組數字所組成的，每組數字範圍為？ (2)
    ① 0～999　② 0～255　③ 0～512　④ 無固定範圍。

46. ( ) 開放式系統互連的參考模型中的，第 1 層通訊協定為？ (3)
    ① 傳輸（Transport）層　　② 資料鏈結（Data Link）層
    ③ 實體（Physical）層　　　④ 網路（Network）層。

    解析 開放式系統互連通訊參考模型（Open System Interconnection Reference Model, OSI）：
    1. 實體層（Physical Layer）：在區域網路上傳送資料，負責管理電腦通訊裝置和網路媒體之間的硬體通訊。

47. ( ) 開放式系統互連的參考模型中，第 2 層通訊協定為？ (2)
    ① 傳輸（Transport）層　　② 資料鏈結（Data Link）層
    ③ 實體（Physical）層　　　④ 網路（Network）層。

    解析 開放式系統互連通訊參考模型（Open System Interconnection Reference Model, OSI）：
    2. 資料連結層（Data Link Layer）：負責網路尋址、錯誤偵測和改錯。

工作項目 04　網路元件及軟體安裝與應用

48. (　) 開放式系統互連的參考模型中,第 3 層通訊協定為?　　(4)
    ① 傳輸(Transport)層　　② 資料鏈結(Data Link)層
    ③ 實體(Physical)層　　④ 網路(Network)層。

    > **解析** 開放式系統互連通訊參考模型(Open System Interconnection Reference Model, OSI):
    > 3. 網路層(Network Layer):決定資料的路徑選擇和轉寄。

49. (　) 開放式系統互連的參考模型中,第 4 層通訊協定為?　　(3)
    ① 會談(Session)層　　② 應用(Application)層
    ③ 傳輸(Transport)層　　④ 表示(Presentation)層。

    > **解析** 開放式系統互連通訊參考模型(Open System Interconnection Reference Model, OSI):
    > 4. 傳輸層(Transport Layer):在網路的各個節點之間可靠地分發封包。

50. (　) 開放式系統互連的參考模型中,第 5 層通訊協定為?　　(1)
    ① 會談(Session)層　　② 應用(Application)層
    ③ 傳輸(Transport)層　　④ 表示(Presentation)層。

    > **解析** 開放式系統互連通訊參考模型(Open System Interconnection Reference Model, OSI):
    > 5. 會議層(Session Layer):主機間通訊,管理應用程式之間的會話。

51. (　) 開放式系統互連的參考模型中,第 6 層通訊協定為?　　(4)
    ① 會談(Session)層　　② 應用(Application)層
    ③ 傳輸(Transport)層　　④ 表示(Presentation)層。

    > **解析** 開放式系統互連通訊參考模型(Open System Interconnection Reference Model, OSI):
    > 6. 表現層(Presentation Layer):資料表示形式,加密和解密,把資料轉換為能與接收者的系統格式相容並適合傳輸的格式。

52. (　) 開放式系統互連的參考模型中,第 7 層通訊協定為?　　(2)
    ① 會談(Session)層　　② 應用(Application)層
    ③ 傳輸(Transport)層　　④ 表示(Presentation)層。

> **解析** 開放式系統互連通訊參考模型（Open System Interconnection Reference Model, OSI）：
> 7. 應用層（Application Layer）：應用程式。

53. (　) 開放式系統互連的參考模型中，採用何種佈線係由以下哪一層通訊協定決定？ (3)
    ① 傳輸（Transport）層　　　　② 資料鏈結（Data Link）層
    ③ 實體（Physical）層　　　　④ 網路（Network）層。

> **解析** 請參閱工作項目 04 第 46 題解析。

54. (　) 開放式系統互連的參考模型中，1 個封包如果在丟失的情況下，要等待多久會被重新發送，這是由以下哪一層通訊協定決定？ (2)
    ① 傳輸（Transport）層　　　　② 資料鏈結（Data Link）層
    ③ 實體（Physical）層　　　　④ 網路（Network）層。

> **解析** 請參閱工作項目 04 第 47 題解析。

55. (　) 開放式系統互連的參考模型中，定義封包在網路中移動的路由和其處理過程是由以下哪一層的通訊協定決定？ (4)
    ① 傳輸（Transport）層　　　　② 資料鏈結（Data Link）層
    ③ 實體（Physical）層　　　　④ 網路（Network）層。

> **解析** 請參閱工作項目 04 第 48 題解析。

56. (　) 使用 32 位元長度 IP 位址是第幾版的 IP 協定？ (2)
    ① 2　② 4　③ 6　④ 8。

57. (　) ISO/OSI 參考模型將網路分為幾層？ (4)
    ① 1　② 3　③ 5　④ 7。

58. (　) TCP/IP 協定中網路系統管理者想要測試電腦之間是否連通，可用下列哪一個命令？ (3)
    ① dir　② ls　③ ping　④ vi。

59. (　) 接收郵件的 POP3 協定，所使用的預設埠號（Port Number）是多少？ (3)
    ① 21　② 23　③ 110　④ 80。

> **解析** 21：FTP　　23：telnet　　110：POP3　　80：HTTP

工作項目 04　網路元件及軟體安裝與應用

60. (　) 應用層服務 DNS，所使用的預設埠號（Port Number）是多少？　(4)
　　　① 21　② 23　③ 25　④ 53。

> 解析　21：FTP　　　23：telnet
> 　　　25：SMTP　　53：DNS

61. (　) 一般而言，信號可以分成哪二類？　(2)
　　　① 數位與相位　② 數位與類比　③ 相位與類比　④ 調頻與調幅。

62. (　) 下列何種設備可以減低網路廣播風暴？　(4)
　　　① 集線器（Hub）　　　　　　② 橋接器（Bridge）
　　　③ 乙太交換器（Ether-Switch）　④ 路由器（Router）。

63. (　) 使用下列何種設備可減少 Ethernet 網路封包碰撞？　(2)
　　　① 集線器（Hub）　　② 橋接器（Bridge）
　　　③ 路由器（Router）　④ 增訊器（Repeater）。

64. (　) 使用下列何種設備可連接 192.168.1.0/24 與 192.168.2.0/24 的 IP 網路？　(3)
　　　① 集線器（Hub）　　② 橋接器（Bridge）
　　　③ 路由器（Router）　④ 增訊器（Repeater）。

65. (　) 下列何者為 220.35.12.200/25 的網路位址？　(3)
　　　① 220.35.12.0　　　② 220.35.12.40
　　　③ 220.35.12.128　　④ 220.35.12.255。

> 解析　子網路遮罩為 255.255.255.128，兩個子網路 IP 範圍分別為 0~127 及 128~255
> 　　　220.35.12.200 的網路位址為 220.35.12.128

66. (　) 在電腦使用中 BBS 是指？　(2)
　　　① 電腦概論　② 電子佈告欄　③ 電子郵件　④ 通訊衛星。

67. (　) WWW 是指下列何者？　(2)
　　　① 廣域網路　② 全球資訊網　③ 網際網路　④ 數據機。

68. (　) 下列何種網路的應用可呈現圖片、語音、動畫的效果？　(4)
　　　① BBS　② Telnet　③ FTP　④ WWW。

69. (　) 下列何種網路服務專門做為檔案傳輸服務之用？　(3)
　　　① BBS　② Telnet　③ FTP　④ WWW。

70. ( ) 下列何者是網際網路的共通通訊標準協定？ (3)
    ① SNA ② Ethernet ③ TCP/IP ④ HDLC。

71. ( ) 下列何者不是有關全球資訊網 WWW 的專有名詞？ (4)
    ① Browser ② URL ③ HTML ④ Print。

    > **解析** Browser：瀏覽器。　　　URL：網址。
    > HTML：網頁。　　　　Print：列印。

72. ( ) 下列何者是網際網路上的檔案搜尋服務？ (2)
    ① Ping ② Archie ③ BBS ④ Telnet。

73. ( ) 在網路中，通常遠距傳輸資料是採用下列何種方式？ (2)
    ① 並列 ② 串列 ③ 單列 ④ 多列。

74. ( ) 下列何者為 CSMA/CD 的功能？ (2)
    ① 沿著星狀網路拓樸傳遞權杖（Token）
    ② 各節點存取網路時若偵測到碰撞則退回封包重新傳送
    ③ 各節點連接到雙重光纖環
    ④ 各節點會將大封包分解成較小的封包。

    > **解析** 載波監聽多路存取／碰撞偵測（Carrier Sense Multiple Access with Collision Detection, CSMA/CD）要求裝置在傳送封包的同時要對通道進行監聽，以確定是否發生碰撞，若偵測到碰撞則退回封包重新傳送。

75. ( ) 開放式系統互連模型中，規定加密等資料格式在以下哪一層通訊協定決定？ (4)
    ① 會談層（Session） ② 應用層（Application）
    ③ 傳輸層（Transport） ④ 表示層（Presentation）。

    > **解析** 請參閱工作項目 04 第 51 題解析。

76. ( ) 下列關於介質存取控制（Media Access Control, MAC）位址之敘述何者正確？ (2)
    ① MAC 位址依硬體放置位置而不同
    ② MAC 位址一般由製造商決定
    ③ 每次硬體重新開機時 MAC 位址會變
    ④ MAC 位址依網路型態而不同。

工作項目 04　網路元件及軟體安裝與應用

77. (　) 下列何者不是數位信號傳輸的編碼方式？　(4)
    ① 歸零編碼（RZ）　　② 曼徹斯特編碼（Manchester）
    ③ 不歸零編碼（NRZ-L）　　④ CCITT 編碼。

    解析 CCITT 編碼是傳真使用類比信號的編碼。

78. (　) 下列哪一種設備需成對使用？　(1)
    ① 多工器（Multiplexer）　　② 橋接器（Bridge）
    ③ 集線器（Hub）　　④ 增訊器（Repeater）。

79. (　) 下列哪一種設備可將多個信號同時匯集到一條纜線上傳送？　(3)
    ① 橋接器（Bridge）　　② 數據機（MODEM）
    ③ 多工器（Multiplexer）　　④ 集線器（Hub）。

80. (　) 下列哪一種設備可將一條纜線接收到的信號分成多個信號？　(3)
    ① 橋接器（Bridge）　　② 數據機（MODEM）
    ③ 解多工器（Demultiplexer）　　④ 集線器（Hub）。

81. (　) 主控制裝置依序檢查網路上各裝置是否需傳輸資料的方法，稱之為？　(1)
    ① 輪詢（Polling）　　② 符記（Token）傳遞
    ③ 向量中斷（Interrupt）　　④ CSMA/CD。

82. (　) 網路上需要傳輸資料之裝置，主動向主控裝置提出要求的方法為？　(3)
    ① 輪詢（Polling）　　② 符記（Token）傳遞
    ③ 中斷（Interrupt）　　④ CSMA/CD。

83. (　) 下列哪一個 IP 位址不存在？　(4)
    ① 210.63.4.5　　② 168.95.192.224
    ③ 222.38.2.48　　④ 150.100.256.123。

    解析 IP 數值範圍為 0~255。

84. (　) 某校欲將校內電腦以 30 部為單位，分割成不同子網域，其最小之網路遮罩為何？　(3)
    ① 255.255.255.128　　② 255.255.255.192
    ③ 255.255.255.224　　④ 255.255.255.248。

    解析 256-224=32
    每個子網路 32 個 IP，其中須扣除網段第一個 IP 為網路位址及最後一個 IP 為廣播位址，故每個子網路可用之網路位址數為 30 個。

205

85. (　) 若要整合 4 組 Class C IP 位址成一網路，則超網路遮罩（Supernet Mask）為何？ (1)
　　① 255.255.252.0　　② 255.255.248.0
　　③ 255.255.240.0　　④ 255.255.224.0。

> **解析** 256-4=252

86. (　) 下列何者不是可能之網路遮罩？ (4)
　　① 255.255.255.128　　② 255.255.255.192
　　③ 255.255.255.240　　④ 255.255.255.242。

> **解析** 網路遮罩均是以 2 的次方項做分割。

87. (　) 在傳輸前後，可使用何種方法進行資料錯誤控制？ (3)
　　① 流量控制　　② 停止及等待
　　③ 循環冗餘檢查　　④ 封包分段及重組。

> **解析** 循環冗餘檢查（Cyclic redundancy check, CRC）是一種根據網路資料封包或電腦檔案等資料產生簡短固定位數驗證碼的一種雜湊函數，主要用來檢查資料傳輸或者儲存後可能出現的錯誤。

88. (　) 當資料由較低層向高層傳送時，封包標頭（Header）將會被作以下何種更動？ (1)
　　① 移除　② 增加　③ 不動　④ 重排。

89. (　) 當資料由高層向較低層傳送時，封包標頭（Header）將會被作以下何種更動？ (2)
　　① 移除　② 增加　③ 不動　④ 重排。

90. (　) 橋接器（Bridge）在 OSI 參考模型中哪些層運作？ (3)
　　① 第 1 層　　② 第 2 層
　　③ 第 1、2 層　　④ 第 3 層。

91. (　) 路由器（Router）在 OSI 參考模型中哪些層運作？ (4)
　　① 第 2 層　　② 第 3 層
　　③ 第 2、3 層　　④ 第 1、2、3 層。

工作項目 04　網路元件及軟體安裝與應用

92. ( ) 下列何種網路設備可作協定轉換？ (1)
    ① 閘道器（Gateway）　　　② 數據機（MODEM）
    ③ 增訊器（Repeater）　　　④ 集線器（HUB）。

93. ( ) IPv4 位址 20.15.17.38 是屬於哪一 Class 位址？ (1)
    ① Class A　② Class B　③ Class C　④ Class D。

    解析 以第一組數字區分：Class A 網路編號範圍為 0~127。

94. ( ) IPv4 位址 200.200.25.38 是屬於哪一 Class 位址？ (3)
    ① Class A　② Class B　③ Class C　④ Class D。

    解析 以第一組數字區分：Class C 網路編號範圍為 192~223。

95. ( ) IPv4 位址 127.0.0.0 是屬於哪一 Class 位址？ (1)
    ① Class A　② Class B　③ Class C　④ Class D。

    解析 以第一組數字區分：Class A 網路編號範圍為 0~127。

96. ( ) IPv4 位址為 140.137.151.1/24，如傳送資料給同一網路之所有電腦時，其傳送之封包目的地位址可為？ (4)
    ① 255.255.255.0　　　　　② 0.0.0.0
    ③ 140.137.150.0　　　　　④ 140.137.151.255。

    解析 廣播位址為網段最後一個 IP：140.137.151.255。

97. ( ) UDP 及 TCP 為 OSI 之 7 層網路參考模型中哪一層之協定？ (2)
    ① 應用 (Application) 層　　② 傳輸 (Transport) 層
    ③ 網路 (Network) 層　　　　④ 資料鏈結 (Data Link) 層。

    解析 請參閱工作項目 04 第 5 題解析。

98. ( ) IEEE802 標準之定義相當於 OSI 模型中哪些階層的標準？ (2)
    ① 應用（Application）層與表示（Presentation）層
    ② 實體（Physical）層與資料鏈結（Data Link）層
    ③ 網路（Network）層與資料鏈結（Data Link）層
    ④ 傳輸（Transport）層與網路（Network）層。

99. ( ) IEEE 標準之介質存取控制子層（MAC Sublayer）相當於 OSI 標準的 (4)
哪一層？
① 傳輸（Transport）層　② 實體（Physical）層
③ 網路（Network）層　④ 資料鏈結（Data Link）層。

100. ( ) 下列哪一個是網路層通訊協定？ (1)
① IPX　② Telnet　③ FTP　④ SPX。

101. ( ) OSI 模型中哪一個層負責資料壓縮？ (4)
① 網路（Network）層　② 資料鏈結（Data Link）層
③ 實體（Physical）層　④ 表示（Presentation）層。

解析 請參閱工作項目 04 第 51 題解析。

102. ( ) 封包在路由器（Router）間傳遞時，資料鏈結（Data Link）層的發送 (1)
位址與目的地位址被拆解後會被如何處置？
① 重建　② 個別傳送
③ 依據封包的大小轉送　④ 依據封包的優先權次序來轉送。

103. ( ) 下列關於橋接器（Bridge）與路由器（Router）的敘述，何者正確？ (4)
① 橋接器可以在多條路徑中選擇
② 橋接器支援乙太網路，但不支援權杖環網路
③ 路由器支援乙太網路，但不支援權杖環網路
④ 路由器可以在多條路徑中選擇。

104. ( ) 有關公有雲服務的敘述，下列何者不正確？ (3)
① 使用者可藉由任何可上網載具即可存取資源
② 使用者電腦可不必安裝文書處理等相關的應用軟體
③ 企業仍需添購伺服器設備
④ 企業可不必再對伺服器做備份工作。

105. ( ) 下列何者為窄頻網路技術？ (2)
① ATM　② ISDN　③ GB Ethernet　④ FDDI。

106. ( ) IPv4 封包之標頭長度有幾個位元組？ (2)
① 15　② 20　③ 25　④ 30。

107. ( ) 下列哪一項是電子郵件協定？ (3)
① V.34　② X.500　③ SMTP　④ SNMP。

工作項目 04　網路元件及軟體安裝與應用

108. ( ) 下列何者屬於 OSI 參考模型中第 3 層的設備？　　(3)
    ① Hub　② Repeater　③ Router　④ Gateway。

    解析 請參閱工作項目 04 第 48 題解析。

109. ( ) 100 Base T 需要幾對線來連接網路？　　(2)
    ① 1 對　② 2 對　③ 3 對　④ 4 對。

    解析 雙絞線一般傳輸訊號為白橙、橙色及白綠、綠色 2 對線。

110. ( ) 下列何者為無線區域網路（Wireless LAN）之標準？　　(3)
    ① IEEE 802.1　② IEEE 802.3　③ IEEE 802.11　④ IEEE 802.16。

111. ( ) IEEE 802.11 標準規定之協定位於 OSI 之 7 層網路參考模型之哪（些）層中？　　(3)
    ① 僅第 1 層　　　　　　② 僅第 2 層
    ③ 第 1 層及第 2 層　　④ 第 2 層及第 3 層。

112. ( ) 在 OSI 七層協定中的哪一層開始建立封包？　　(3)
    ① 實體（Physical）層　　② 網路（Network）層
    ③ 應用（Application）層　④ 會談（Session）層。

113. ( ) 關於 ADSL，下列敘述何者不正確？　　(3)
    ① 上、下行的頻寬不同　　② 使用既有的公眾電話網路
    ③ 用戶採共享頻寬　　　　④ 家用電話與上網可同時進行。

114. ( ) 下列 IPv4 標頭的欄位值，何者會隨著路由器（Router）的轉送而更改？　　(3)
    ① 識別（Identification）
    ② 目的地位址（Destination IP address）
    ③ 存活期（Time to Live, TTL）
    ④ 協定（Protocol）。

115. ( ) 在 OSI 七層協定中負責解譯資料格式的是下列哪一層？　　(4)
    ① 應用（Application）層　　② 會談（Session）層
    ③ 資料鏈結（Data Link）層　④ 表示（Presentation）層。

    解析 請參閱工作項目 04 第 51 題解析。

116. (　) 在 OSI 七層中的哪一層的資料單元稱為訊框（Frame）？ (3)
① 實體（Physical）層　　　　② 網路（Network）層
③ 資料鏈結（Data link）層　　④ 會談（Session）層。

> **解析** 請參閱工作項目 04 第 47 題解析。

117. (　) 在不簡化的情形下，一個 IPv6 的位址共分成幾段？ (2)
① 6　② 8　③ 10　④ 16。

118. (　) 下列何者是 IPv6 多播（Multicast）位址範圍？ (4)
① FC00::/8　② FD00::/8　③ FE00::/8　④ FF00::/8。

119. (　) 下列何者是 IPv6 全域單點傳播（Globe unicast）位址範圍？ (2)
① 1000::/3　② 2000::/3　③ 3000::/4　④ 4000::/5。

120. (　) Frame Relay 對照到 OSI 7 層協定中，共幾層？ (1)
① 2　② 3　③ 4　④ 5。

> **解析** 訊框中繼（frame relay）是一種封包交換通訊網路，一般用在開放系統互連參考模型（Open System Interconnection）中的資料鏈結層（Data Link Layer）。

121. (　) 下列何者是 IPv6 的迴還（Loopback）位址？ (2)
① 0.0.0.0　② ::1　③ 127.0.0.1　④ 0.0.::1。

122. (　) IEEE 802.3，介質存取控制（MAC）的碰撞處理機制是下列哪一種？ (4)
① CSMC/CA　② CSMC/CD　③ CSMA/CA　④ CSMA/CD。

123. (　) OSI 7 層協定中，負責檔案交換及模擬終端機的是下列哪一層協定？ (1)
① 應用（Application）層　　② 網路（Network）層
③ 會談層（Session）　　　　④ 表示層（Presentation）。

> **解析** 請參閱工作項目 04 第 52 題解析。

124. (　) OSI 7 層協定中，負責字碼轉換、編碼與解碼的是下列哪一層協定？ (4)
① 應用層（Application）　　② 網路層（Network）
③ 會談層（Session）　　　　④ 表示層（Presentation）。

> **解析** 請參閱工作項目 04 第 51 題解析。

工作項目 04　網路元件及軟體安裝與應用

125. (　) OSI 7 層協定中，負責管理各使用者之間資料交換形式（單工、半雙工、全雙工）的是下列哪一層協定？ (3)
　　① 應用層（Application）　　② 網路層（Network）
　　③ 會談層（Session）　　　　④ 表示層（Presentation）。

　　解析　請參閱工作項目 04 第 50 題解析。

126. (　) 下列何者是類比資料轉換成類比信號的技術？ (4)
　　① 曼徹斯特（Manchester）　　② 脈波振幅調變（PAM）
　　③ 調相（PM）　　　　　　　　④ 相移鍵控調變（PSK）。

　　解析　曼徹斯特（Manchester）：數位資料轉換成數位信號的技術。脈波振幅調變（PAM）：類比資料轉換成數位信號的技術。調相（PM）：數位資料轉換成類比信號的技術。
　　相位移轉鍵式調變（PSK）：類比資料轉換成類比信號的技術。

127. (　) 下列何者為數位資料轉換成類比信號的技術？ (3)
　　① 曼徹斯特（Manchester）　　② 脈波振幅調變（PAM）
　　③ 調相（PM）　　　　　　　　④ 相移鍵控調變（PSK）。

　　解析　請參閱工作項目 04 第 126 題解析。

128. (　) 下列何者為類比資料轉換成數位信號的技術？ (2)
　　① 曼徹斯特（Manchester）　　② 脈波振幅調變（PAM）
　　③ 調相（PM）　　　　　　　　④ 相位移轉鍵式調變（PSK）。

　　解析　請參閱工作項目 04 第 126 題解析。

129. (　) 下列何者為數位資料轉換成數位信號的技術？ (1)
　　① 曼徹斯特（Manchester）　　② 脈波振幅調變（PAM）
　　③ 調相（PM）　　　　　　　　④ 相位移轉鍵式調變（PSK）。

　　解析　請參閱工作項目 04 第 126 題解析。

130. (　) OSI 7 層協定中，負責電氣信號在兩個裝置間交換工作的是下列哪一層協定？　(1)
　　　① 實體（Physical）層　　　　② 資料鏈結（Data Link）層
　　　③ 網路（Network）層　　　　④ 傳輸（Transport）層。

> **解析** 請參閱工作項目 04 第 46 題解析。

131. (　) OSI 7 層協定中，負責資料傳輸錯誤偵測，建立可靠通信協定介面的是下列哪一層協定？　(2)
　　　① 實體（Physical）層　　　　② 資料鏈結（Data Link）層
　　　③ 網路（Network）層　　　　④ 傳輸（Transport）層。

> **解析** 請參閱工作項目 04 第 47 題解析。

132. (　) OSI 7 層協定中，負責建立、維護和終止使用者之間鏈結，具有定址能力的是下列哪一層協定？　(3)
　　　① 實體（Physical）層　　　　② 資料鏈結（Data Link）層
　　　③ 網路（Network）層　　　　④ 傳輸（Transport）層。

> **解析** 請參閱工作項目 04 第 48 題解析。

133. (　) OSI 7 層協定中，負責確保資料傳輸正確、無遺失、無重複的是下列哪一層協定？　(4)
　　　① 實體（Physical）層　　　　② 資料鏈結（Data Link）層
　　　③ 網路（Network）層　　　　④ 傳輸（Transport）層。

> **解析** 請參閱工作項目 04 第 49 題解析。

134. (　) 要通知傳送端網路有壅塞（Congested）情形時，可傳送 ICMP（Internet Control Message Protocol）之何訊息？　(2)
　　　① 參數問題（Parameter Problem）
　　　② 來源抑制（Source Quench）
　　　③ 回訊請求（Echo Request）
　　　④ 逾時（Time Exceeded）。

> **解析** Source Quench 用來遏止來源繼續發送訊息。

工作項目 04　網路元件及軟體安裝與應用

135. (　) 要測試是否可經由網路連接另一主機，可傳送 ICMP（Internet Control Message Protocol）之何訊息？　(3)
　　① 參數問題（Parameter Problem）
　　② 來源抑制（Source Quench）
　　③ 回訊請求（Echo Request）
　　④ 逾時（Time Exceeded）。

　　解析 Echo Request 請求回應訊息。

136. (　) UDP 的標頭中，哪一個是不一定要出現的欄位？　(3)
　　① 來源埠（Source Port）　　② 目地埠（Destination Port）
　　③ 核對和（Checksum）　　　④ 長度（Length）。

137. (　) ping 命令使用何種協定？　(4)
　　① TELNET　② FTP　③ UDP　④ ICMP。

　　解析 ping 使用 ICMP 的回訊請求（Echo request）和回應信息（Echo reply）。

138. (　) 下列何者不使用 TCP 協定？　(4)
　　① FTP　② HTTP　③ SMTP　④ SNMPv1。

139. (　) 下列何者以遮蔽式雙絞線（STP）作為傳輸媒介？　(3)
　　① 1000BaseSX　② 1000BaseLX　③ 1000BaseCX　④ 1000BaseT。

　　解析 1000BASE-CX 使用介面為 DE-9 或 8P8C 的雙軸遮蔽銅纜傳輸資料。

140. (　) TCP 封包標頭中的 ACK 序號表示？　(4)
　　① 正確收到的上一個封包序號　　② 正確收到的目前封包序號
　　③ 正確收到的下一個封包序號　　④ 預期收到的下一個封包序號。

141. (　) 所有的運算都集中在主機處理的運算為下列何者？　(1)
　　① 集中式　② 分散式　③ 主從式　④ 客戶伺服式。

142. (　) 客戶端和伺服器共同處理資料的運算是下列何者？　(4)
　　① 集中式　② 分散式　③ 主從式　④ 客戶伺服式。

143. (　) 下列哪一種協定可將電腦的 MAC 位址轉換成 IPv4 位址？　(3)
　　① ARP　② SLARP　③ RARP　④ IARP。

144. ( ) 下列哪一種協定可將電腦的 IPv4 位址轉換成 MAC 位址？ (1)
① ARP　② SLARP　③ RARP　④ IARP。

145. ( ) 在 Class C IP 位址中，1 個網域可以提供幾個可用主機位址？ (1)
① 2 的 8 次方減 2　　② 2 的 16 次方減 2
③ 2 的 24 次方減 2　　④ 2 的 20 次方減 2。

> **解析** 2 的 8 次方即為 256，扣除網段第一個 IP 為網路位址及最後一個 IP 為廣播位址，故可用之網路位址數為 254 個。

146. ( ) 下列何者不是靜態選路（Static Routing）的特性？ (4)
① 缺乏彈性　　② 方法簡單
③ 適合穩定的網路系統　　④ 週期性交換路徑訊息。

147. ( ) 下列何者不是動態選路（Dynamic Routing）的特性？ (2)
① 具有彈性　　② 具固定行徑表
③ 適合變動的網路系統　　④ 週期性交換路徑訊息。

148. ( ) 若 1 個 IP 位址有 5 個子網路位元，則可以將網路規劃成幾個子網路？ (1)
① 32　② 31　③ 30　④ 29。

149. ( ) 下列何者不是 TCP 協定的特性？ (2)
① 連線導向　　② 傳送速度比 UTP 協定快
③ 可靠性高　　④ 適合高準確性的資料傳送。

150. ( ) TCP 在 OSI 參考模式中是屬於哪一層的通訊協定？ (1)
① 傳輸（Transport）層　　② 網路（Network）層
③ 資料鏈結（Data Link）層　　④ 表示（Presentation）層。

> **解析** 請參閱工作項目 04 第 5 題解析。

151. ( ) IPv6 使用幾個位元來定址？ (3)
① 32　② 64　③ 128　④ 256。

> **解析** IPv4 使用 32 個位元來定址。

152. ( ) 下列何者不是 UDP 協定的特性？ (4)
① 可靠性低　　② 傳送速度比 TCP 協定快
③ 非連線導向　　④ 封包發送與接收順序一定相同。

工作項目 04　網路元件及軟體安裝與應用

153. ( ) 依據耐奎斯（Nyquist）理論，將類比信號轉換為相當的數位信號，其取樣的次數至少是該類比信號頻率的幾倍？　①1倍　②2倍　③3倍　④4倍。　(2)

154. ( ) 下列何者是 IPv6 鏈路區域單點傳播（Link-local unicast）位址範圍？　① FE80::/7　② FE80::/8　③ FE80::/9　④ FE80::/10。　(4)

155. ( ) UDP 封包標頭有幾個位元組？　①32　②16　③8　④4。　(3)

156. ( ) 下列何種規格為網頁上的音樂檔案？　① dimi　② bimi　③ midi　④ nidi。　(3)

157. ( ) 下列何者為搜尋引擎的主要功能？　①查詢網站　②發送郵件　③記錄常上的網站　④留言。　(1)

158. ( ) 下列哪個碼字（Code word）可通過奇同位元（Odd parity）檢查？　① 10110100　② 11010010　③ 10111001　④ 10000001。　(3)

解析　奇同位元（odd parity）檢查，計算位元中包含 1 的個數，若為偶數個則在同位位元存入 1，若為奇數個則在同位位元存入 0。

159. ( ) 下列哪個碼字（Code word）經過偶同位元（Even parity）檢查，不會顯示錯誤？　① 11110111　② 10100100　③ 10110101　④ 10110100。　(4)

解析　偶同位元（even parity）檢查，計算位元中包含 1 的個數，若為奇數個則在同位位元存入 1，若為偶數個則在同位位元存入 0。

160. ( ) 下列何者為鏈路衰減的計算公式（A ＝纜線衰減、B ＝連接頭插入衰減、C ＝接線插入耗損）？　① A ＋ B ＋ C　② A ＋ B　③ A ＋ C　④ B ＋ C。　(1)

161. ( ) 至少需要多少部電腦，才能藉由傳輸媒體的連接，而達到電腦網路資源共享之目的？　①1部　②2部　③3部　④4部。　(2)

解析　電腦網路資源共享是指 2 部電腦（含）以上藉由傳輸媒體的連接。

215

162. ( ) 使用分時多工（TDM）方式傳送信號時，在某一時槽（Time slot）內，只允許該通道內的幾部設備傳送信號？ (1)
①1部 ②2部 ③3部 ④4部。

163. ( ) 利用基頻傳輸（Baseband Transmission）技術時，其信號傳送的方向為下列何者？ (2)
①單向 ②雙向 ③三向 ④多向。

164. ( ) 利用寬頻傳輸（Broadband Transmission）技術時，其信號傳送的方向為下列何者？ (2)
①單向 ②雙向 ③三向 ④多向。

165. ( ) 下列何者是星狀距蹼的連接方式？ (1)
①網路上的所有工作站都與1個中央控制器連接
②網路上的所有工作站都直接與1個共同的通道連接
③網路上的所有工作站都是一部接一部的連接
④網路上的所有工作站都彼此獨立。

166. ( ) 下列何者是匯流排距蹼的連接方式？ (2)
①網路上的所有工作站都與1個中央控制器連接
②網路上的所有工作站都直接與1個共同的通道連接
③網路上的所有工作站都是一部接一部的連接
④網路上的所有工作站都彼此獨立。

167. ( ) 下列何者是環狀距蹼的連接方式？ (3)
①網路上的所有工作站都與1個中央控制器連接
②網路上的所有工作站都直接與1個共同的通道連接
③網路上的所有工作站都是一部接一部的連接
④網路上的所有工作站都彼此獨立。

168. ( ) 下列何者是隨機控制（Random Control）的控制存取方式？ (1)
①所有工作站在任何時間皆可傳送資料，工作站需自行控制傳送的時機
②在同一時段內只允許1個工作站傳送資料
③獲得中央控制器許可的工作站才能傳送資料
④在同一時段內所有工作站同時傳送資料。

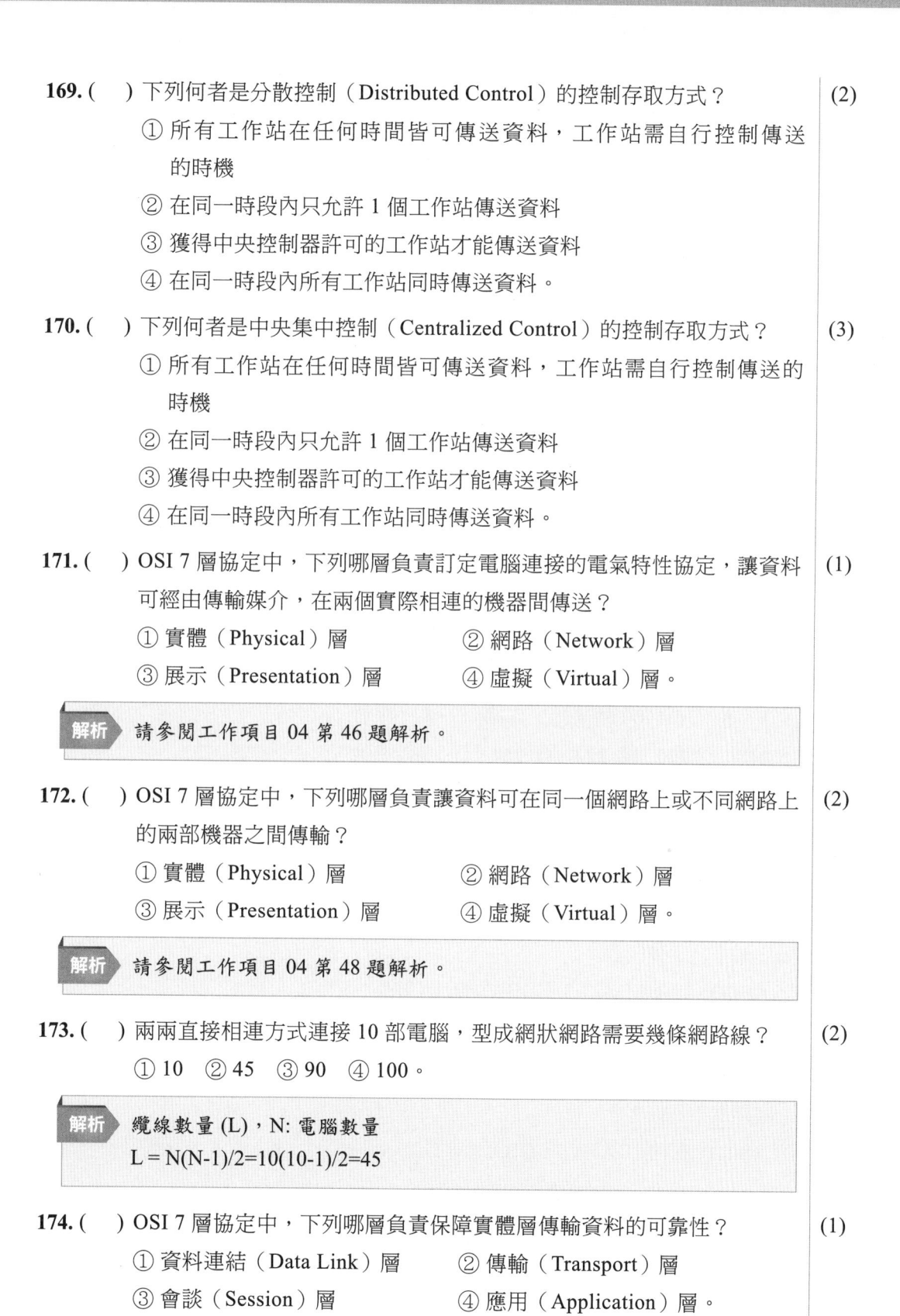

工作項目 04　網路元件及軟體安裝與應用

169. ( ) 下列何者是分散控制（Distributed Control）的控制存取方式？ (2)
① 所有工作站在任何時間皆可傳送資料，工作站需自行控制傳送的時機
② 在同一時段內只允許 1 個工作站傳送資料
③ 獲得中央控制器許可的工作站才能傳送資料
④ 在同一時段內所有工作站同時傳送資料。

170. ( ) 下列何者是中央集中控制（Centralized Control）的控制存取方式？ (3)
① 所有工作站在任何時間皆可傳送資料，工作站需自行控制傳送的時機
② 在同一時段內只允許 1 個工作站傳送資料
③ 獲得中央控制器許可的工作站才能傳送資料
④ 在同一時段內所有工作站同時傳送資料。

171. ( ) OSI 7 層協定中，下列哪層負責訂定電腦連接的電氣特性協定，讓資料可經由傳輸媒介，在兩個實際相連的機器間傳送？ (1)
① 實體（Physical）層　　② 網路（Network）層
③ 展示（Presentation）層　　④ 虛擬（Virtual）層。

> **解析** 請參閱工作項目 04 第 46 題解析。

172. ( ) OSI 7 層協定中，下列哪層負責讓資料可在同一個網路上或不同網路上的兩部機器之間傳輸？ (2)
① 實體（Physical）層　　② 網路（Network）層
③ 展示（Presentation）層　　④ 虛擬（Virtual）層。

> **解析** 請參閱工作項目 04 第 48 題解析。

173. ( ) 兩兩直接相連方式連接 10 部電腦，型成網狀網路需要幾條網路線？ (2)
① 10　② 45　③ 90　④ 100。

> **解析** 纜線數量 (L)，N: 電腦數量
> L = N(N-1)/2=10(10-1)/2=45

174. ( ) OSI 7 層協定中，下列哪層負責保障實體層傳輸資料的可靠性？ (1)
① 資料連結（Data Link）層　　② 傳輸（Transport）層
③ 會談（Session）層　　④ 應用（Application）層。

解析 請參閱工作項目 04 第 47 題解析。

175. (　) OSI 7 層協定中，下列哪層負責控制傳輸者間資料傳送及接收的時機？ (3)
    ① 資料連結層（Data Link） ② 傳輸層（Transport）
    ③ 會談層（Session） ④ 應用層（Application）。

解析 請參閱工作項目 04 第 50 題解析。

176. (　) 在 OSI 7 層協定中，下列哪層負責有關如何建立連線關係、如何中止連線關係及網路管理方式？ (4)
    ① 資料連結層（Data Link） ② 傳輸層（Transport）
    ③ 會談層（Session） ④ 應用層（Application）。

解析 請參閱工作項目 04 第 52 題解析。

177. (　) 下列何者不是 TCP/IP 協定中所訂定的 7 層架構之一？ (4)
    ① 應用（Application）層 ② 傳輸（Transport）層
    ③ 網路（Network）層 ④ 虛擬（Virtual）層。

178. (　) 二進位數 11011100 其值為下列哪個十進位數？ (2)
    ① 218　② 220　③ 222　④ 224。

解析 128+64+16+8+4=220

179. (　) TCP/IP 封包的標頭（Header）可分為 A：實體層標頭、B：網路層標頭、C：傳輸層標頭、D：應用層標頭，當在產生傳送封包時，封裝各層標頭之順序為下列何者？ (4)
    ① ABCD　② BCDA　③ CDBA　④ DCBA。

180. (　) TCP/IP 封包的標頭（Header）可分為 A：實體層標頭、B：網路層標頭、C：傳輸層標頭、D：應用層標頭，當在接收封包時，解封裝各層標頭之順序為下列何者？ (1)
    ① ABCD　② BCDA　③ CDBA　④ DCBA。

181. (　) 在網際網路（Internet）中的每一片網路卡，可有幾個 MAC 位址？ (1)
    ① 1 個　② 2 個　③ 3 個　④ 任意個。

182. (　) 橋接器（Bridge）在同一網路之中，擷取封包的哪種位址？ (1)
    ① 實體位址　② IP 位址　③ 郵件位址　④ 邏輯位址。

工作項目 04　網路元件及軟體安裝與應用

183. ( ) 乙太（Ethernet）網路 MAC 位址的長度是多少位元？ (4)
① 8　② 16　③ 32　④ 48。

184. ( ) 在 IPv4 Class A 位址中，其主機位址共佔用多少個位元？ (3)
① 8　② 16　③ 24　④ 32。

> **解析** 網路位址為 8 位元，主機位址為 24 位元。

185. ( ) 在 IPv4 Class B 位址中，其主機位址共佔用多少個位元？ (2)
① 8　② 16　③ 24　④ 32。

> **解析** 網路位址為 16 位元，主機位址為 16 位元。

186. ( ) 在 IPv4 Class C 位址中，其主機位址共佔用多少個位元？ (1)
① 8　② 16　③ 24　④ 32。

> **解析** 網路位址為 24 位元，主機位址為 8 位元。

187. ( ) 在 IPv4 Class A 位址中，每個網路可連接的主機數目為下列何者？ (4)
① 126 部　② 254 部　③ 65,534 部　④ 16,777,214 部。

> **解析** 2 的 24 次方 =16,777,216-2=16,777,214 部

188. ( ) 在 IPv4 Class B 位址中，每個網路可連接的主機數目為下列何者？ (3)
① 126 部　② 254 部　③ 65,534 部　④ 16,777,214 部。

> **解析** 2 的 16 次方 =65,536-2=65,534 部

189. ( ) 在 IPv4 Class C 位址中，每個網路可連接的主機數目為下列何者？ (2)
① 126 部　② 254 部　③ 65,534 部　④ 16,777,214 部。

> **解析** 2 的 8 次方 =256-2=254 部

190. ( ) 下列何者是 IPv4 Class A 位址之範圍？ (1)
① 0.0.0.0～127.255.255.255　② 128.0.0.0～191.255.255.255
③ 192.0.0.0～223.255.255.255　④ 224.0.0.0～239.255.255.255。

191. ( ) 下列何者是 IPv4 Class B 位址之範圍？ (2)
① 0.0.0.0～127.255.255.255　② 128.0.0.0～191.255.255.255
③ 192.0.0.0～223.255.255.255　④ 224.0.0.0～239.255.255.255。

192. ( ) 下列何者是 IPv4 Class C 位址之範圍？ (3)
① 0.0.0.0 ～ 127.255.255.255　② 128.0.0.0 ～ 191.255.255.255
③ 192.0.0.0 ～ 223.255.255.255　④ 224.0.0.0 ～ 239.255.255.255。

193. ( ) 下列何者是 IPv4 Class D 位址之範圍？ (4)
① 0.0.0.0 ～ 127.255.255.255　② 128.0.0.0 ～ 191.255.255.255
③ 192.0.0.0 ～ 223.255.255.255　④ 224.0.0.0 ～ 239.255.255.255。

194. ( ) IPv4 目的地位址中的主機部分（Host id）全為 0 代表何種涵義？ (4)
① 廣播封包　② 群播封包　③ 測試封包　④ 該網路本身。

195. ( ) IPv4 在 1 個 Class B 網路中比 1 個 Class C 網路中可使用之主機位址數？ (1)
① 多　② 少　③ 相同　④ 不可比較。

196. ( ) 當使用多工器分享同一線路之數個資料源，須發送之資料頻率相同，且網路負載繁重時，使用動態（Statistic）TDM 與使用 TDM 之效率比較何者正確？ (1)
① TDM 較有效率　　　　② 動態 TDM 較有效率
③ 效率相同　　　　　　④ 無法比較。

解析 分時多工（Time-Division Multiplexing, TDM）是一種數位的或者模擬的多工技術。使用這種技術，兩個以上的訊號或資料流可以同時在一條通訊線路上傳輸，相當於同一通訊頻道的子頻道。

197. ( ) FTP 使用何種協定建立資料連接（Data Connection）及控制連接（Control Connection）？ (2)
① 資料連接使用 UDP，控制連接使用 TCP
② 資料連接及控制連接都使用 TCP
③ 資料連接及控制連接都使用 UDP
④ 資料連接使用 TCP，控制連接使用 UDP。

解析 檔案傳輸協定（File Transfer Protocol，FTP）是用於在網路上進行檔案傳輸的一套標準協議。FTP 服務一般執行在 20 和 21 兩個埠。20 埠用於在用戶端和伺服器之間傳輸資料流，而 21 埠用於傳輸控制流。

工作項目 04　網路元件及軟體安裝與應用

198. (　) 在編碼技術中,以「由低電位到高電位代表 1,由高電位到低電位代表 0」的技術是下列哪一種？ (3)
① 不回歸零（Nonreturn-to-Zero）
② 回歸零（Return-to-Zero）
③ 曼徹斯特（Manchester）
④ 不回歸零反轉（Nonreturn-to-Zero-Inverted）。

> 解析　MANCHESTER 編碼是在每一個位元時間中都會有電位高低的轉換,由低電位到高電位代表 1,由高電位到低電位代表 0。

199. (　) 以下哪項是終端設備的特性？ (1)
① 終端設備可經由中間設備連上網際網路
② 終端設備是所有網路流量的來源或 目的地
③ 發生連結故障時,終端設備會將流量指向備用路徑
④ 終端設備必須經由有線傳輸網路才能連上網際 網路。

200. (　) 物聯網 (IoT) 中的數位資料應如何表示？ (3)
① 使用英數字元　② 數字 0 到 9　③ 1 和 0　④ 色彩條。

201. (　) 下列何者具備提供用戶端自動取得 IP 之功能？ (2)
① NAT 伺服器　　　　　② DHCP 伺服器
③ Proxy 伺服器　　　　④ SAMBA 伺服器。

202. (　) 下列何者可有效解決頻寬不足之問題？ (3)
① NAT 伺服器　　　　　② DHCP 伺服器
③ Proxy 伺服器　　　　④ SAMBA 伺服器。

203. (　) 下列何者可提供分享檔案與印表機服務之功能？ (4)
① NAT 伺服器　　　　　② DHCP 伺服器
③ Proxy 伺服器　　　　④ SAMBA 伺服器。

204. (　) 下列何者可達成 IP 分享之功能？ (1)
① NAT 伺服器　　　　　② DHCP 伺服器
③ Proxy 伺服器　　　　④ SAMBA 伺服器。

205. (　) 下列何者不是關閉 Linux 系統之指令？ (4)
① halt　② shutdown -h now　③ poweroff　④ ipconfig。

206. ( ) Linux 系統中，下列哪個指令可對網路卡及 IP 等相關網路參數，進行查詢及設定？ ① route ② netstat ③ ifconfig ④ ping。 (3)

207. ( ) Linux 系統中，下列哪個指令可查詢及設定路由表 (Route table)？
① route ② netstat ③ ifconfig ④ ping。 (1)

208. ( ) Linux 系統中，下列哪個指令係利用 ICMP 封包回報網路狀況？
① route ② netstat ③ ifconfig ④ ping。 (4)

209. ( ) Linux 系統中，網路已啟動，卻無法進行網路連線，可使用哪個指令偵測網路介面埠 (Port) 是否已啟動？
① route ② netstat ③ iwconfig ④ ping。 (2)

210. ( ) 下列何者協定可以提供裝置（主機）各類資訊，例如網路流量、主機名稱、CPU 用量等相關資訊？
① SOAP 協定 ② SNMP 協定 ③ ARP 協定 ④ EIGRP 協定。 (2)

211. ( ) 訊框所能傳送的最大資料量，稱之為 MTU (Maximum Transmission Unit, 最大傳輸單位)，標準乙太網路之 MTU 為多少個 Byte？
① 500 Bytes ② 1000 Bytes ③ 1500 Bytes ④ 2000 Bytes。 (3)

212. ( ) Linux 系統中，下列哪個指令可以尋找檔案中的文字字串？
① man ② mkdir ③ find ④ grep。 (4)

213. ( ) Linux 系統中，下列哪個目錄放置開機過程中所需之設定，其中包含開機、修復、還原系統等所需指令？
① /etc ② /var ③ /tmp ④ /sbin。 (4)

214. ( ) Linux 系統中，下列哪個目錄置放一般使用者或正在執行程序之暫時檔案？ ① /etc ② /var ③ /tmp ④ /sbin。 (3)

215. ( ) Linux 系統中，下列哪個目錄置放系統的主要設定檔？
① /etc ② /var ③ /tmp ④ /sbin。 (1)

216. ( ) Linux 系統中，下列哪個指令可追蹤兩部主機間各節點 (node) 之路由狀況？ ① netcat ② host ③ nslookup ④ traceroute。 (4)

217. ( ) Linux 系統中，下列哪個指令可查詢 IP 位址與主機名稱之對應？
① netcat ② host ③ nslookup ④ traceroute。 (3)

218. ( ) Linux 系統中，下列對於 quota 的使用限制之敘述，何者不正確？
① 在 EXT 檔案系統中，不一定須對整個 filesystem 設限
② 必須有核心（Kernel）的支援 (1)

③ 僅對一般身分使用者有效

④ 若啟用 SELinux，則並非所有目錄均可設限。

219. (　) Linux 系統中，下列哪個指令可設定無線網卡的相關參數？ (3)
① route　② netstat　③ iwconfig　④ iwlist。

220. (　) Linux 系統中，下列哪個指令可利用無線網卡偵測無線 AP（Access point）並取得其相關參數？ (4)
① route　② netstat　③ iwconfig　④ iwlist。

221. (　) 下列敘述何者不正確？ (3)
① 將資料加入載波的動作，稱為調變
② 將資料與載波分離的動作，稱為解調變
③ 藍芽是一種長距離、高功率的無線傳輸技術
④ 多輸入多輸出（Multi-Input Multi-Output, MIMO）技術是指在發射端和接收端配置多個發射天線和接收天線進行傳送與接收。

解析 藍芽是一種無線通訊技術標準，在短距離間交換資料。

222. (　) 純粹以高電位代表「1」，以低電位代表「0」，是屬於下列何種編碼方式？ (1)
① 不回歸零 (Nonreturn-To-Zero, NRZ)
② 回歸零 (Return-To-Zero, RZ)
③ 不回歸零反轉 (Nonreturn-To-Zero-Inverted, NRZI)
④ 曼徹斯特 (Manchester)。

解析 不回歸零 (Nonreturn-To-Zero, NRZ) 指的是一種二進位的訊號代碼，在這種傳輸方式中，1 和 0 都分別由不同的電子狀態來表現，除此之外，沒有中性狀態、亦沒有其他種狀態。

223. (　) 位元時間前半段保持高電位，後半段轉為低電位代表「1」，位元時間內以低電位代表「0」，是屬於下列何種編碼方式？ (2)
① 不回歸零 (Nonreturn-To-Zero, NRZ)
② 回歸零 (Return-To-Zero, RZ)
③ 不回歸零反轉 (Nonreturn-To-Zero-Inverted, NRZI)
④ 差動式曼徹斯特 (Differential Manchester)。

224. ( ) 位元間，以變換電位狀態代表「1」，以不變換電位狀態代表「0」，是屬於下列何種編碼方式？ (3)
　　① 不回歸零 (Nonreturn-To-Zero, NRZ)
　　② 回歸零 (Return-To-Zero, RZ)
　　③ 不回歸零反轉 (Nonreturn-To-Zero-Inverted, NRZI)
　　④ 差動式曼徹斯特 (Differential Manchester)。

225. ( ) 在位元時間中，由低電位轉變到高電位代表「1」，由高電位轉變到低電位代表「0」，是屬於下列何種編碼方式？ (1)
　　① 曼徹斯特 (Manchester)
　　② 回歸零 (Return-To-Zero, RZ)
　　③ 不回歸零反轉 (Nonreturn-To-Zero-Inverted, NRZI)
　　④ 差動式曼徹斯特 (Differential Manchester)。

226. ( ) 依前一個位元的電位進行改變代表「1」，不改變者代表「0」，是屬於下列何種編碼方式？ (4)
　　① 曼徹斯特 (Manchester)
　　② 回歸零 (Return-To-Zero, RZ)
　　③ 不回歸零反轉 (Nonreturn-To-Zero-Inverted, NRZI)
　　④ 差動式曼徹斯特 (Differential Manchester)。

227. ( ) 知名的 amazon.com 通常被歸屬為下列哪種電子商務經營模式？ (1)
　　① B2C　② C2C　③ B2B　④ O2O。

228. ( ) 關於通行密碼 (Password) 設定的敘述，下列何者不正確？ (3)
　　① 不要使用生日之類的通行密碼
　　② 盡量不要將通行密碼寫在紙上
　　③ 通行密碼的長度與安全性無關
　　④ 應定期更換通行密碼。

229. ( ) 下列何者可用於分隔私用網路與網際網路，然後根據預先定義的規則過濾進出網路的封包？ (2)
　　① 防毒軟體　② 防火牆　③ 入侵偵測系統　④ 代理伺服器。

90006 職業安全衛生共同科目

1. ( ) 對於核計勞工所得有無低於基本工資，下列敘述何者有誤？ (2)
   ① 僅計入在正常工時內之報酬　② 應計入加班費
   ③ 不計入休假日出勤加給之工資　④ 不計入競賽獎金。

2. ( ) 下列何者之工資日數得列入計算平均工資？ (3)
   ① 請事假期間　② 職災醫療期間
   ③ 發生計算事由之當日前 6 個月　④ 放無薪假期間。

3. ( ) 有關「例假」之敘述，下列何者有誤？ (4)
   ① 每 7 日應有例假 1 日　② 工資照給
   ③ 天災出勤時，工資加倍及補休　④ 須給假，不必給工資。

4. ( ) 勞動基準法第 84 條之 1 規定之工作者，因工作性質特殊，就其工作時間，下列何者正確？ (4)
   ① 完全不受限制　② 無例假與休假
   ③ 不另給予延時工資　④ 得由勞雇雙方另行約定。

5. ( ) 依勞動基準法規定，雇主應置備勞工工資清冊並應保存幾年？ (3)
   ① 1　② 2　③ 5　④ 10 年。

6. ( ) 事業單位僱用勞工多少人以上者，應依勞動基準法規定訂立工作規則？ (1)
   ① 30 人　② 50 人　③ 100 人　④ 200 人。

7. ( ) 依勞動基準法規定，雇主延長勞工之工作時間連同正常工作時間，每日不得超過多少小時？ (3)
   ① 10 小時　② 11 小時　③ 12 小時　④ 15 小時。

8. ( ) 依勞動基準法規定，下列何者屬不定期契約？ (4)
   ① 臨時性或短期性的工作　② 季節性的工作
   ③ 特定性的工作　④ 有繼續性的工作。

9. ( ) 依職業安全衛生法規定，事業單位勞動場所發生死亡職業災害時，雇主應於多少小時內通報勞動檢查機構？ (1)
   ① 8 小時　② 12 小時　③ 24 小時　④ 48 小時。

10. (　) 事業單位之勞工代表如何產生？ (1)
① 由企業工會推派之　　② 由產業工會推派之
③ 由勞資雙方協議推派之　④ 由勞工輪流擔任之。

11. (　) 職業安全衛生法所稱有母性健康危害之虞之工作，不包括下列何種工作型態？ (4)
① 長時間站立姿勢作業　② 人力提舉、搬運及推拉重物
③ 輪班及工作負荷　　　④ 駕駛運輸車輛。

12. (　) 依職業安全衛生法施行細則規定，下列何者非屬特別危害健康之作業？ (3)
① 噪音作業　　　　② 游離輻射作業
③ 會計作業　　　　④ 粉塵作業。

13. (　) 從事於易踏穿材料構築之屋頂修繕作業時，應有何種作業主管在場執行主管業務？ (3)
① 施工架組配　　　② 擋土支撐組配
③ 屋頂　　　　　　④ 模板支撐。

14. (　) 有關「工讀生」之敘述，下列何者正確？ (4)
① 工資不得低於基本工資之 80%
② 屬短期工作者，加班只能補休
③ 每日正常工作時間得超過 8 小時
④ 國定假日出勤，工資加倍發給。

15. (　) 勞工工作時手部嚴重受傷，住院醫療期間公司應按下列何者給予職業災害補償？ (3)
① 前 6 個月平均工資　② 前 1 年平均工資
③ 原領工資　　　　　④ 基本工資。

16. (　) 勞工在何種情況下，雇主得不經預告終止勞動契約？ (2)
① 確定被法院判刑 6 個月以內並諭知緩刑超過 1 年以上者
② 不服指揮對雇主暴力相向者
③ 經常遲到早退者
④ 非連續曠工但 1 個月內累計 3 日者。

17. ( ) 對於吹哨者保護規定，下列敘述何者有誤？ (3)
　　　① 事業單位不得對勞工申訴人終止勞動契約
　　　② 勞動檢查機構受理勞工申訴必須保密
　　　③ 為實施勞動檢查，必要時得告知事業單位有關勞工申訴人身分
　　　④ 事業單位不得有不利勞工申訴人之處分。

18. ( ) 職業安全衛生法所稱有母性健康危害之虞之工作，係指對於具生育能力之女性勞工從事工作，可能會導致的一些影響。下列何者除外？ (4)
　　　① 胚胎發育　　　　② 妊娠期間之母體健康
　　　③ 哺乳期間之幼兒健康　　④ 經期紊亂。

19. ( ) 下列何者非屬職業安全衛生法規定之勞工法定義務？ (3)
　　　① 定期接受健康檢查　　② 參加安全衛生教育訓練
　　　③ 實施自動檢查　　　　④ 遵守安全衛生工作守則。

20. ( ) 下列何者非屬應對在職勞工施行之健康檢查？ (2)
　　　① 一般健康檢查　　　② 體格檢查
　　　③ 特殊健康檢查　　　④ 特定對象及特定項目之檢查。

21. ( ) 下列何者非為防範有害物食入之方法？ (4)
　　　① 有害物與食物隔離　　② 不在工作場所進食或飲水
　　　③ 常洗手、漱口　　　　④ 穿工作服。

22. ( ) 原事業單位如有違反職業安全衛生法或有關安全衛生規定，致承攬人所僱勞工發生職業災害時，有關承攬管理責任，下列敘述何者正確？ (1)
　　　① 原事業單位應與承攬人負連帶賠償責任
　　　② 原事業單位不需負連帶補償責任
　　　③ 承攬廠商應自負職業災害之賠償責任
　　　④ 勞工投保單位即為職業災害之賠償單位。

23. ( ) 依勞動基準法規定，主管機關或檢查機構於接獲勞工申訴事業單位違反本法及其他勞工法令規定後，應為必要之調查，並於幾日內將處理情形，以書面通知勞工？ (4)
　　　① 14 日　② 20 日　③ 30 日　④ 60 日。

24. ( ) 我國中央勞動業務主管機關為下列何者？ (3)
　　　① 內政部　② 勞工保險局　③ 勞動部　④ 經濟部。

25. ( ) 對於勞動部公告列入應實施型式驗證之機械、設備或器具,下列何種情形不得免驗證? (4)
    ① 依其他法律規定實施驗證者　② 供國防軍事用途使用者
    ③ 輸入僅供科技研發之專用機型　④ 輸入僅供收藏使用之限量品。

26. ( ) 對於墜落危險之預防設施,下列敘述何者較為妥適? (4)
    ① 在外牆施工架等高處作業應盡量使用繫腰式安全帶
    ② 安全帶應確實配掛在低於足下之堅固點
    ③ 高度 2m 以上之邊緣開口部分處應圍起警示帶
    ④ 高度 2m 以上之開口處應設護欄或安全網。

27. ( ) 對於感電電流流過人體可能呈現的症狀,下列敘述何者有誤? (3)
    ① 痛覺　② 強烈痙攣
    ③ 血壓降低、呼吸急促、精神亢奮　④ 造成組織灼傷。

28. ( ) 下列何者非屬於容易發生墜落災害的作業場所? (2)
    ① 施工架　② 廚房　③ 屋頂　④ 梯子、合梯。

29. ( ) 下列何者非屬危險物儲存場所應採取之火災爆炸預防措施? (1)
    ① 使用工業用電風扇　② 裝設可燃性氣體偵測裝置
    ③ 使用防爆電氣設備　④ 標示「嚴禁煙火」。

30. ( ) 雇主於臨時用電設備加裝漏電斷路器,可減少下列何種災害發生? (3)
    ① 墜落　② 物體倒塌、崩塌　③ 感電　④ 被撞。

31. ( ) 雇主要求確實管制人員不得進入吊舉物下方,可避免下列何種災害發生? (3)
    ① 感電　② 墜落　③ 物體飛落　④ 缺氧。

32. ( ) 職業上危害因子所引起的勞工疾病,稱為何種疾病? (1)
    ① 職業疾病　② 法定傳染病　③ 流行性疾病　④ 遺傳性疾病。

33. ( ) 事業招人承攬時,其承攬人就承攬部分負雇主之責任,原事業單位就職業災害補償部分之責任為何? (4)
    ① 視職業災害原因判定是否補償　② 依工程性質決定責任
    ③ 依承攬契約決定責任　④ 仍應與承攬人負連帶責任。

34. ( ) 預防職業病最根本的措施為何? (2)
    ① 實施特殊健康檢查　② 實施作業環境改善
    ③ 實施定期健康檢查　④ 實施僱用前體格檢查。

35. (1) 在地下室作業，當通風換氣充分時，則不易發生一氧化碳中毒、缺氧危害或火災爆炸危險。請問「通風換氣充分」係指下列何種描述？
① 風險控制方法　② 發生機率　③ 危害源　④ 風險。

36. (1) 勞工為節省時間，在未斷電情況下清理機臺，易發生危害為何？
① 捲夾感電　② 缺氧　③ 墜落　④ 崩塌。

37. (2) 工作場所化學性有害物進入人體最常見路徑為下列何者？
① 口腔　② 呼吸道　③ 皮膚　④ 眼睛。

38. (3) 活線作業勞工應佩戴何種防護手套？
① 棉紗手套　② 耐熱手套　③ 絕緣手套　④ 防振手套。

39. (4) 下列何者非屬電氣災害類型？
① 電弧灼傷　② 電氣火災　③ 靜電危害　④ 雷電閃爍。

40. (3) 下列何者非屬於工作場所作業會發生墜落災害的潛在危害因子？
① 開口未設置護欄　　　　　② 未設置安全之上下設備
③ 未確實配戴耳罩　　　　　④ 屋頂開口下方未張掛安全網。

41. (2) 在噪音防治之對策中，從下列何者著手最為有效？
① 偵測儀器　② 噪音源　③ 傳播途徑　④ 個人防護具。

42. (4) 勞工於室外高氣溫作業環境工作，可能對身體產生之熱危害，下列何者非屬熱危害之症狀？
① 熱衰竭　② 中暑　③ 熱痙攣　④ 痛風。

43. (3) 下列何者是消除職業病發生率之源頭管理對策？
① 使用個人防護具　　　　　② 健康檢查
③ 改善作業環境　　　　　　④ 多運動。

44. (1) 下列何者非為職業病預防之危害因子？
① 遺傳性疾病　　　　　　　② 物理性危害
③ 人因工程危害　　　　　　④ 化學性危害。

45. (3) 依職業安全衛生設施規則規定，下列何者非屬使用合梯，應符合之規定？
① 合梯應具有堅固之構造
② 合梯材質不得有顯著之損傷、腐蝕等
③ 梯腳與地面之角度應在 80 度以上
④ 有安全之防滑梯面。

46. (　) 下列何者非屬勞工從事電氣工作安全之規定？ (4)
    ① 使其使用電工安全帽
    ② 穿戴絕緣防護具
    ③ 停電作業應斷開、檢電、接地及掛牌
    ④ 穿戴棉質手套絕緣。

47. (　) 為防止勞工感電，下列何者為非？ (3)
    ① 使用防水插頭
    ② 避免不當延長接線
    ③ 設備有金屬外殼保護即可免接地
    ④ 電線架高或加以防護。

48. (　) 不當抬舉導致肌肉骨骼傷害或肌肉疲勞之現象，可歸類為下列何者？ (2)
    ① 感電事件　　　　　　　② 不當動作
    ③ 不安全環境　　　　　　④ 被撞事件。

49. (　) 使用鑽孔機時，不應使用下列何護具？ (3)
    ① 耳塞　② 防塵口罩　③ 棉紗手套　④ 護目鏡。

50. (　) 腕道症候群常發生於下列何種作業？ (1)
    ① 電腦鍵盤作業　　　　　② 潛水作業
    ③ 堆高機作業　　　　　　④ 第一種壓力容器作業。

51. (　) 對於化學燒傷傷患的一般處理原則，下列何者正確？ (1)
    ① 立即用大量清水沖洗
    ② 傷患必須臥下，而且頭、胸部須高於身體其他部位
    ③ 於燒傷處塗抹油膏、油脂或發酵粉
    ④ 使用酸鹼中和。

52. (　) 下列何者非屬防止搬運事故之一般原則？ (4)
    ① 以機械代替人力　　　　② 以機動車輛搬運
    ③ 採取適當之搬運方法　　④ 儘量增加搬運距離。

53. (　) 對於脊柱或頸部受傷患者，下列何者不是適當的處理原則？ (3)
    ① 不輕易移動傷患
    ② 速請醫師
    ③ 如無合用的器材，需 2 人作徒手搬運
    ④ 向急救中心聯絡。

54. ( ) 防止噪音危害之治本對策為下列何者？ (3)
    ① 使用耳塞、耳罩　② 實施職業安全衛生教育訓練
    ③ 消除發生源　　　④ 實施特殊健康檢查。

55. ( ) 安全帽承受巨大外力衝擊後，雖外觀良好，應採下列何種處理方式？ (1)
    ① 廢棄　② 繼續使用　③ 送修　④ 油漆保護。

56. ( ) 因舉重而扭腰係由於身體動作不自然姿勢，動作之反彈，引起扭筋、扭腰及形成類似狀態造成職業災害，其災害類型為下列何者？ (2)
    ① 不當狀態　② 不當動作　③ 不當方針　④ 不當設備。

57. ( ) 下列有關工作場所安全衛生之敘述何者有誤？ (3)
    ① 對於勞工從事其身體或衣著有被污染之虞之特殊作業時，應備置該勞工洗眼、洗澡、漱口、更衣、洗濯等設備
    ② 事業單位應備置足夠急救藥品及器材
    ③ 事業單位應備置足夠的零食自動販賣機
    ④ 勞工應定期接受健康檢查。

58. ( ) 毒性物質進入人體的途徑，經由那個途徑影響人體健康最快且中毒效應最高？ (2)
    ① 吸入　② 食入　③ 皮膚接觸　④ 手指觸摸。

59. ( ) 安全門或緊急出口平時應維持何狀態？ (3)
    ① 門可上鎖但不可封死
    ② 保持開門狀態以保持逃生路徑暢通
    ③ 門應關上但不可上鎖
    ④ 與一般進出門相同，視各樓層規定可開可關。

60. ( ) 下列何種防護具較能消減噪音對聽力的危害？ (3)
    ① 棉花球　② 耳塞　③ 耳罩　④ 碎布球。

61. ( ) 勞工若面臨長期工作負荷壓力及工作疲勞累積，沒有獲得適當休息及充足睡眠，便可能影響體能及精神狀態，甚而較易促發下列何種疾病？ (2)
    ① 皮膚癌　　　　　② 腦心血管疾病
    ③ 多發性神經病變　④ 肺水腫。

62. ( ) 「勞工腦心血管疾病發病的風險與年齡、吸菸、總膽固醇數值、家族病史、生活型態、心臟方面疾病」之相關性為何？ (2)
    ① 無　② 正　③ 負　④ 可正可負。

63. (³) 下列何者不屬於職場暴力？
① 肢體暴力　② 語言暴力　③ 家庭暴力　④ 性騷擾。

64. (⁴) 職場內部常見之身體或精神不法侵害不包含下列何者？
① 脅迫、名譽損毀、侮辱、嚴重辱罵勞工
② 強求勞工執行業務上明顯不必要或不可能之工作
③ 過度介入勞工私人事宜
④ 使勞工執行與能力、經驗相符的工作。

65. (³) 下列何種措施較可避免工作單調重複或負荷過重？
① 連續夜班　　　　　　② 工時過長
③ 排班保有規律性　　　④ 經常性加班。

66. (¹) 減輕皮膚燒傷程度之最重要步驟為何？
① 儘速用清水沖洗　　　② 立即刺破水泡
③ 立即在燒傷處塗抹油脂　④ 在燒傷處塗抹麵粉。

67. (³) 眼內噴入化學物或其他異物，應立即使用下列何者沖洗眼睛？
① 牛奶　② 蘇打水　③ 清水　④ 稀釋的醋。

68. (³) 石綿最可能引起下列何種疾病？
① 白指症　　　　　　② 心臟病
③ 間皮細胞瘤　　　　④ 巴金森氏症。

69. (²) 作業場所高頻率噪音較易導致下列何種症狀？
① 失眠　　　　　　② 聽力損失
③ 肺部疾病　　　　④ 腕道症候群。

70. (²) 廚房設置之排油煙機為下列何者？
① 整體換氣裝置　　② 局部排氣裝置
③ 吹吸型換氣裝置　④ 排氣煙囪。

71. (⁴) 下列何者為選用防塵口罩時，最不重要之考量因素？
① 捕集效率愈高愈好　　② 吸氣阻抗愈低愈好
③ 重量愈輕愈好　　　　④ 視野愈小愈好。

72. (²) 若勞工工作性質需與陌生人接觸、工作中需處理不可預期的突發事件或工作場所治安狀況較差，較容易遭遇下列何種危害？
① 組織內部不法侵害　　② 組織外部不法侵害
③ 多發性神經病變　　　④ 潛涵症。

73. ( ) 下列何者不是發生電氣火災的主要原因？ (3)
① 電器接點短路　② 電氣火花
③ 電纜線置於地上　④ 漏電。

74. ( ) 依勞工職業災害保險及保護法規定，職業災害保險之保險效力，自何時開始起算，至離職當日停止？ (2)
① 通知當日　② 到職當日
③ 雇主訂定當日　④ 勞雇雙方合意之日。

75. ( ) 依勞工職業災害保險及保護法規定，勞工職業災害保險以下列何者為保險人，辦理保險業務？ (4)
① 財團法人職業災害預防及重建中心
② 勞動部職業安全衛生署
③ 勞動部勞動基金運用局
④ 勞動部勞工保險局。

76. ( ) 有關「童工」之敘述，下列何者正確？ (1)
① 每日工作時間不得超過 8 小時
② 不得於午後 8 時至翌晨 8 時之時間內工作
③ 例假日得在監視下工作
④ 工資不得低於基本工資之 70%。

77. ( ) 依勞動檢查法施行細則規定，事業單位如不服勞動檢查結果，可於檢查結果通知書送達之次日起 10 日內，以書面敘明理由向勞動檢查機構提出？ (4)
① 訴願　② 陳情　③ 抗議　④ 異議。

78. ( ) 工作者若因雇主違反職業安全衛生法規定而發生職業災害、疑似罹患職業病或身體、精神遭受不法侵害所提起之訴訟，得向勞動部委託之民間團體提出下列何者？ (2)
① 災害理賠　② 申請扶助　③ 精神補償　④ 國家賠償。

79. ( ) 計算平日加班費須按平日每小時工資額加給計算，下列敘述何者有誤？ (4)
① 前 2 小時至少加給 1/3 倍
② 超過 2 小時部分至少加給 2/3 倍
③ 經勞資協商同意後，一律加給 0.5 倍
④ 未經雇主同意給加班費者，一律補休。

80. ( ) 下列工作場所何者非屬勞動檢查法所定之危險性工作場所？ (2)
    ① 農藥製造　　　　　② 金屬表面處理
    ③ 火藥類製造　　　　④ 從事石油裂解之石化工業之工作場所。

81. ( ) 有關電氣安全，下列敘述何者錯誤？ (1)
    ① 110 伏特之電壓不致造成人員死亡
    ② 電氣室應禁止非工作人員進入
    ③ 不可以濕手操作電氣開關，且切斷開關應迅速
    ④ 220 伏特為低壓電。

82. ( ) 依職業安全衛生設施規則規定，下列何者非屬於車輛系營建機械？ (2)
    ① 平土機　② 堆高機　③ 推土機　④ 鏟土機。

83. ( ) 下列何者非為事業單位勞動場所發生職業災害者，雇主應於 8 小時內通報勞動檢查機構？ (2)
    ① 發生死亡災害
    ② 勞工受傷無須住院治療
    ③ 發生災害之罹災人數在 3 人以上
    ④ 發生災害之罹災人數在 1 人以上，且需住院治療。

84. ( ) 依職業安全衛生管理辦法規定，下列何者非屬「自動檢查」之內容？ (4)
    ① 機械之定期檢查　　　　② 機械、設備之重點檢查
    ③ 機械、設備之作業檢點　④ 勞工健康檢查。

85. ( ) 下列何者係針對於機械操作點的捲夾危害特性可以採用之防護裝置？ (1)
    ① 設置護圍、護罩　　　　② 穿戴棉紗手套
    ③ 穿戴防護衣　　　　　　④ 強化教育訓練。

86. ( ) 下列何者非屬從事起重吊掛作業導致物體飛落災害之可能原因？ (4)
    ① 吊鉤未設防滑舌片致吊掛鋼索鬆脫
    ② 鋼索斷裂
    ③ 超過額定荷重作業
    ④ 過捲揚警報裝置過度靈敏。

87. ( ) 勞工不遵守安全衛生工作守則規定，屬於下列何者？ (2)
    ① 不安全設備　　　　② 不安全行為
    ③ 不安全環境　　　　④ 管理缺陷。

90006 職業安全衛生共同科目

88. ( ) 下列何者不屬於局限空間內作業場所應採取之缺氧、中毒等危害預防措施？ (3)
   ① 實施通風換氣　　　　　② 進入作業許可程序
   ③ 使用柴油內燃機發電提供照明　④ 測定氧氣、危險物、有害物濃度。

89. ( ) 下列何者非通風換氣之目的？ (1)
   ① 防止游離輻射　　　　　② 防止火災爆炸
   ③ 稀釋空氣中有害物　　　④ 補充新鮮空氣。

90. ( ) 已在職之勞工，首次從事特別危害健康作業，應實施下列何種檢查？ (2)
   ① 一般體格檢查　　　　　② 特殊體格檢查
   ③ 一般體格檢查及特殊健康檢查　④ 特殊健康檢查。

91. ( ) 依職業安全衛生設施規則規定，噪音超過多少分貝之工作場所，應標示並公告噪音危害之預防事項，使勞工周知？ (4)
   ① 75 分貝　② 80 分貝　③ 85 分貝　④ 90 分貝。

92. ( ) 下列何者非屬工作安全分析的目的？ (3)
   ① 發現並杜絕工作危害　　② 確立工作安全所需工具與設備
   ③ 懲罰犯錯的員工　　　　④ 作為員工在職訓練的參考。

93. ( ) 可能對勞工之心理或精神狀況造成負面影響的狀態，如異常工作壓力、超時工作、語言脅迫或恐嚇等，可歸屬於下列何者管理不當？ (3)
   ① 職業安全　② 職業衛生　③ 職業健康　④ 環保。

94. ( ) 有流產病史之孕婦，宜避免相關作業，下列何者為非？ (3)
   ① 避免砷或鉛的暴露　　　② 避免每班站立 7 小時以上之作業
   ③ 避免提舉 3 公斤重物的職務　④ 避免重體力勞動的職務。

95. ( ) 熱中暑時，易發生下列何現象？ (3)
   ① 體溫下降　② 體溫正常　③ 體溫上升　④ 體溫忽高忽低。

96. ( ) 下列何者不會使電路發生過電流？ (4)
   ① 電氣設備過載　② 電路短路　③ 電路漏電　④ 電路斷路。

97. ( ) 下列何者較屬安全、尊嚴的職場組織文化？ (4)
   ① 不斷責備勞工
   ② 公開在眾人面前長時間責罵勞工
   ③ 強求勞工執行業務上明顯不必要或不可能之工作
   ④ 不過度介入勞工私人事宜。

98. (　) 下列何者與職場母性健康保護較不相關？　(4)
    ① 職業安全衛生法
    ② 妊娠與分娩後女性及未滿十八歲勞工禁止從事危險性或有害性工作認定標準
    ③ 性別平等工作法
    ④ 動力堆高機型式驗證。

99. (　) 油漆塗裝工程應注意防火防爆事項，下列何者為非？　(3)
    ① 確實通風　　　　　　　　② 注意電氣火花
    ③ 緊密門窗以減少溶劑擴散揮發　④ 嚴禁煙火。

100. (　) 依職業安全衛生設施規則規定，雇主對於物料儲存，為防止氣候變化或自然發火發生危險者，下列何者為最佳之採取措施？　(3)
    ① 保持自然通風　　　　　② 密閉
    ③ 與外界隔離及溫濕控制　④ 靜置於倉儲區，避免陽光直射。

90007 工作倫理與職業道德共同科目

1. （　）下列何者「違反」個人資料保護法？ (4)
   ① 公司基於人事管理之特定目的，張貼榮譽榜揭示績優員工姓名
   ② 縣市政府提供村里長轄區內符合資格之老人名冊供發放敬老金
   ③ 網路購物公司為辦理退貨，將客戶之住家地址提供予宅配公司
   ④ 學校將應屆畢業生之住家地址提供補習班招生使用。

2. （　）非公務機關利用個人資料進行行銷時，下列敘述何者錯誤？ (1)
   ① 若已取得當事人書面同意，當事人即不得拒絕利用其個人資料行銷
   ② 於首次行銷時，應提供當事人表示拒絕行銷之方式
   ③ 當事人表示拒絕接受行銷時，應停止利用其個人資料
   ④ 倘非公務機關違反「應即停止利用其個人資料行銷」之義務，未於限期內改正者，按次處新臺幣 2 萬元以上 20 萬元以下罰鍰。

3. （　）個人資料保護法規定為保護當事人權益，幾人以上的當事人提出告訴，就可以進行團體訴訟？ (4)
   ① 5 人　② 10 人　③ 15 人　④ 20 人。

4. （　）關於個人資料保護法的敘述，下列何者錯誤？ (2)
   ① 公務機關執行法定職務必要範圍內，可以蒐集、處理或利用一般性個人資料
   ② 間接蒐集之個人資料，於處理或利用前，不必告知當事人個人資料來源
   ③ 非公務機關亦應維護個人資料之正確，並主動或依當事人之請求更正或補充
   ④ 外國學生在臺灣短期進修或留學，也受到我國個人資料保護法的保障。

5. （　）關於個人資料保護法的敘述，下列何者錯誤？ (2)
   ① 不管是否使用電腦處理的個人資料，都受個人資料保護法保護
   ② 公務機關依法執行公權力，不受個人資料保護法規範
   ③ 身分證字號、婚姻、指紋都是個人資料
   ④ 我的病歷資料雖然是由醫生所撰寫，但也屬於是我的個人資料範圍。

6. (　　) 對於依照個人資料保護法應告知之事項，下列何者不在法定應告知的事項內？ (3)
    ① 個人資料利用之期間、地區、對象及方式
    ② 蒐集之目的
    ③ 蒐集機關的負責人姓名
    ④ 如拒絕提供或提供不正確個人資料將造成之影響。

7. (　　) 請問下列何者非為個人資料保護法第 3 條所規範之當事人權利？ (2)
    ① 查詢或請求閱覽　　　　　② 請求刪除他人之資料
    ③ 請求補充或更正　　　　　④ 請求停止蒐集、處理或利用。

8. (　　) 下列何者非安全使用電腦內的個人資料檔案的做法？ (4)
    ① 利用帳號與密碼登入機制來管理可以存取個資者的人
    ② 規範不同人員可讀取的個人資料檔案範圍
    ③ 個人資料檔案使用完畢後立即退出應用程式，不得留置於電腦中
    ④ 為確保重要的個人資料可即時取得，將登入密碼標示在螢幕下方。

9. (　　) 下列何者行為非屬個人資料保護法所稱之國際傳輸？ (1)
    ① 將個人資料傳送給地方政府
    ② 將個人資料傳送給美國的分公司
    ③ 將個人資料傳送給法國的人事部門
    ④ 將個人資料傳送給日本的委託公司。

10. (　　) 有關智慧財產權行為之敘述，下列何者有誤？ (1)
    ① 製造、販售仿冒註冊商標的商品雖已侵害商標權，但不屬於公訴罪之範疇
    ② 以 101 大樓、美麗華百貨公司做為拍攝電影的背景，屬於合理使用的範圍
    ③ 原作者自行創作某音樂作品後，即可宣稱擁有該作品之著作權
    ④ 著作權是為促進文化發展為目的，所保護的財產權之一。

11. (　　) 專利權又可區分為發明、新型與設計三種專利權，其中發明專利權是否有保護期限？期限為何？ (2)
    ① 有，5 年　　　　　② 有，20 年
    ③ 有，50 年　　　　　④ 無期限，只要申請後就永久歸申請人所有。

12. ( ) 受僱人於職務上所完成之著作，如果沒有特別以契約約定，其著作人為下列何者？ (2)
    ① 雇用人
    ② 受僱人
    ③ 雇用公司或機關法人代表
    ④ 由雇用人指定之自然人或法人。

13. ( ) 任職於某公司的程式設計工程師，因職務所編寫之電腦程式，如果沒有特別以契約約定，則該電腦程式之著作財產權歸屬下列何者？ (1)
    ① 公司
    ② 編寫程式之工程師
    ③ 公司全體股東共有
    ④ 公司與編寫程式之工程師共有。

14. ( ) 某公司員工因執行業務，擅自以重製之方法侵害他人之著作財產權，若被害人提起告訴，下列對於處罰對象的敘述，何者正確？ (3)
    ① 僅處罰侵犯他人著作財產權之員工
    ② 僅處罰雇用該名員工的公司
    ③ 該名員工及其雇主皆須受罰
    ④ 員工只要在從事侵犯他人著作財產權之行為前請示雇主並獲同意，便可以不受處罰。

15. ( ) 受僱人於職務上所完成之發明、新型或設計，其專利申請權及專利權如未特別約定屬於下列何者？ (1)
    ① 雇用人
    ② 受僱人
    ③ 雇用人所指定之自然人或法人
    ④ 雇用人與受僱人共有。

16. ( ) 任職大發公司的郝聰明，專門從事技術研發，有關研發技術的專利申請權及專利權歸屬，下列敘述何者錯誤？ (4)
    ① 職務上所完成的發明，除契約另有約定外，專利申請權及專利權屬於大發公司
    ② 職務上所完成的發明，雖然專利申請權及專利權屬於大發公司，但是郝聰明享有姓名表示權
    ③ 郝聰明完成非職務上的發明，應即以書面通知大發公司
    ④ 大發公司與郝聰明之雇傭契約約定，郝聰明非職務上的發明，全部屬於公司，約定有效。

17. (　) 有關著作權的敘述，下列何者錯誤？ (3)
    ① 我們到表演場所觀看表演時，不可隨便錄音或錄影
    ② 到攝影展上，拿相機拍攝展示的作品，分贈給朋友，是侵害著作權的行為
    ③ 網路上供人下載的免費軟體，都不受著作權法保護，所以我可以燒成大補帖光碟，再去賣給別人
    ④ 高普考試題，不受著作權法保護。

18. (　) 有關著作權的敘述，下列何者錯誤？ (3)
    ① 撰寫碩博士論文時，在合理範圍內引用他人的著作，只要註明出處，不會構成侵害著作權
    ② 在網路散布盜版光碟，不管有沒有營利，會構成侵害著作權
    ③ 在網路的部落格看到一篇文章很棒，只要註明出處，就可以把文章複製在自己的部落格
    ④ 將補習班老師的上課內容錄音檔，放到網路上拍賣，會構成侵害著作權。

19. (　) 有關商標權的敘述，下列何者錯誤？ (4)
    ① 要取得商標權一定要申請商標註冊
    ② 商標註冊後可取得 10 年商標權
    ③ 商標註冊後，3 年不使用，會被廢止商標權
    ④ 在夜市買的仿冒品，品質不好，上網拍賣，不會構成侵權。

20. (　) 有關營業秘密的敘述，下列何者錯誤？ (1)
    ① 受雇人於非職務上研究或開發之營業秘密，仍歸雇用人所有
    ② 營業秘密不得為質權及強制執行之標的
    ③ 營業秘密所有人得授權他人使用其營業秘密
    ④ 營業秘密得全部或部分讓與他人或與他人共有。

21. (　) 甲公司將其新開發受營業秘密法保護之技術，授權乙公司使用，下列何者錯誤？ (1)
    ① 乙公司已獲授權，所以可以未經甲公司同意，再授權丙公司使用
    ② 約定授權使用限於一定之地域、時間
    ③ 約定授權使用限於特定之內容、一定之使用方法
    ④ 要求被授權人乙公司在一定期間負有保密義務。

22. （　） 甲公司嚴格保密之最新配方產品大賣，下列何者侵害甲公司之營業秘密？ (3)
    ① 鑑定人 A 因司法審理而知悉配方
    ② 甲公司授權乙公司使用其配方
    ③ 甲公司之 B 員工擅自將配方盜賣給乙公司
    ④ 甲公司與乙公司協議共有配方。

23. （　） 故意侵害他人之營業秘密，法院因被害人之請求，最高得酌定損害額幾倍之賠償？ (3)
    ① 1 倍　② 2 倍　③ 3 倍　④ 4 倍。

24. （　） 受雇者因承辦業務而知悉營業秘密，在離職後對於該營業秘密的處理方式，下列敘述何者正確？ (4)
    ① 聘雇關係解除後便不再負有保障營業秘密之責
    ② 僅能自用而不得販售獲取利益
    ③ 自離職日起 3 年後便不再負有保障營業秘密之責
    ④ 離職後仍不得洩漏該營業秘密。

25. （　） 按照現行法律規定，侵害他人營業秘密，其法律責任為 (3)
    ① 僅需負刑事責任
    ② 僅需負民事損害賠償責任
    ③ 刑事責任與民事損害賠償責任皆須負擔
    ④ 刑事責任與民事損害賠償責任皆不須負擔。

26. （　） 企業內部之營業秘密，可以概分為「商業性營業秘密」及「技術性營業秘密」二大類型，請問下列何者屬於「技術性營業秘密」？ (3)
    ① 人事管理　② 經銷據點　③ 產品配方　④ 客戶名單。

27. （　） 某離職同事請求在職員工將離職前所製作之某份文件傳送給他，請問下列回應方式何者正確？ (3)
    ① 由於該項文件係由該離職員工製作，因此可以傳送文件
    ② 若其目的僅為保留檔案備份，便可以傳送文件
    ③ 可能構成對於營業秘密之侵害，應予拒絕並請他直接向公司提出請求
    ④ 視彼此交情決定是否傳送文件。

28. ( ) 行為人以竊取等不正當方法取得營業秘密，下列敘述何者正確？ (1)
　　① 已構成犯罪
　　② 只要後續沒有洩漏便不構成犯罪
　　③ 只要後續沒有出現使用之行為便不構成犯罪
　　④ 只要後續沒有造成所有人之損害便不構成犯罪。

29. ( ) 針對在我國境內竊取營業秘密後，意圖在外國、中國大陸或港澳地區使用者，營業秘密法是否可以適用？ (3)
　　① 無法適用
　　② 可以適用，但若屬未遂犯則不罰
　　③ 可以適用並加重其刑
　　④ 能否適用需視該國家或地區與我國是否簽訂相互保護營業秘密之條約或協定。

30. ( ) 所謂營業秘密，係指方法、技術、製程、配方、程式、設計或其他可用於生產、銷售或經營之資訊，但其保障所需符合的要件不包括下列何者？ (4)
　　① 因其秘密性而具有實際之經濟價值者
　　② 所有人已採取合理之保密措施者
　　③ 因其秘密性而具有潛在之經濟價值者
　　④ 一般涉及該類資訊之人所知者。

31. ( ) 因故意或過失而不法侵害他人之營業秘密者，負損害賠償責任該損害賠償之請求權，自請求權人知有行為及賠償義務人時起，幾年間不行使就會消滅？ (1)
　　① 2 年　② 5 年　③ 7 年　④ 10 年。

32. ( ) 公司負責人為了要節省開銷，將員工薪資以高報低來投保全民健保及勞保，是觸犯了刑法上之何種罪刑？ (1)
　　① 詐欺罪　② 侵占罪　③ 背信罪　④ 工商秘密罪。

33. ( ) A 受僱於公司擔任會計，因自己的財務陷入危機，多次將公司帳款轉入妻兒戶頭，是觸犯了刑法上之何種罪刑？ (2)
　　① 洩漏工商秘密罪　　　② 侵占罪
　　③ 詐欺罪　　　　　　　④ 偽造文書罪。

34. (3) 某甲於公司擔任業務經理時，未依規定經董事會同意，私自與自己親友之公司訂定生意合約，會觸犯下列何種罪刑？
① 侵占罪　② 貪污罪　③ 背信罪　④ 詐欺罪。

35. (1) 如果你擔任公司採購的職務，親朋好友們會向你推銷自家的產品，希望你要採購時，你應該
① 適時地婉拒，說明利益需要迴避的考量，請他們見諒
② 既然是親朋好友，就應該互相幫忙
③ 建議親朋好友將產品折扣，折扣部分歸於自己，就會採購
④ 可以暗中地幫忙親朋好友，進行採購，不要被發現有親友關係便可。

36. (3) 小美是公司的業務經理，有一天巧遇國中同班的死黨小林，發現他是公司的下游廠商老闆。最近小美處理一件公司的招標案件，小林的公司也在其中，私下約小美見面，請求她提供這次招標案的底標，並馬上要給予幾十萬元的前謝金，請問小美該怎麼辦？
① 退回錢，並告訴小林都是老朋友，一定會全力幫忙
② 收下錢，將錢拿出來給單位同事們分紅
③ 應該堅決拒絕，並避免每次見面都與小林談論相關業務問題
④ 朋友一場，給他一個比較接近底標的金額，反正又不是正確的，所以沒關係。

37. (3) 公司發給每人一台平板電腦提供業務上使用，但是發現根本很少在使用，為了讓它有效的利用，所以將它拿回家給親人使用，這樣的行為是
① 可以的，這樣就不用花錢買
② 可以的，反正放在那裡不用它，也是浪費資源
③ 不可以的，因為這是公司的財產，不能私用
④ 不可以的，因為使用年限未到，如果年限到報廢了，便可以拿回家。

38. (3) 公司的車子，假日又沒人使用，你是鑰匙保管者，請問假日可以開出去嗎？
① 可以，只要付費加油即可
② 可以，反正假日不影響公務
③ 不可以，因為是公司的，並非私人擁有
④ 不可以，應該是讓公司想要使用的員工，輪流使用才可。

39. ( ) 阿哲是財經線的新聞記者，某次採訪中得知 A 公司在一個月內將有一個大的併購案，這個併購案顯示公司的財力，且能讓 A 公司股價往上飆升。請問阿哲得知此消息後，可以立刻購買該公司的股票嗎？ (4)
① 可以，有錢大家賺
② 可以，這是我努力獲得的消息
③ 可以，不賺白不賺
④ 不可以，屬於內線消息，必須保持記者之操守，不得洩漏。

40. ( ) 與公務機關接洽業務時，下列敘述何者正確？ (4)
① 沒有要求公務員違背職務，花錢疏通而已，並不違法
② 唆使公務機關承辦採購人員配合浮報價額，僅屬偽造文書行為
③ 口頭允諾行賄金額但還沒送錢，尚不構成犯罪
④ 與公務員同謀之共犯，即便不具公務員身分，仍可依據貪污治罪條例處刑。

41. ( ) 與公務機關有業務往來構成職務利害關係者，下列敘述何者正確？ (1)
① 將餽贈之財物請公務員父母代轉，該公務員亦已違反規定
② 與公務機關承辦人飲宴應酬為增進基本關係的必要方法
③ 高級茶葉低價售予有利害關係之承辦公務員，有價購行為就不算違反法規
④ 機關公務員藉子女婚宴廣邀業務往來廠商之行為，並無不妥。

42. ( ) 廠商某甲承攬公共工程，工程進行期間，甲與其工程人員經常招待該公共工程委辦機關之監工及驗收之公務員喝花酒或招待出國旅遊，下列敘述何者正確？ (4)
① 公務員若沒有收現金，就沒有罪
② 只要工程沒有問題，某甲與監工及驗收等相關公務員就沒有犯罪
③ 因為不是送錢，所以都沒有犯罪
④ 某甲與相關公務員均已涉嫌觸犯貪污治罪條例。

43. ( ) 行（受）賄罪成立要素之一為具有對價關係，而作為公務員職務之對價有「賄賂」或「不正利益」，下列何者不屬於「賄賂」或「不正利益」？ (1)
① 開工邀請公務員觀禮　　　　② 送百貨公司大額禮券
③ 免除債務　　　　　　　　　④ 招待吃米其林等級之高檔大餐。

44. ( ) 下列有關貪腐的敘述何者錯誤？ (4)
    ① 貪腐會危害永續發展和法治
    ② 貪腐會破壞民主體制及價值觀
    ③ 貪腐會破壞倫理道德與正義
    ④ 貪腐有助降低企業的經營成本。

45. ( ) 下列何者不是設置反貪腐專責機構須具備的必要條件？ (4)
    ① 賦予該機構必要的獨立性
    ② 使該機構的工作人員行使職權不會受到不當干預
    ③ 提供該機構必要的資源、專職工作人員及必要培訓
    ④ 賦予該機構的工作人員有權力可隨時逮捕貪污嫌疑人。

46. ( ) 檢舉人向有偵查權機關或政風機構檢舉貪污瀆職，必須於何時為之始可能給與獎金？ (2)
    ① 犯罪未起訴前　　　　② 犯罪未發覺前
    ③ 犯罪未遂前　　　　　④ 預備犯罪前。

47. ( ) 檢舉人應以何種方式檢舉貪污瀆職始能核給獎金？ (3)
    ① 匿名　　　　　　　　② 委託他人檢舉
    ③ 以真實姓名檢舉　　　④ 以他人名義檢舉。

48. ( ) 我國制定何種法律以保護刑事案件之證人，使其勇於出面作證，俾利犯罪之偵查、審判？ (4)
    ① 貪污治罪條例　　　　② 刑事訴訟法
    ③ 行政程序法　　　　　④ 證人保護法。

49. ( ) 下列何者非屬公司對於企業社會責任實踐之原則？ (1)
    ① 加強個人資料揭露　　② 維護社會公益
    ③ 發展永續環境　　　　④ 落實公司治理。

50. ( ) 下列何者並不屬於「職業素養」規範中的範疇？ (1)
    ① 增進自我獲利的能力　　② 擁有正確的職業價值觀
    ③ 積極進取職業的知識技能　④ 具備良好的職業行為習慣。

51. ( ) 下列何者符合專業人員的職業道德？ (4)
    ① 未經雇主同意，於上班時間從事私人事務
    ② 利用雇主的機具設備私自接單生產
    ③ 未經顧客同意，任意散佈或利用顧客資料
    ④ 盡力維護雇主及客戶的權益。

52. (　　) 身為公司員工必須維護公司利益，下列何者是正確的工作態度或行為？ (4)
    ① 將公司逾期的產品更改標籤
    ② 施工時以省時、省料為獲利首要考量，不顧品質
    ③ 服務時優先考量公司的利益，顧客權益次之
    ④ 工作時謹守本分，以積極態度解決問題。

53. (　　) 身為專業技術工作人士，應以何種認知及態度服務客戶？ (3)
    ① 若客戶不瞭解，就儘量減少成本支出，抬高報價
    ② 遇到維修問題，儘量拖過保固期
    ③ 主動告知可能碰到問題及預防方法
    ④ 隨著個人心情來提供服務的內容及品質。

54. (　　) 因為工作本身需要高度專業技術及知識，所以在對客戶服務時應如何？ (2)
    ① 不用理會顧客的意見
    ② 保持親切、真誠、客戶至上的態度
    ③ 若價錢較低，就敷衍了事
    ④ 以專業機密為由，不用對客戶說明及解釋。

55. (　　) 從事專業性工作，在與客戶約定時間應 (2)
    ① 保持彈性，任意調整
    ② 儘可能準時，依約定時間完成工作
    ③ 能拖就拖，能改就改
    ④ 自己方便就好，不必理會客戶的要求。

56. (　　) 從事專業性工作，在服務顧客時應有的態度為何？ (1)
    ① 選擇最安全、經濟及有效的方法完成工作
    ② 選擇工時較長、獲利較多的方法服務客戶
    ③ 為了降低成本，可以降低安全標準
    ④ 不必顧及雇主和顧客的立場。

57. (　　) 以下那一項員工的作為符合敬業精神？ (4)
    ① 利用正常工作時間從事私人事務
    ② 運用雇主的資源，從事個人工作
    ③ 未經雇主同意擅離工作崗位
    ④ 謹守職場紀律及禮節，尊重客戶隱私。

58. (③) 小張獲選為小孩學校的家長會長,這個月要召開會議,沒時間準備資料,所以,利用上班期間有空檔非休息時間來完成,請問是否可以?
① 可以,因為不耽誤他的工作
② 可以,因為他能力好,能夠同時完成很多事
③ 不可以,因為這是私事,不可以利用上班時間完成
④ 可以,只要不要被發現。

59. (②) 小吳是公司的專用司機,為了能夠隨時用車,經過公司同意,每晚都將公司的車開回家,然而,他發現反正每天上班路線,都要經過女兒學校,就順便載女兒上學,請問可以嗎?
① 可以,反正順路　　　　② 不可以,這是公司的車不能私用
③ 可以,只要不被公司發現即可　④ 可以,要資源須有效使用。

60. (④) 小江是職場上的新鮮人,剛進公司不久,他應該具備怎樣的態度?
① 上班、下班,管好自己便可
② 仔細觀察公司生態,加入某些小團體,以做為後盾
③ 只要做好人脈關係,這樣以後就好辦事
④ 努力做好自己職掌的業務,樂於工作,與同事之間有良好的互動,相互協助。

61. (④) 在公司內部行使商務禮儀的過程,主要以參與者在公司中的何種條件來訂定順序?
① 年齡　② 性別　③ 社會地位　④ 職位。

62. (①) 一位職場新鮮人剛進公司時,良好的工作態度是
① 多觀察、多學習,了解企業文化和價值觀
② 多打聽哪一個部門比較輕鬆,升遷機會較多
③ 多探聽哪一個公司在找人,隨時準備跳槽走人
④ 多遊走各部門認識同事,建立自己的小圈圈。

63. (①) 根據消除對婦女一切形式歧視公約(CEDAW),下列何者正確?
① 對婦女的歧視指基於性別而作的任何區別、排斥或限制
② 只關心女性在政治方面的人權和基本自由
③ 未要求政府需消除個人或企業對女性的歧視
④ 傳統習俗應予保護及傳承,即使含有歧視女性的部分,也不可以改變。

64. ( ) 某規範明定地政機關進用女性測量助理名額，不得超過該機關測量助理名額總數二分之一，根據消除對婦女一切形式歧視公約（CEDAW），下列何者正確？ (1)
    ① 限制女性測量助理人數比例，屬於直接歧視
    ② 土地測量經常在戶外工作，基於保護女性所作的限制，不屬性別歧視
    ③ 此項二分之一規定是為促進男女比例平衡
    ④ 此限制是為確保機關業務順暢推動，並未歧視女性。

65. ( ) 根據消除對婦女一切形式歧視公約（CEDAW）之間接歧視意涵，下列何者錯誤？ (4)
    ① 一項法律、政策、方案或措施表面上對男性和女性無任何歧視，但實際上卻產生歧視女性的效果
    ② 察覺間接歧視的一個方法，是善加利用性別統計與性別分析
    ③ 如果未正視歧視之結構和歷史模式，及忽略男女權力關係之不平等，可能使現有不平等狀況更為惡化
    ④ 不論在任何情況下，只要以相同方式對待男性和女性，就能避免間接歧視之產生。

66. ( ) 下列何者不是菸害防制法之立法目的？ (4)
    ① 防制菸害　　　　　　　② 保護未成年免於菸害
    ③ 保護孕婦免於菸害　　　④ 促進菸品的使用。

67. ( ) 按菸害防制法規定，對於在禁菸場所吸菸會被罰多少錢？ (1)
    ① 新臺幣 2 千元至 1 萬元罰鍰　② 新臺幣 1 千元至 5 千元罰鍰
    ③ 新臺幣 1 萬元至 5 萬元罰鍰　④ 新臺幣 2 萬元至 10 萬元罰鍰。

68. ( ) 請問下列何者不是個人資料保護法所定義的個人資料？ (3)
    ① 身分證號碼　② 最高學歷　③ 職稱　④ 護照號碼。

69. ( ) 有關專利權的敘述，下列何者正確？ (1)
    ① 專利有規定保護年限，當某商品、技術的專利保護年限屆滿，任何人皆可免費運用該項專利
    ② 我發明了某項商品，卻被他人率先申請專利權，我仍可主張擁有這項商品的專利權
    ③ 製造方法可以申請新型專利權
    ④ 在本國申請專利之商品進軍國外，不需向他國申請專利權。

70. ( ) 下列何者行為會有侵害著作權的問題？ (4)
① 將報導事件事實的新聞文字轉貼於自己的社群網站
② 直接轉貼高普考考古題在 FACEBOOK
③ 以分享網址的方式轉貼資訊分享於社群網站
④ 將講師的授課內容錄音，複製多份分贈友人。

71. ( ) 有關著作權之概念，下列何者正確？ (1)
① 國外學者之著作，可受我國著作權法的保護
② 公務機關所函頒之公文，受我國著作權法的保護
③ 著作權要待向智慧財產權申請通過後才可主張
④ 以傳達事實之新聞報導的語文著作，依然受著作權之保障。

72. ( ) 某廠商之商標在我國已經獲准註冊，請問若希望將商品行銷販賣到國外，請問是否需在當地申請註冊才能主張商標權？ (1)
① 是，因為商標權註冊採取屬地保護原則
② 否，因為我國申請註冊之商標權在國外也會受到承認
③ 不一定，需視我國是否與商品希望行銷販賣的國家訂有相互商標承認之協定
④ 不一定，需視商品希望行銷販賣的國家是否為 WTO 會員國。

73. ( ) 下列何者不屬於營業秘密？ (1)
① 具廣告性質的不動產交易底價
② 須授權取得之產品設計或開發流程圖示
③ 公司內部管制的各種計畫方案
④ 不是公開可查知的客戶名單分析資料。

74. ( ) 營業秘密可分為「技術機密」與「商業機密」，下列何者屬於「商業機密」？ ① 程式 ② 設計圖 ③ 商業策略 ④ 生產製程。 (3)

75. ( ) 某甲在公務機關擔任首長，其弟弟乙是某協會的理事長，乙為舉辦協會活動，決定向甲服務的機關申請經費補助，下列有關利益衝突迴避之敘述，何者正確？ (3)
① 協會是舉辦慈善活動，甲認為是好事，所以指示機關承辦人補助活動經費
② 機關未經公開公平方式，私下直接對協會補助活動經費新臺幣 10 萬元
③ 甲應自行迴避該案審查，避免瓜田李下，防止利益衝突
④ 乙為順利取得補助，應該隱瞞是機關首長甲之弟弟的身分。

76. (　　) 依公職人員利益衝突迴避法規定，公職人員甲與其小舅子乙（二親等以內的關係人）間，下列何種行為不違反該法？　(3)
    ① 甲要求受其監督之機關聘用小舅子乙
    ② 小舅子乙以請託關說之方式，請求甲之服務機關通過其名下農地變更使用申請案
    ③ 關係人乙經政府採購法公開招標程序，並主動在投標文件表明與甲的身分關係，取得甲服務機關之年度採購標案
    ④ 甲、乙兩人均自認為人公正，處事坦蕩，任何往來都是清者自清，不需擔心任何問題。

77. (　　) 大雄擔任公司部門主管，代表公司向公務機關投標，為使公司順利取得標案，可以向公務機關的採購人員為以下何種行為？　(3)
    ① 為社交禮俗需要，贈送價值昂貴的名牌手錶作為見面禮
    ② 為與公務機關間有良好互動，招待至有女陪侍場所飲宴
    ③ 為了解招標文件內容，提出招標文件疑義並請說明
    ④ 為避免報價錯誤，要求提供底價作為參考。

78. (　　) 下列關於政府採購人員之敘述，何者未違反相關規定？　(1)
    ① 非主動向廠商求取，是偶發地收到廠商致贈價值在新臺幣 500 元以下之廣告物、促銷品、紀念品
    ② 要求廠商提供與採購無關之額外服務
    ③ 利用職務關係向廠商借貸
    ④ 利用職務關係媒介親友至廠商處所任職。

79. (　　) 下列敘述何者錯誤？　(4)
    ① 憲法保障言論自由，但散布假新聞、假消息仍須面對法律責任
    ② 在網路或 Line 社群網站收到假訊息，可以敘明案情並附加截圖檔，向法務部調查局檢舉
    ③ 對新聞媒體報導有意見，向國家通訊傳播委員會申訴
    ④ 自己或他人捏造、扭曲、竄改或虛構的訊息，只要一小部分能證明是真的，就不會構成假訊息。

90007 工作倫理與職業道德共同科目

80. （　）下列敘述何者正確？ (4)
    ① 公務機關委託的代檢（代驗）業者，不是公務員，不會觸犯到刑法的罪責
    ② 賄賂或不正利益，只限於法定貨幣，給予網路遊戲幣沒有違法的問題
    ③ 在靠北公務員社群網站，覺得可受公評且匿名發文，就可以謾罵公務機關對特定案件的檢查情形
    ④ 受公務機關委託辦理案件，除履行採購契約應辦事項外，對於蒐集到的個人資料，也要遵守相關保護及保密規定。

81. （　）有關促進參與及預防貪腐的敘述，下列何者錯誤？ (1)
    ① 我國非聯合國會員國，無須落實聯合國反貪腐公約規定
    ② 推動政府部門以外之個人及團體積極參與預防和打擊貪腐
    ③ 提高決策過程之透明度，並促進公眾在決策過程中發揮作用
    ④ 對公職人員訂定執行公務之行為守則或標準。

82. （　）為建立良好之公司治理制度，公司內部宜納入何種檢舉人制度？ (2)
    ① 告訴乃論制度
    ② 吹哨者（whistleblower）保護程序及保護制度
    ③ 不告不理制度
    ④ 非告訴乃論制度。

83. （　）有關公司訂定誠信經營守則時，下列何者錯誤？ (4)
    ① 避免與涉有不誠信行為者進行交易
    ② 防範侵害營業秘密、商標權、專利權、著作權及其他智慧財產權
    ③ 建立有效之會計制度及內部控制制度
    ④ 防範檢舉。

84. （　）乘坐轎車時，如有司機駕駛，按照國際乘車禮儀，以司機的方位來看，首位應為 (1)
    ① 後排右側　　　　　② 前座右側
    ③ 後排左側　　　　　④ 後排中間。

85. (　) 今天好友突然來電,想來個「說走就走的旅行」,因此,無法去上班,下列何者作法不適當? (2)
    ① 發送 E-MAIL 給主管與人事部門,並收到回覆
    ② 什麼都無需做,等公司打電話來確認後,再告知即可
    ③ 用 LINE 傳訊息給主管,並確認讀取且有回覆
    ④ 打電話給主管與人事部門請假。

86. (　) 每天下班回家後,就懶得再出門去買菜,利用上班時間瀏覽線上購物網站,發現有很多限時搶購的便宜商品,還能在下班前就可以送到公司,下班順便帶回家,省掉好多時間,下列何者最適當? (4)
    ① 可以,又沒離開工作崗位,且能節省時間
    ② 可以,還能介紹同事一同團購,省更多的錢,增進同事情誼
    ③ 不可以,應該把商品寄回家,不是公司
    ④ 不可以,上班不能從事個人私務,應該等下班後再網路購物。

87. (　) 宜樺家中養了一隻貓,由於最近生病,獸醫師建議要有人一直陪牠,這樣會恢復快一點,辦公室雖然禁止攜帶寵物,但因為上班家裡無人陪伴,所以準備帶牠到辦公室一起上班,下列何者最適當? (4)
    ① 可以,只要我放在寵物箱,不要影響工作即可
    ② 可以,同事們都答應也不反對
    ③ 可以,雖然貓會發出聲音,大小便有異味,只要處理好不影響工作即可
    ④ 不可以,可以送至專門機構照護或請專人照顧,以免影響工作。

88. (　) 根據性別平等工作法,下列何者非屬職場性騷擾? (4)
    ① 公司員工執行職務時,客戶對其講黃色笑話,該員工感覺被冒犯
    ② 雇主對求職者要求交往,作為僱用與否之交換條件
    ③ 公司員工執行職務時,遭到同事以「女人就是沒大腦」性別歧視用語加以辱罵,該員工感覺其人格尊嚴受損
    ④ 公司員工下班後搭乘捷運,在捷運上遭到其他乘客偷拍。

89. (　) 根據性別平等工作法,下列何者非屬職場性別歧視? (4)
    ① 雇主考量男性賺錢養家之社會期待,提供男性高於女性之薪資
    ② 雇主考量女性以家庭為重之社會期待,裁員時優先資遣女性
    ③ 雇主事先與員工約定倘其有懷孕之情事,必須離職
    ④ 有未滿 2 歲子女之男性員工,也可申請每日六十分鐘的哺乳時間。

90. ( ) 根據性別平等工作法,有關雇主防治性騷擾之責任與罰則,下列何者錯誤? (3)
    ① 僱用受僱者 30 人以上者,應訂定性騷擾防治措施、申訴及懲戒規範
    ② 雇主知悉性騷擾發生時,應採取立即有效之糾正及補救措施
    ③ 雇主違反應訂定性騷擾防治措施之規定時,處以罰鍰即可,不用公布其姓名
    ④ 雇主違反應訂定性騷擾申訴管道者,應限期令其改善,屆期未改善者,應按次處罰。

91. ( ) 根據性騷擾防治法,有關性騷擾之責任與罰則,下列何者錯誤? (1)
    ① 對他人為性騷擾者,如果沒有造成他人財產上之損失,就無需負擔金錢賠償之責任
    ② 對於因教育、訓練、醫療、公務、業務、求職,受自己監督、照護之人,利用權勢或機會為性騷擾者,得加重科處罰鍰至二分之一
    ③ 意圖性騷擾,乘人不及抗拒而為親吻、擁抱或觸摸其臀部、胸部或其他身體隱私處之行為者,處 2 年以下有期徒刑、拘役或科或併科 10 萬元以下罰金
    ④ 對他人為權勢性騷擾以外之性騷擾者,由直轄市、縣(市)主管機關處 1 萬元以上 10 萬元以下罰鍰。

92. ( ) 根據性別平等工作法規範職場性騷擾範疇,下列何者錯誤? (3)
    ① 上班執行職務時,任何人以性要求、具有性意味或性別歧視之言詞或行為,造成敵意性、脅迫性或冒犯性之工作環境
    ② 對僱用、求職或執行職務關係受自己指揮、監督之人,利用權勢或機會為性騷擾
    ③ 與朋友聚餐後回家時,被陌生人以盯梢、守候、尾隨跟蹤
    ④ 雇主對受僱者或求職者為明示或暗示之性要求、具有性意味或性別歧視之言詞或行為。

93. （ ）根據消除對婦女一切形式歧視公約（CEDAW）之直接歧視及間接歧視意涵，下列何者錯誤？ (3)
    ① 老闆得知小黃懷孕後，故意將小黃調任薪資待遇較差的工作，意圖使其自行離開職場，小黃老闆的行為是直接歧視
    ② 某餐廳於網路上招募外場服務生，條件以未婚年輕女性優先錄取，明顯以性或性別差異為由所實施的差別待遇，為直接歧視
    ③ 某公司員工值班注意事項排除女性員工參與夜間輪值，是考量女性有人身安全及家庭照顧等需求，為維護女性權益之措施，非直接歧視
    ④ 某科技公司規定男女員工之加班時數上限及加班費或津貼不同，認為女性能力有限，且無法長時間工作，限制女性獲取薪資及升遷機會，這規定是直接歧視。

94. （ ）目前菸害防制法規範，「不可販賣菸品」給幾歲以下的人？ (1)
    ① 20　② 19　③ 18　④ 17。

95. （ ）按菸害防制法規定，下列敘述何者錯誤？ (1)
    ① 只有老闆、店員才可以出面勸阻在禁菸場所抽菸的人
    ② 任何人都可以出面勸阻在禁菸場所抽菸的人
    ③ 餐廳、旅館設置室內吸菸室，需經專業技師簽證核可
    ④ 加油站屬易燃易爆場所，任何人都可以勸阻在禁菸場所抽菸的人。

96. （ ）關於菸品對人體危害的敘述，下列何者正確？ (3)
    ① 只要開電風扇、或是抽風機就可以去除菸霧中的有害物質
    ② 指定菸品（如：加熱菸）只要通過健康風險評估，就不會危害健康，因此工作時如果想吸菸，就可以在職場拿出來使用
    ③ 雖然自己不吸菸，同事在旁邊吸菸，就會增加自己得肺癌的機率
    ④ 只要不將菸吸入肺部，就不會對身體造成傷害。

97. （ ）職場禁菸的好處不包括 (4)
    ① 降低吸菸者的菸品使用量，有助於減少吸菸導致的疾病而請假
    ② 避免同事因為被動吸菸而生病
    ③ 讓吸菸者菸癮降低，戒菸較容易成功
    ④ 吸菸者不能抽菸會影響工作效率。

98. ( ) 大多數的吸菸者都嘗試過戒菸，但是很少自己戒菸成功。吸菸的同事要戒菸，怎樣建議他是無效的？ (4)
① 鼓勵他撥打戒菸專線 0800-63-63-63，取得相關建議與協助
② 建議他到醫療院所、社區藥局找藥物戒菸
③ 建議他參加醫院或衛生所辦理的戒菸班
④ 戒菸是自己的事，別人幫不了忙。

99. ( ) 禁菸場所負責人未於場所入口處設置明顯禁菸標示，要罰該場所負責人多少元？ (2)
① 2 千至 1 萬　　　　　　　② 1 萬至 5 萬
③ 1 萬至 25 萬　　　　　　 ④ 20 萬至 100 萬。

100. ( ) 目前電子煙是非法的，下列對電子煙的敘述，何者錯誤？ (3)
① 跟吸菸一樣會成癮
② 會有爆炸危險
③ 沒有燃燒的菸草，也沒有二手煙的問題
④ 可能造成嚴重肺損傷。

90008 環境保護共同科目

1. (　) 世界環境日是在每一年的那一日？ (1)
   ① 6 月 5 日　② 4 月 10 日　③ 3 月 8 日　④ 11 月 12 日。

2. (　) 2015 年巴黎協議之目的為何？ (3)
   ① 避免臭氧層破壞　　　　② 減少持久性污染物排放
   ③ 遏阻全球暖化趨勢　　　④ 生物多樣性保育。

3. (　) 下列何者為環境保護的正確作為？ (3)
   ① 多吃肉少蔬食　　　　② 自己開車不共乘
   ③ 鐵馬步行　　　　　　④ 不隨手關燈。

4. (　) 下列何種行為對生態環境會造成較大的衝擊？ (2)
   ① 種植原生樹木　　　　② 引進外來物種
   ③ 設立國家公園　　　　④ 設立自然保護區。

5. (　) 下列哪一種飲食習慣能減碳抗暖化？ (2)
   ① 多吃速食　　　　　　② 多吃天然蔬果
   ③ 多吃牛肉　　　　　　④ 多選擇吃到飽的餐館。

6. (　) 飼主遛狗時，其狗在道路或其他公共場所便溺時，下列何者應優先負 (1)
   清除責任？
   ① 主人　② 清潔隊　③ 警察　④ 土地所有權人。

7. (　) 外食自備餐具是落實綠色消費的哪一項表現？ (1)
   ① 重複使用　② 回收再生　③ 環保選購　④ 降低成本。

8. (　) 再生能源一般是指可永續利用之能源，主要包括哪些： (2)
   A. 化石燃料 B. 風力 C. 太陽能 D. 水力？
   ① ACD　② BCD　③ ABD　④ ABCD。

9. (　) 依環境基本法第 3 條規定，基於國家長期利益，經濟、科技及社會發 (4)
   展均應兼顧環境保護。但如果經濟、科技及社會發展對環境有嚴重不
   良影響或有危害時，應以何者優先？
   ① 經濟　② 科技　③ 社會　④ 環境。

10. ( ) 森林面積的減少甚至消失可能導致哪些影響： (1)
A. 水資源減少 B. 減緩全球暖化 C. 加劇全球暖化 D. 降低生物多樣性？
① ACD　② BCD　③ ABD　④ ABCD。

11. ( ) 塑膠為海洋生態的殺手，所以政府推動「無塑海洋」政策，下列何項 (3)
不是減少塑膠危害海洋生態的重要措施？
① 擴大禁止免費供應塑膠袋
② 禁止製造、進口及販售含塑膠柔珠的清潔用品
③ 定期進行海水水質監測
④ 淨灘、淨海。

12. ( ) 違反環境保護法律或自治條例之行政法上義務，經處分機關處停工、 (2)
停業處分或處新臺幣五千元以上罰鍰者，應接受下列何種講習？
① 道路交通安全講習　　② 環境講習
③ 衛生講習　　　　　　④ 消防講習。

13. ( ) 下列何者為環保標章？ (1)

14. ( ) 「聖嬰現象」是指哪一區域的溫度異常升高？ (2)
① 西太平洋表層海水　　② 東太平洋表層海水
③ 西印度洋表層海水　　④ 東印度洋表層海水。

15. ( ) 「酸雨」定義為雨水酸鹼值達多少以下時稱之？ (1)
① 5.0　② 6.0　③ 7.0　④ 8.0。

16. ( ) 一般而言，水中溶氧量隨水溫之上升而呈下列哪一種趨勢？ (2)
① 增加　② 減少　③ 不變　④ 不一定。

17. ( ) 二手菸中包含多種危害人體的化學物質，甚至多種物質有致癌性，會 (4)
危害到下列何者的健康？
① 只對 12 歲以下孩童有影響
② 只對孕婦比較有影響
③ 只對 65 歲以上之民眾有影響
④ 對二手菸接觸民眾皆有影響。

18. (　　) 二氧化碳和其他溫室氣體含量增加是造成全球暖化的主因之一，下列 (2)
何種飲食方式也能降低碳排放量，對環境保護做出貢獻：A.少吃肉，
多吃蔬菜；B.玉米產量減少時，購買玉米罐頭食用；C.選擇當地食材；
D.使用免洗餐具，減少清洗用水與清潔劑？
① AB　　② AC　　③ AD　　④ ACD。

19. (　　) 上下班的交通方式有很多種，其中包括：A.騎腳踏車；B.搭乘大眾交 (1)
通工具；C.自行開車，請將前述幾種交通方式之單位排碳量由少至多
之排列方式為何？
① ABC　　② ACB　　③ BAC　　④ CBA。

20. (　　) 下列何者「不是」室內空氣污染源？ (3)
① 建材　　　　　　　　　② 辦公室事務機
③ 廢紙回收箱　　　　　　④ 油漆及塗料。

21. (　　) 下列何者不是自來水消毒採用的方式？ (4)
① 加入臭氧　　　　　　　② 加入氯氣
③ 紫外線消毒　　　　　　④ 加入二氧化碳。

22. (　　) 下列何者不是造成全球暖化的元凶？ (4)
① 汽機車排放的廢氣　　　② 工廠所排放的廢氣
③ 火力發電廠所排放的廢氣　④ 種植樹木。

23. (　　) 下列何者不是造成臺灣水資源減少的主要因素？ (2)
① 超抽地下水　　　　　　② 雨水酸化
③ 水庫淤積　　　　　　　④ 濫用水資源。

24. (　　) 下列何者是海洋受污染的現象？ (1)
① 形成紅潮　　　　　　　② 形成黑潮
③ 溫室效應　　　　　　　④ 臭氧層破洞。

25. (　　) 水中生化需氧量（BOD）愈高，其所代表的意義為下列何者？ (2)
① 水為硬水　　　　　　　② 有機污染物多
③ 水質偏酸　　　　　　　④ 分解污染物時不需消耗太多氧。

26. (　　) 下列何者是酸雨對環境的影響？ (1)
① 湖泊水質酸化　　　　　② 增加森林生長速度
③ 土壤肥沃　　　　　　　④ 增加水生動物種類。

27. ( ) 下列哪一項水質濃度降低會導致河川魚類大量死亡？　(2)
① 氨氮　② 溶氧　③ 二氧化碳　④ 生化需氧量。

28. ( ) 下列何種生活小習慣的改變可減少細懸浮微粒（$PM_{2.5}$）排放，共同為　(1)
改善空氣品質盡一份心力？
① 少吃燒烤食物　　② 使用吸塵器
③ 養成運動習慣　　④ 每天喝 500cc 的水。

29. ( ) 下列哪種措施不能用來降低空氣污染？　(4)
① 汽機車強制定期排氣檢測　② 汰換老舊柴油車
③ 禁止露天燃燒稻草　　　　④ 汽機車加裝消音器。

30. ( ) 大氣層中臭氧層有何作用？　(3)
① 保持溫度　　② 對流最旺盛的區域
③ 吸收紫外線　④ 造成光害。

31. ( ) 小李具有乙級廢水專責人員證照，某工廠希望以高價租用證照的方式　(1)
合作，請問下列何者正確？
① 這是違法行為　　② 互蒙其利
③ 價錢合理即可　　④ 經環保局同意即可。

32. ( ) 可藉由下列何者改善河川水質且兼具提供動植物良好棲地環境？　(2)
① 運動公園　② 人工溼地
③ 滯洪池　　④ 水庫。

33. ( ) 台灣自來水之水源主要取自　(2)
① 海洋的水　② 河川或水庫的水
③ 綠洲的水　④ 灌溉渠道的水。

34. ( ) 目前市面清潔劑均會強調「無磷」，是因為含磷的清潔劑使用後，若　(2)
廢水排至河川或湖泊等水域會造成甚麼影響？
① 綠牡蠣　② 優養化　③ 秘雕魚　④ 烏腳病。

35. ( ) 冰箱在廢棄回收時應特別注意哪一項物質，以避免逸散至大氣中造成　(1)
臭氧層的破壞？
① 冷媒　② 甲醛　③ 汞　④ 苯。

36. ( ) 下列何者不是噪音的危害所造成的現象？　(1)
① 精神很集中　　② 煩躁、失眠
③ 緊張、焦慮　　④ 工作效率低落。

37. ( ) 我國移動污染源空氣污染防制費的徵收機制為何？ (2)
    ① 依車輛里程數計費　　　② 隨油品銷售徵收
    ③ 依牌照徵收　　　　　　④ 依照排氣量徵收。

38. ( ) 室內裝潢時，若不謹慎選擇建材，將會逸散出氣狀污染物。其中會刺 (2)
    激皮膚、眼、鼻和呼吸道，也是致癌物質，可能為下列哪一種污染物？
    ① 臭氧　　　　　　　　② 甲醛
    ③ 氟氯碳化合物　　　　④ 二氧化碳。

39. ( ) 高速公路旁常見農田違法焚燒稻草，其產生下列何種汙染物除了對人 (1)
    體健康造成不良影響外，亦會造成濃煙影響行車安全？
    ① 懸浮微粒　② 二氧化碳 (CO_2)　③ 臭氧 (O_3)　④ 沼氣。

40. ( ) 都市中常產生的「熱島效應」會造成何種影響？ (2)
    ① 增加降雨　　　　　　② 空氣污染物不易擴散
    ③ 空氣污染物易擴散　　④ 溫度降低。

41. ( ) 下列何者不是藉由蚊蟲傳染的疾病？ (4)
    ① 日本腦炎　② 瘧疾　③ 登革熱　④ 痢疾。

42. ( ) 下列何者非屬資源回收分類項目中「廢紙類」的回收物？ (4)
    ① 報紙　② 雜誌　③ 紙袋　④ 用過的衛生紙。

43. ( ) 下列何者對飲用瓶裝水之形容是正確的：A.飲用後之寶特瓶容器為地 (1)
    球增加了一個廢棄物；B.運送瓶裝水時卡車會排放空氣污染物；C.瓶
    裝水一定比經煮沸之自來水安全衛生？
    ① AB　② BC　③ AC　④ ABC。

44. ( ) 下列哪一項是我們在家中常見的環境衛生用藥？ (2)
    ① 體香劑　② 殺蟲劑　③ 洗滌劑　④ 乾燥劑。

45. ( ) 下列何者為公告應回收的廢棄物？A.廢鋁箔包 B.廢紙容器 C.寶特瓶 (1)
    ① ABC　② AC　③ BC　④ C。

46. ( ) 小明拿到「垃圾強制分類」的宣導海報，標語寫著「分 3 類，好 OK」， (4)
    標語中的分 3 類是指家戶日常生活中產生的垃圾可以區分哪三類？
    ① 資源垃圾、廚餘、事業廢棄物
    ② 資源垃圾、一般廢棄物、事業廢棄物
    ③ 一般廢棄物、事業廢棄物、放射性廢棄物
    ④ 資源垃圾、廚餘、一般垃圾。

47. ( ) 家裡有過期的藥品，請問這些藥品要如何處理？ (2)
① 倒入馬桶沖掉　　② 交由藥局回收
③ 繼續服用　　　　④ 送給相同疾病的朋友。

48. ( ) 台灣西部海岸曾發生的綠牡蠣事件是與下列何種物質污染水體有關？ (2)
① 汞　② 銅　③ 磷　④ 鎘。

49. ( ) 在生物鏈越上端的物種其體內累積持久性有機污染物（POPs）濃度將 (4)
越高，危害性也將越大，這是說明 POPs 具有下列何種特性？
① 持久性　② 半揮發性　③ 高毒性　④ 生物累積性。

50. ( ) 有關小黑蚊的敘述，下列何者為非？ (3)
① 活動時間以中午十二點到下午三點為活動高峰期
② 小黑蚊的幼蟲以腐植質、青苔和藻類為食
③ 無論雄性或雌性皆會吸食哺乳類動物血液
④ 多存在竹林、灌木叢、雜草叢、果園等邊緣地帶等處。

51. ( ) 用垃圾焚化廠處理垃圾的最主要優點為何？ (1)
① 減少處理後的垃圾體積　　② 去除垃圾中所有毒物
③ 減少空氣污染　　　　　　④ 減少處理垃圾的程序。

52. ( ) 利用豬隻的排泄物當燃料發電，是屬於下列哪一種能源？ (3)
① 地熱能　② 太陽能　③ 生質能　④ 核能。

53. ( ) 每個人日常生活皆會產生垃圾，有關處理垃圾的觀念與方式，下列何 (2)
者不正確？
① 垃圾分類，使資源回收再利用
② 所有垃圾皆掩埋處理，垃圾將會自然分解
③ 廚餘回收堆肥後製成肥料
④ 可燃性垃圾經焚化燃燒可有效減少垃圾體積。

54. ( ) 防治蚊蟲最好的方法是 (2)
① 使用殺蟲劑　② 清除孳生源　③ 網子捕捉　④ 拍打。

55. ( ) 室內裝修業者承攬裝修工程，工程中所產生的廢棄物應該如何處理？ (1)
① 委託合法清除機構清運　　② 倒在偏遠山坡地
③ 河岸邊掩埋　　　　　　　④ 交給清潔隊垃圾車。

56. (　) 若使用後的廢電池未經回收，直接廢棄所含重金屬物質曝露於環境中可能產生哪些影響？A. 地下水污染、B. 對人體產生中毒等不良作用、C. 對生物產生重金屬累積及濃縮作用、D. 造成優養化 (1)
　　① ABC　② ABCD　③ ACD　④ BCD。

57. (　) 哪一種家庭廢棄物可用來作為製造肥皂的主要原料？ (3)
　　① 食醋　② 果皮　③ 回鍋油　④ 熟廚餘。

58. (　) 世紀之毒「戴奧辛」主要透過何者方式進入人體？ (3)
　　① 透過觸摸　② 透過呼吸　③ 透過飲食　④ 透過雨水。

59. (　) 臺灣地狹人稠，垃圾處理一直是不易解決的問題，下列何種是較佳的因應對策？ (1)
　　① 垃圾分類資源回收　　② 蓋焚化廠
　　③ 運至國外處理　　　　④ 向海爭地掩埋。

60. (　) 購買下列哪一種商品對環境比較友善？ (3)
　　① 用過即丟的商品　　　② 一次性的產品
　　③ 材質可以回收的商品　④ 過度包裝的商品。

61. (　) 下列何項法規的立法目的為預防及減輕開發行為對環境造成不良影響，藉以達成環境保護之目的？ (2)
　　① 公害糾紛處理法　　　② 環境影響評估法
　　③ 環境基本法　　　　　④ 環境教育法。

62. (　) 下列何種開發行為若對環境有不良影響之虞者，應實施環境影響評估？ (4)
　　A. 開發科學園區；B. 新建捷運工程；C. 採礦
　　① AB　② BC　③ AC　④ ABC。

63. (　) 主管機關審查環境影響說明書或評估書，如認為已足以判斷未對環境有重大影響之虞，作成之審查結論可能為下列何者？ (1)
　　① 通過環境影響評估審查
　　② 應繼續進行第二階段環境影響評估
　　③ 認定不應開發
　　④ 補充修正資料再審。

64. ( ) 依環境影響評估法規定，對環境有重大影響之虞的開發行為應繼續進行第二階段環境影響評估，下列何者不是上述對環境有重大影響之虞或應進行第二階段環境影響評估的決定方式？　① 明訂開發行為及規模　② 環評委員會審查認定　③ 自願進行　④ 有民眾或團體抗爭。 (4)

65. ( ) 依環境教育法，環境教育之戶外學習應選擇何地點辦理？　① 遊樂園　② 環境教育設施或場所　③ 森林遊樂區　④ 海洋世界。 (2)

66. ( ) 依環境影響評估法規定，環境影響評估審查委員會審查環境影響說明書，認定下列對環境有重大影響之虞者，應繼續進行第二階段環境影響評估，下列何者非屬對環境有重大影響之虞者？　① 對保育類動植物之棲息生存有顯著不利之影響　② 對國家經濟有顯著不利之影響　③ 對國民健康有顯著不利之影響　④ 對其他國家之環境有顯著不利之影響。 (2)

67. ( ) 依環境影響評估法規定，第二階段環境影響評估，目的事業主管機關應舉行下列何種會議？　① 研討會　② 聽證會　③ 辯論會　④ 公聽會。 (4)

68. ( ) 開發單位申請變更環境影響說明書、評估書內容或審查結論，符合下列哪一情形，得檢附變更內容對照表辦理？　① 既有設備提昇產能而污染總量增加在百分之十以下　② 降低環境保護設施處理等級或效率　③ 環境監測計畫變更　④ 開發行為規模增加未超過百分之五。 (3)

69. ( ) 開發單位變更原申請內容有下列哪一情形，無須就申請變更部分，重新辦理環境影響評估？　① 不降低環保設施之處理等級或效率　② 規模擴增百分之十以上　③ 對環境品質之維護有不利影響　④ 土地使用之變更涉及原規劃之保護區。 (1)

70. ( ) 工廠或交通工具排放空氣污染物之檢查,下列何者錯誤? (2)
① 依中央主管機關規定之方法使用儀器進行檢查
② 檢查人員以嗅覺進行氨氣濃度之判定
③ 檢查人員以嗅覺進行異味濃度之判定
④ 檢查人員以肉眼進行粒狀污染物不透光率之判定。

71. ( ) 下列對於空氣污染物排放標準之敘述,何者正確:A. 排放標準由中央主管機關訂定;B. 所有行業之排放標準皆相同? (1)
① 僅 A ② 僅 B ③ AB 皆正確 ④ AB 皆錯誤。

72. ( ) 下列對於細懸浮微粒（$PM_{2.5}$）之敘述何者正確:A. 空氣品質測站中自動監測儀所測得之數值若高於空氣品質標準,即判定為不符合空氣品質標準;B. 濃度監測之標準方法為中央主管機關公告之手動檢測方法;C. 空氣品質標準之年平均值為 $15\mu g/m^3$? (2)
① 僅 AB ② 僅 BC ③ 僅 AC ④ ABC 皆正確。

73. ( ) 機車為空氣污染物之主要排放來源之一,下列何者可降低空氣污染物之排放量:A. 將四行程機車全面汰換成二行程機車;B. 推廣電動機車;C. 降低汽油中之硫含量? (2)
① 僅 AB ② 僅 BC ③ 僅 AC ④ ABC 皆正確。

74. ( ) 公眾聚集量大且滯留時間長之場所,經公告應設置自動監測設施,其應量測之室內空氣污染物項目為何? (1)
① 二氧化碳 ② 一氧化碳 ③ 臭氧 ④ 甲醛。

75. ( ) 空氣污染源依排放特性分為固定污染源及移動污染源,下列何者屬於移動污染源? (3)
① 焚化廠 ② 石化廠 ③ 機車 ④ 煉鋼廠。

76. ( ) 我國汽機車移動污染源空氣污染防制費的徵收機制為何? (3)
① 依牌照徵收   ② 隨水費徵收
③ 隨油品銷售徵收 ④ 購車時徵收。

77. ( ) 細懸浮微粒（$PM_{2.5}$）除了來自於污染源直接排放外,亦可能經由下列哪一種反應產生? (4)
① 光合作用 ② 酸鹼中和 ③ 厭氧作用 ④ 光化學反應。

78. ( ) 我國固定污染源空氣污染防制費以何種方式徵收？ (4)
　　① 依營業額徵收　　　　　② 隨使用原料徵收
　　③ 按工廠面積徵收　　　　④ 依排放污染物之種類及數量徵收。

79. ( ) 在不妨害水體正常用途情況下，水體所能涵容污染物之量稱為 (1)
　　① 涵容能力　　　　　　　② 放流能力
　　③ 運轉能力　　　　　　　④ 消化能力。

80. ( ) 水污染防治法中所稱地面水體不包括下列何者？ (4)
　　① 河川　② 海洋　③ 灌溉渠道　④ 地下水。

81. ( ) 下列何者不是主管機關設置水質監測站採樣的項目？ (4)
　　① 水溫　② 氫離子濃度指數　③ 溶氧量　④ 顏色。

82. ( ) 事業、污水下水道系統及建築物污水處理設施之廢（污）水處理，其 (1)
　　產生之污泥，依規定應作何處理？
　　① 應妥善處理，不得任意放置或棄置
　　② 可作為農業肥料
　　③ 可作為建築土方
　　④ 得交由清潔隊處理。

83. ( ) 依水污染防治法，事業排放廢（污）水於地面水體者，應符合下列哪 (2)
　　一標準之規定？
　　① 下水水質標準　　　　　② 放流水標準
　　③ 水體分類水質標準　　　④ 土壤處理標準。

84. ( ) 放流水標準，依水污染防治法應由何機關定之：A.中央主管機關；B.中 (3)
　　央主管機關會同相關目的事業主管機關；C.中央主管機關會商相關目
　　的事業主管機關？
　　① 僅 A　② 僅 B　③ 僅 C　④ ABC。

85. ( ) 對於噪音之量測，下列何者錯誤？ (1)
　　① 可於下雨時測量
　　② 風速大於每秒 5 公尺時不可量測
　　③ 聲音感應器應置於離地面或樓板延伸線 1.2 至 1.5 公尺之間
　　④ 測量低頻噪音時，僅限於室內地點測量，非於戶外量測。

86. ( ) 下列對於噪音管制法之規定，何者敘述錯誤？ (4)
    ① 噪音指超過管制標準之聲音
    ② 環保局得視噪音狀況劃定公告噪音管制區
    ③ 人民得向主管機關檢舉使用中機動車輛噪音妨害安寧情形
    ④ 使用經校正合格之噪音計皆可執行噪音管制法規定之檢驗測定。

87. ( ) 製造非持續性但卻妨害安寧之聲音者，由下列何單位依法進行處理？ (1)
    ① 警察局　② 環保局　③ 社會局　④ 消防局。

88. ( ) 廢棄物、剩餘土石方清除機具應隨車持有證明文件且應載明廢棄物、 (1)
    剩餘土石方之：A 產生源；B 處理地點；C 清除公司
    ① 僅 AB　② 僅 BC　③ 僅 AC　④ ABC 皆是。

89. ( ) 從事廢棄物清除、處理業務者，應向直轄市、縣（市）主管機關或中 (1)
    央主管機關委託之機關取得何種文件後，始得受託清除、處理廢棄物
    業務？
    ① 公民營廢棄物清除處理機構許可文件
    ② 運輸車輛駕駛證明
    ③ 運輸車輛購買證明
    ④ 公司財務證明。

90. ( ) 在何種情形下，禁止輸入事業廢棄物：A. 對國內廢棄物處理有妨礙； (4)
    B. 可直接固化處理、掩埋、焚化或海拋；C. 於國內無法妥善清理？
    ① 僅 A　② 僅 B　③ 僅 C　④ ABC。

91. ( ) 毒性化學物質因洩漏、化學反應或其他突發事故而污染運作場所周界 (4)
    外之環境，運作人應立即採取緊急防治措施，並至遲於多久時間內，
    報知直轄市、縣（市）主管機關？
    ① 1 小時　② 2 小時　③ 4 小時　④ 30 分鐘。

92. ( ) 下列何種物質或物品，受毒性及關注化學物質管理法之管制？ (4)
    ① 製造醫藥之靈丹　　　　　② 製造農藥之蓋普丹
    ③ 含汞之日光燈　　　　　　④ 使用青石綿製造石綿瓦。

93. ( ) 下列何行為不是土壤及地下水污染整治法所指污染行為人之作為？ (4)
    ① 洩漏或棄置污染物
    ② 非法排放或灌注污染物
    ③ 仲介或容許洩漏、棄置、非法排放或灌注污染物
    ④ 依法令規定清理污染物。

94. ( ) 依土壤及地下水污染整治法規定，進行土壤、底泥及地下水污染調查、整治及提供、檢具土壤及地下水污染檢測資料時，其土壤、底泥及地下水污染物檢驗測定，應委託何單位辦理？
① 經中央主管機關許可之檢測機構　② 大專院校
③ 政府機關　　　　　　　　　　④ 自行檢驗。 (1)

95. ( ) 為解決環境保護與經濟發展的衝突與矛盾，1992 年聯合國環境發展大會（UN Conference on Environment and Development, UNCED）制定通過：
① 日內瓦公約　　　　② 蒙特婁公約
③ 21 世紀議程　　　　④ 京都議定書。 (3)

96. ( ) 一般而言，下列哪一個防治策略是屬經濟誘因策略？
① 可轉換排放許可交易　② 許可證制度
③ 放流水標準　　　　　④ 環境品質標準。 (1)

97. ( ) 對溫室氣體管制之「無悔政策」係指
① 減輕溫室氣體效應之同時，仍可獲致社會效益
② 全世界各國同時進行溫室氣體減量
③ 各類溫室氣體均有相同之減量邊際成本
④ 持續研究溫室氣體對全球氣候變遷之科學證據。 (1)

98. ( ) 一般家庭垃圾在進行衛生掩埋後，會經由細菌的分解而產生甲烷氣體，有關甲烷氣體對大氣危機中哪一種效應具有影響力？
① 臭氧層破壞　　　　② 酸雨
③ 溫室效應　　　　　④ 煙霧（smog）效應。 (3)

99. ( ) 下列國際環保公約，何者限制各國進行野生動植物交易，以保護瀕臨絕種的野生動植物？
① 華盛頓公約　　　　② 巴塞爾公約
③ 蒙特婁議定書　　　④ 氣候變化綱要公約。 (1)

100. ( ) 因人類活動導致哪些營養物過量排入海洋，造成沿海赤潮頻繁發生，破壞了紅樹林、珊瑚礁、海草，亦使魚蝦銳減，漁業損失慘重？
① 碳及磷　② 氮及磷　③ 氮及氯　④ 氯及鎂。 (2)

90009 節能減碳共同科目

1. ( ) 依經濟部能源署「指定能源用戶應遵之節約能源規定」，在正常使用條件下，公眾出入之場所其室內冷氣溫度平均值不得低於攝氏幾度？ ① 26 ② 25 ③ 24 ④ 22。 (1)

2. ( ) 下列何者為節能標章？ (2)

3. ( ) 下列產業中耗能佔比最大的產業為 ① 服務業 ② 公用事業 ③ 農林漁牧業 ④ 能源密集產業。 (4)

4. ( ) 下列何者「不是」節省能源的做法？ (1)
   ① 電冰箱溫度長時間設定在強冷或急冷
   ② 影印機當 15 分鐘無人使用時，自動進入省電模式
   ③ 電視機勿背著窗戶，並避免太陽直射
   ④ 短程不開汽車，以儘量搭乘公車、騎單車或步行為宜。

5. ( ) 經濟部能源署的能源效率標示中，電冰箱分為幾個等級？ ① 1 ② 3 ③ 5 ④ 7。 (3)

6. ( ) 溫室氣體排放量：指自排放源排出之各種溫室氣體量乘以各該物質溫暖化潛勢所得之合計量，以 ① 氧化亞氮 (N_2O) ② 二氧化碳 (CO_2) ③ 甲烷 (CH_4) ④ 六氟化硫 (SF_6) 當量表示。 (2)

7. ( ) 根據氣候變遷因應法，國家溫室氣體長期減量目標於中華民國幾年達成溫室氣體淨零排放？ ① 119 ② 129 ③ 139 ④ 149。 (3)

8. ( ) 氣候變遷因應法所稱主管機關，在中央為下列何單位？ ① 經濟部能源署 ② 環境部 ③ 國家發展委員會 ④ 衛生福利部。 (2)

90009　節能減碳共同科目

9. （ 3 ）氣候變遷因應法中所稱：一單位之排放額度相當於允許排放多少的二氧化碳當量
   ① 1 公斤　② 1 立方米　③ 1 公噸　④ 1 公升。

10. （ 3 ）下列何者「不是」全球暖化帶來的影響？
    ① 洪水　② 熱浪　③ 地震　④ 旱災。

11. （ 1 ）下列何種方法無法減少二氧化碳？
    ① 想吃多少儘量點，剩下可當廚餘回收
    ② 選購當地、當季食材，減少運輸碳足跡
    ③ 多吃蔬菜，少吃肉
    ④ 自備杯筷，減少免洗用具垃圾量。

12. （ 3 ）下列何者不會減少溫室氣體的排放？
    ① 減少使用煤、石油等化石燃料
    ② 大量植樹造林，禁止亂砍亂伐
    ③ 增高燃煤氣體排放的煙囪
    ④ 開發太陽能、水能等新能源。

13. （ 4 ）關於綠色採購的敘述，下列何者錯誤？
    ① 採購由回收材料所製造之物品
    ② 採購的產品對環境及人類健康有最小的傷害性
    ③ 選購對環境傷害較少、污染程度較低的產品
    ④ 以精美包裝為主要首選。

14. （ 1 ）一旦大氣中的二氧化碳含量增加，會引起那一種後果？
    ① 溫室效應惡化　　　② 臭氧層破洞
    ③ 冰期來臨　　　　　④ 海平面下降。

15. （ 3 ）關於建築中常用的金屬玻璃帷幕牆，下列敘述何者正確？
    ① 玻璃帷幕牆的使用能節省室內空調使用
    ② 玻璃帷幕牆適用於臺灣，讓夏天的室內產生溫暖的感覺
    ③ 在溫度高的國家，建築物使用金屬玻璃帷幕會造成日照輻射熱，產生室內「溫室效應」
    ④ 臺灣的氣候濕熱，特別適合在大樓以金屬玻璃帷幕作為建材。

16. （ 4 ）下列何者不是能源之類型？
    ① 電力　② 壓縮空氣　③ 蒸汽　④ 熱傳。

17. ( ) 我國已制定能源管理系統標準為 (1)
    ① CNS 50001　　　　　　② CNS 12681
    ③ CNS 14001　　　　　　④ CNS 22000。

18. ( ) 台灣電力股份有限公司所謂的三段式時間電價於夏月平日（非週六日） (4)
       之尖峰用電時段為何？
    ① 9：00~16：00　　　　② 9：00~24：00
    ③ 6：00~11：00　　　　④ 16：00~22：00。

19. ( ) 基於節能減碳的目標，下列何種光源發光效率最低，不鼓勵使用？ (1)
    ① 白熾燈泡　　　　　　② LED 燈泡
    ③ 省電燈泡　　　　　　④ 螢光燈管。

20. ( ) 下列的能源效率分級標示，哪一項較省電？ (1)
    ① 1　② 2　③ 3　④ 4。

21. ( ) 下列何者「不是」目前台灣主要的發電方式？ (4)
    ① 燃煤　② 燃氣　③ 水力　④ 地熱。

22. ( ) 有關延長線及電線的使用，下列敘述何者錯誤？ (2)
    ① 拔下延長線插頭時，應手握插頭取下
    ② 使用中之延長線如有異味產生，屬正常現象不須理會
    ③ 應避開火源，以免外覆塑膠熔解，致使用時造成短路
    ④ 使用老舊之延長線，容易造成短路、漏電或觸電等危險情形，應立即更換。

23. ( ) 有關觸電的處理方式，下列敘述何者錯誤？ (1)
    ① 立即將觸電者拉離現場　　② 把電源開關關閉
    ③ 通知救護人員　　　　　　④ 使用絕緣的裝備來移除電源。

24. ( ) 目前電費單中，係以「度」為收費依據，請問下列何者為其單位？ (2)
    ① kW　② kWh　③ kJ　④ kJh。

25. ( ) 依據台灣電力公司三段式時間電價（尖峰、半尖峰及離峰時段）的規 (4)
       定，請問哪個時段電價最便宜？
    ① 尖峰時段　　　　　　② 夏月半尖峰時段
    ③ 非夏月半尖峰時段　　④ 離峰時段。

26. ( ) 當用電設備遭遇電源不足或輸配電設備受限制時,導致用戶暫停或減 (2)
少用電的情形,常以下列何者名稱出現?
① 停電　② 限電　③ 斷電　④ 配電。

27. ( ) 照明控制可以達到節能與省電費的好處,下列何種方法最適合一般住 (2)
宅社區兼顧節能、經濟性與實際照明需求?
① 加裝 DALI 全自動控制系統
② 走廊與地下停車場選用紅外線感應控制電燈
③ 全面調低照明需求
④ 晚上關閉所有公共區域的照明。

28. ( ) 上班性質的商辦大樓為了降低尖峰時段用電,下列何者是錯的? (2)
① 使用儲冰式空調系統減少白天空調用電需求
② 白天有陽光照明,所以白天可以將照明設備全關掉
③ 汰換老舊電梯馬達並使用變頻控制
④ 電梯設定隔層停止控制,減少頻繁啟動。

29. ( ) 為了節能與降低電費的需求,應該如何正確選用家電產品? (2)
① 選用高功率的產品效率較高
② 優先選用取得節能標章的產品
③ 設備沒有壞,還是堪用,繼續用,不會增加支出
④ 選用能效分級數字較高的產品,效率較高,5 級的比 1 級的電器產
品更省電。

30. ( ) 有效而正確的節能從選購產品開始,就一般而言,下列的因素中,何 (3)
者是選購電氣設備的最優先考量項目?
① 用電量消耗電功率是多少瓦攸關電費支出,用電量小的優先
② 採購價格比較,便宜優先
③ 安全第一,一定要通過安規檢驗合格
④ 名人或演藝明星推薦,應該口碑較好。

31. ( ) 高效率燈具如果要降低眩光的不舒服,下列何者與降低刺眼眩光影響 (3)
無關?
① 光源下方加裝擴散板或擴散膜　② 燈具的遮光板
③ 光源的色溫　　　　　　　　　④ 採用間接照明。

32. ( ) 用電熱爐煮火鍋,採用中溫 50% 加熱,比用高溫 100% 加熱,將同一鍋水煮開,下列何者是對的? (4)
　　① 中溫 50% 加熱比較省電　　② 高溫 100% 加熱比較省電
　　③ 中溫 50% 加熱,電流反而比較大　　④ 兩種方式用電量是一樣的。

33. ( ) 電力公司為降低尖峰負載時段超載的停電風險,將尖峰時段電價費率（每度電單價）提高,離峰時段的費率降低,引導用戶轉移部分負載至離峰時段,這種電能管理策略稱為 (2)
　　① 需量競價　　② 時間電價
　　③ 可停電力　　④ 表燈用戶彈性電價。

34. ( ) 集合式住宅的地下停車場需要維持通風良好的空氣品質,又要兼顧節能效益,下列的排風扇控制方式何者是不恰當的? (2)
　　① 淘汰老舊排風扇,改裝取得節能標章、適當容量的高效率風扇
　　② 兩天一次運轉通風扇就好了
　　③ 結合一氧化碳偵測器,自動啟動 / 停止控制
　　④ 設定每天早晚二次定期啟動排風扇。

35. ( ) 大樓電梯為了節能及生活便利需求,可設定部分控制功能,下列何者是錯誤或不正確的做法? (2)
　　① 加感應開關,無人時自動關閉電燈與通風扇
　　② 縮短每次開門 / 關門的時間
　　③ 電梯設定隔樓層停靠,減少頻繁啟動
　　④ 電梯馬達加裝變頻控制。

36. ( ) 為了節能及兼顧冰箱的保溫效果,下列何者是錯誤或不正確的做法? (4)
　　① 冰箱內上下層間不要塞滿,以利冷藏對流
　　② 食物存放位置紀錄清楚,一次拿齊食物,減少開門次數
　　③ 冰箱門的密封壓條如果鬆弛,無法緊密關門,應儘速更新修復
　　④ 冰箱內食物擺滿塞滿,效益最高。

37. ( ) 電鍋剩飯持續保溫至隔天再食用,或剩飯先放冰箱冷藏,隔天用微波爐加熱,就加熱及節能觀點來評比,下列何者是對的? (2)
　　① 持續保溫較省電
　　② 微波爐再加熱比較省電又方便
　　③ 兩者一樣
　　④ 優先選電鍋保溫方式,因為馬上就可以吃。

90009　節能減碳共同科目

38. (　) 不斷電系統 UPS 與緊急發電機的裝置都是應付臨時性供電狀況；停電時，下列的陳述何者是對的？ (2)
    ① 緊急發電機會先啟動，不斷電系統 UPS 是後備的
    ② 不斷電系統 UPS 先啟動，緊急發電機是後備的
    ③ 兩者同時啟動
    ④ 不斷電系統 UPS 可以撐比較久。

39. (　) 下列何者為非再生能源？ (2)
    ① 地熱能　② 焦煤　③ 太陽能　④ 水力能。

40. (　) 欲兼顧採光及降低經由玻璃部分侵入之熱負載，下列的改善方法何者錯誤？ (1)
    ① 加裝深色窗簾　　　　　② 裝設百葉窗
    ③ 換裝雙層玻璃　　　　　④ 貼隔熱反射膠片。

41. (　) 一般桶裝瓦斯（液化石油氣）主要成分為丁烷與下列何種成分所組成？ (3)
    ① 甲烷　② 乙烷　③ 丙烷　④ 辛烷。

42. (　) 在正常操作，且提供相同暖氣之情形下，下列何種暖氣設備之能源效率最高？ (1)
    ① 冷暖氣機　　　　　　　② 電熱風扇
    ③ 電熱輻射機　　　　　　④ 電暖爐。

43. (　) 下列何種熱水器所需能源費用最少？ (4)
    ① 電熱水器　　　　　　　② 天然瓦斯熱水器
    ③ 柴油鍋爐熱水器　　　　④ 熱泵熱水器。

44. (　) 某公司希望能進行節能減碳，為地球盡點心力，以下何種作為並不恰當？ (4)
    ① 將採購規定列入以下文字：「汰換設備時首先考慮能源效率 1 級或具有節能標章之產品」
    ② 盤查所有能源使用設備
    ③ 實行能源管理
    ④ 為考慮經營成本，汰換設備時採買最便宜的機種。

45. (　) 冷氣外洩會造成能源之浪費，下列的入門設施與管理何者最耗能？ (2)
    ① 全開式有氣簾　　　　　② 全開式無氣簾
    ③ 自動門有氣簾　　　　　④ 自動門無氣簾。

273

46. (　) 下列何者「不是」潔淨能源？　　　　　　　　　　　　　　　　　　　　(4)
　　　① 風能　② 地熱　③ 太陽能　④ 頁岩氣。

47. (　) 有關再生能源中的風力、太陽能的使用特性中，下列敘述中何者錯誤？　　(2)
　　　① 間歇性能源，供應不穩定　　② 不易受天氣影響
　　　③ 需較大的土地面積　　　　　④ 設置成本較高。

48. (　) 有關台灣能源發展所面臨的挑戰，下列選項何者是錯誤的？　　　　　　　(3)
　　　① 進口能源依存度高，能源安全易受國際影響
　　　② 化石能源所占比例高，溫室氣體減量壓力大
　　　③ 自產能源充足，不需仰賴進口
　　　④ 能源密集度較先進國家仍有改善空間。

49. (　) 若發生瓦斯外洩之情形，下列處理方法中錯誤的是？　　　　　　　　　　(3)
　　　① 應先關閉瓦斯爐或熱水器等開關
　　　② 緩慢地打開門窗，讓瓦斯自然飄散
　　　③ 開啟電風扇，加強空氣流動
　　　④ 在漏氣止住前，應保持警戒，嚴禁煙火。

50. (　) 全球暖化潛勢（Global Warming Potential, GWP）是衡量溫室氣體對全　　(1)
　　　球暖化的影響，其中是以何者為比較基準？
　　　① CO_2　② CH_4　③ SF_6　④ N_2O。

51. (　) 有關建築之外殼節能設計，下列敘述中錯誤的是？　　　　　　　　　　　(4)
　　　① 開窗區域設置遮陽設備
　　　② 大開窗面避免設置於東西日曬方位
　　　③ 做好屋頂隔熱設施
　　　④ 宜採用全面玻璃造型設計，以利自然採光。

52. (　) 下列何者燈泡的發光效率最高？　　　　　　　　　　　　　　　　　　　(1)
　　　① LED 燈泡　　　　　　　　② 省電燈泡
　　　③ 白熾燈泡　　　　　　　　④ 鹵素燈泡。

53. (　) 有關吹風機使用注意事項，下列敘述中錯誤的是？　　　　　　　　　　　(4)
　　　① 請勿在潮濕的地方使用，以免觸電危險
　　　② 應保持吹風機進、出風口之空氣流通，以免造成過熱
　　　③ 應避免長時間使用，使用時應保持適當的距離
　　　④ 可用來作為烘乾棉被及床單等用途。

90009　節能減碳共同科目

54. （2）下列何者是造成聖嬰現象發生的主要原因？
    ① 臭氧層破洞　② 溫室效應　③ 霧霾　④ 颱風。

55. （4）為了避免漏電而危害生命安全，下列「不正確」的做法是？
    ① 做好用電設備金屬外殼的接地
    ② 有濕氣的用電場合，線路加裝漏電斷路器
    ③ 加強定期的漏電檢查及維護
    ④ 使用保險絲來防止漏電的危險性。

56. （1）用電設備的線路保護用電力熔絲（保險絲）經常燒斷，造成停電的不便，下列「不正確」的作法是？
    ① 換大一級或大兩級規格的保險絲或斷路器就不會燒斷了
    ② 減少線路連接的電氣設備，降低用電量
    ③ 重新設計線路，改較粗的導線或用兩迴路並聯
    ④ 提高用電設備的功率因數。

57. （2）政府為推廣節能設備而補助民眾汰換老舊設備，下列何者的節電效益最佳？
    ① 將桌上檯燈光源由螢光燈換為 LED 燈
    ② 優先淘汰 10 年以上的老舊冷氣機為能源效率標示分級中之一級冷氣機
    ③ 汰換電風扇，改裝設能源效率標示分級為一級的冷氣機
    ④ 因為經費有限，選擇便宜的產品比較重要。

58. （1）依據我國現行國家標準規定，冷氣機的冷氣能力標示應以何種單位表示？
    ① kW　② BTU/h　③ kcal/h　④ RT。

59. （1）漏電影響節電成效，並且影響用電安全，簡易的查修方法為
    ① 電氣材料行買支驗電起子，碰觸電氣設備的外殼，就可查出漏電與否
    ② 用手碰觸就可以知道有無漏電
    ③ 用三用電表檢查
    ④ 看電費單有無紀錄。

275

60. (　　) 使用了 10 幾年的通風換氣扇老舊又骯髒，噪音又大，維修時採取下列哪一種對策最為正確及節能？　(2)
    ① 定期拆下來清洗油垢
    ② 不必再猶豫，10 年以上的電扇效率偏低，直接換為高效率通風扇
    ③ 直接噴沙拉脫清潔劑就可以了，省錢又方便
    ④ 高效率通風扇較貴，換同機型的廠內備用品就好了。

61. (　　) 電氣設備維修時，在關掉電源後，最好停留 1 至 5 分鐘才開始檢修，其主要的理由為下列何者？　(3)
    ① 先平靜心情，做好準備才動手
    ② 讓機器設備降溫下來再查修
    ③ 讓裡面的電容器有時間放電完畢，才安全
    ④ 法規沒有規定，這完全沒有必要。

62. (　　) 電氣設備裝設於有潮濕水氣的環境時，最應該優先檢查及確認的措施是？　(1)
    ① 有無在線路上裝設漏電斷路器
    ② 電氣設備上有無安全保險絲
    ③ 有無過載及過熱保護設備
    ④ 有無可能傾倒及生鏽。

63. (　　) 為保持中央空調主機效率，最好每隔多久時間應請維護廠商或保養人員檢視中央空調主機？　(1)
    ① 半年　② 1 年　③ 1.5 年　④ 2 年。

64. (　　) 家庭用電最大宗來自於　(1)
    ① 空調及照明　② 電腦　③ 電視　④ 吹風機。

65. (　　) 冷氣房內為減少日照高溫及降低空調負載，下列何種處理方式是錯誤的？　(2)
    ① 窗戶裝設窗簾或貼隔熱紙
    ② 將窗戶或門開啟，讓屋內外空氣自然對流
    ③ 屋頂加裝隔熱材、高反射率塗料或噴水
    ④ 於屋頂進行薄層綠化。

66. (　　) 有關電冰箱放置位置的處理方式，下列何者是正確的？　(2)
① 背後緊貼牆壁節省空間
② 背後距離牆壁應有 10 公分以上空間，以利散熱
③ 室內空間有限，側面緊貼牆壁就可以了
④ 冰箱最好貼近流理台，以便存取食材。

67. (　　) 下列何項「不是」照明節能改善需優先考量之因素？　(2)
① 照明方式是否適當　　② 燈具之外型是否美觀
③ 照明之品質是否適當　④ 照度是否適當。

68. (　　) 醫院、飯店或宿舍之熱水系統耗能大，要設置熱水系統時，應優先選用何種熱水系統較節能？　(2)
① 電能熱水系統　　② 熱泵熱水系統
③ 瓦斯熱水系統　　④ 重油熱水系統。

69. (　　) 如右圖，你知道這是什麼標章嗎？　(4)
① 省水標章　② 環保標章
③ 奈米標章　④ 能源效率標示。

70. (　　) 台灣電力公司電價表所指的夏月用電月份（電價比其他月份高）是為　(3)
① 4/1~7/31　　② 5/1~8/31
③ 6/1~9/30　　④ 7/1~10/31。

71. (　　) 屋頂隔熱可有效降低空調用電，下列何項措施較不適當？　(1)
① 屋頂儲水隔熱
② 屋頂綠化
③ 於適當位置設置太陽能板發電同時加以隔熱
④ 鋪設隔熱磚。

72. (　　) 電腦機房使用時間長、耗電量大，下列何項措施對電腦機房之用電管理較不適當？　(1)
① 機房設定較低之溫度　　② 設置冷熱通道
③ 使用較高效率之空調設備　④ 使用新型高效能電腦設備。

73. (　) 下列有關省水標章的敘述中正確的是？ (3)
   ① 省水標章是環境部為推動使用節水器材，特別研定以作為消費者辨識省水產品的一種標誌
   ② 獲得省水標章的產品並無嚴格測試，所以對消費者並無一定的保障
   ③ 省水標章能激勵廠商重視省水產品的研發與製造，進而達到推廣節水良性循環之目的
   ④ 省水標章除有用水設備外，亦可使用於冷氣或冰箱上。

74. (　) 透過淋浴習慣的改變就可以節約用水，以下選項何者正確？ (2)
   ① 淋浴時抹肥皂，無需將蓮蓬頭暫時關上
   ② 等待熱水前流出的冷水可以用水桶接起來再利用
   ③ 淋浴流下的水不可以刷洗浴室地板
   ④ 淋浴沖澡流下的水，可以儲蓄洗菜使用。

75. (　) 家人洗澡時，一個接一個連續洗，也是一種有效的省水方式嗎？ (1)
   ① 是，因為可以節省等待熱水流出之前所先流失的冷水
   ② 否，這跟省水沒什麼關係，不用這麼麻煩
   ③ 否，因為等熱水時流出的水量不多
   ④ 有可能省水也可能不省水，無法定論。

76. (　) 下列何種方式有助於節省洗衣機的用水量？ (2)
   ① 洗衣機洗滌的衣物盡量裝滿，一次洗完
   ② 購買洗衣機時選購有省水標章的洗衣機，可有效節約用水
   ③ 無需將衣物適當分類
   ④ 洗濯衣物時盡量選擇高水位才洗的乾淨。

77. (　) 如果水龍頭流量過大，下列何種處理方式是錯誤的？ (3)
   ① 加裝節水墊片或起波器
   ② 加裝可自動關閉水龍頭的自動感應器
   ③ 直接換裝沒有省水標章的水龍頭
   ④ 直接調整水龍頭到適當水量。

78. (　) 洗菜水、洗碗水、洗衣水、洗澡水等的清洗水，不可直接利用來做什麼用途？ (4)
   ① 洗地板　② 沖馬桶　③ 澆花　④ 飲用水。

79. ( ) 如果馬桶有不正常的漏水問題，下列何者處理方式是錯誤的？ (1)
    ① 因為馬桶還能正常使用，所以不用著急，等到不能用時再報修即可
    ② 立刻檢查馬桶水箱零件有無鬆脫，並確認有無漏水
    ③ 滴幾滴食用色素到水箱裡，檢查有無有色水流進馬桶，代表可能有漏水
    ④ 通知水電行或檢修人員來檢修，徹底根絕漏水問題。

80. ( ) 水費的計量單位是「度」，你知道一度水的容量大約有多少？ (3)
    ① 2,000 公升　　　　　　　② 3000 個 600cc 的寶特瓶
    ③ 1 立方公尺的水量　　　　④ 3 立方公尺的水量。

81. ( ) 臺灣在一年中什麼時期會比較缺水 (即枯水期)？ (3)
    ① 6 月至 9 月　　　　　　　② 9 月至 12 月
    ③ 11 月至次年 4 月　　　　④ 臺灣全年不缺水。

82. ( ) 下列何種現象「不是」直接造成台灣缺水的原因？ (4)
    ① 降雨季節分佈不平均，有時候連續好幾個月不下雨，有時又會下起豪大雨
    ② 地形山高坡陡，所以雨一下很快就會流入大海
    ③ 因為民生與工商業用水需求量都愈來愈大，所以缺水季節很容易無水可用
    ④ 台灣地區夏天過熱，致蒸發量過大。

83. ( ) 冷凍食品該如何讓它退冰，才是既「節能」又「省水」？ (3)
    ① 直接用水沖食物強迫退冰
    ② 使用微波爐解凍快速又方便
    ③ 烹煮前盡早拿出來放置退冰
    ④ 用熱水浸泡，每 5 分鐘更換一次。

84. ( ) 洗碗、洗菜用何種方式可以達到清洗又省水的效果？ (2)
    ① 對著水龍頭直接沖洗，且要盡量將水龍頭開大才能確保洗的乾淨
    ② 將適量的水放在盆槽內洗濯，以減少用水
    ③ 把碗盤、菜等浸在水盆裡，再開水龍頭拼命沖水
    ④ 用熱水及冷水大量交叉沖洗達到最佳清洗效果。

85. ( ) 解決台灣水荒(缺水)問題的無效對策是　(4)
　　　① 興建水庫、蓄洪(豐)濟枯　　② 全面節約用水
　　　③ 水資源重複利用，海水淡化…等　④ 積極推動全民體育運動。

86. ( ) 如右圖，你知道這是什麼標章嗎？　(3)
　　　① 奈米標章　② 環保標章
　　　③ 省水標章　④ 節能標章。

87. ( ) 澆花的時間何時較為適當，水分不易蒸發又對植物最好？　(3)
　　　① 正中午　② 下午時段　③ 清晨或傍晚　④ 半夜十二點。

88. ( ) 下列何種方式沒有辦法降低洗衣機之使用水量，所以不建議採用？　(3)
　　　① 使用低水位清洗　　　　② 選擇快洗行程
　　　③ 兩、三件衣服也丟洗衣機洗　④ 選擇有自動調節水量的洗衣機。

89. ( ) 有關省水馬桶的使用方式與觀念認知，下列何者是錯誤的？　(3)
　　　① 選用衛浴設備時最好能採用省水標章馬桶
　　　② 如果家裡的馬桶是傳統舊式，可以加裝二段式沖水配件
　　　③ 省水馬桶因為水量較小，會有沖不乾淨的問題，所以應該多沖幾次
　　　④ 因為馬桶是家裡用水的大宗，所以應該儘量採用省水馬桶來節約用水。

90. ( ) 下列的洗車方式，何者「無法」節約用水？　(3)
　　　① 使用有開關的水管可以隨時控制出水
　　　② 用水桶及海綿抹布擦洗
　　　③ 用大口徑強力水注沖洗
　　　④ 利用機械自動洗車，洗車水處理循環使用。

91. ( ) 下列何種現象「無法」看出家裡有漏水的問題？　(1)
　　　① 水龍頭打開使用時，水表的指針持續在轉動
　　　② 牆面、地面或天花板忽然出現潮濕的現象
　　　③ 馬桶裡的水常在晃動，或是沒辦法止水
　　　④ 水費有大幅度增加。

92. ( ) 蓮蓬頭出水量過大時，下列對策何者「無法」達到省水？　(2)
　　　① 換裝有省水標章的低流量(5~10L/min)蓮蓬頭
　　　② 淋浴時水量開大，無需改變使用方法
　　　③ 洗澡時間盡量縮短，塗抹肥皂時要把蓮蓬頭關起來
　　　④ 調整熱水器水量到適中位置。

93. (　) 自來水淨水步驟,何者是錯誤的? (4)
    ①混凝　②沉澱　③過濾　④煮沸。

94. (　) 為了取得良好的水資源,通常在河川的哪一段興建水庫? (1)
    ①上游　②中游　③下游　④下游出口。

95. (　) 台灣是屬缺水地區,每人每年實際分配到可利用水量是世界平均值的約多少? (4)
    ①1/2　②1/4　③1/5　④1/6。

96. (　) 台灣年降雨量是世界平均值的 2.6 倍,卻仍屬缺水地區,下列何者不是真正缺水的原因? (3)
    ①台灣由於山坡陡峻,以及颱風豪雨雨勢急促,大部分的降雨量皆迅速流入海洋
    ②降雨量在地域、季節分佈極不平均
    ③水庫蓋得太少
    ④台灣自來水水價過於便宜。

97. (　) 電源插座堆積灰塵可能引起電氣意外火災,維護保養時的正確做法是? (3)
    ①可以先用刷子刷去積塵
    ②直接用吹風機吹開灰塵就可以了
    ③應先關閉電源總開關箱內控制該插座的分路開關,然後再清理灰塵
    ④可以用金屬接點清潔劑噴在插座中去除銹蝕。

98. (　) 溫室氣體易造成全球氣候變遷的影響,下列何者不屬於溫室氣體? (4)
    ①二氧化碳(CO_2)　　②氫氟碳化物(HFCs)
    ③甲烷(CH_4)　　　　④氧氣(O_2)。

99. (　) 就能源管理系統而言,下列何者不是能源效率的表示方式? (4)
    ①汽車－公里/公升
    ②照明系統－瓦特/平方公尺 (W/m^2)
    ③冰水主機－千瓦/冷凍噸 (kW/RT)
    ④冰水主機－千瓦 (kW)。

100. (　) 某工廠規劃汰換老舊低效率設備,以下何種做法並不恰當? (3)
    ①可考慮使用較高效率設備產品
    ②先針對老舊設備建立其「能源指標」或「能源基線」
    ③唯恐一直浪費能源,未經評估就馬上將老舊設備汰換掉
    ④改善後需進行能源績效評估。

90011 資訊相關職類共用工作項目 不分級
工作項目一：電腦硬體架構

1. （　）在量販店內，商品包裝上所貼的「條碼 (Barcode)」係協助結帳及庫存盤點之用，則該條碼在此方面之資料處理作業上係屬於下列何者？　①輸入設備　②輸入媒體　③輸出設備　④輸出媒體。　(2)

2. （　）有關「CPU 及記憶體處理」之說明，下列何者「不正確」？　(2)
   ①控制單元負責指揮協調各單元運作
   ② I/O 負責算術運算及邏輯運算
   ③ ALU 負責算術運算及邏輯運算
   ④記憶單元儲存程式指令及資料。

3. （　）有關二進位數的表示法，下列何者「不正確」？　(2)
   ① 101　② 1A　③ 1　④ 11001。

   解析 2 進位制僅用 0 與 1 表達，1A 是 16 位進位制。

4. （　）負責電腦開機時執行系統自動偵測及支援相關應用程式，具輸入輸出功能的元件為下列何者？　① DOS　② BIOS　③ I/O　④ RAM。　(2)

5. （　）在處理器中位址匯流排有 32 條，可以定出多少記憶體位址？　(4)
   ① 512MB　② 1GB　③ 2GB　④ 4GB。

   解析 CPU 對記憶體單向輸出的排線，負責傳送位址，位址匯流排可決定主記憶體的最大記憶體容量。如果位址匯流排有 N 條排線（N 位元），則主記憶體最大可定址到 2^N 個記憶體位址，而一個記憶體位址可存放一個位元組（Byte），因此主記憶體有 2^N Bytes 的記憶體空間。所以本題有 32 條換算 2^{32} Bytes = $2^2 * 2^{30}$ Bytes = 4GBytes 記憶體空間。

6. （　）下列何者屬於揮發性記憶體？　(4)
   ① Hard Disk　② Flash Memory　③ ROM　④ RAM。

   解析 所謂揮發性記憶體是指當電源消失時，其記憶體內容即消失，RAM 隨機存取記憶體屬揮發性記憶體。
   Hard Disk 硬碟、Flash Memory 快閃記憶體 (如常見的 USB 隨身碟) 及 ROM 唯讀記憶體均非揮發性記憶體。

90011 資訊相關職類共用工作項目

7. (　) 下列技術何者為一個處理器中含有兩個執行單元,可以同時執行兩個並行執行緒,以提升處理器的運算效能與多工作業的能力? (2)
   ① 超執行緒 (Hyper Thread)
   ② 雙核心 (Dual Core)
   ③ 超純量 (Super Scalar)
   ④ 單指令多資料 (Single Instruction Multiple Data)。

8. (　) 下列技術何者為將一個處理器模擬成多個邏輯處理器,以提升程式執行之效能? (1)
   ① 超執行緒 (Hyper Thread)
   ② 雙核心 (Dual Core)
   ③ 超純量 (Super Scalar)
   ④ 單指令多資料 (Single Instruction Multiple Data)。

9. (　) 有關記憶體的敘述,下列何者「不正確」? (2)
   ① CPU 中的暫存器執行速度比主記憶體快
   ② 快取磁碟 (Disk Cache) 是利用記憶體中的快取記憶體 (Cache Memory) 來存放資料
   ③ 在系統軟體中,透過軟體與輔助儲存體來擴展主記憶體容量,使數個大型程式得以同時放在主記憶體內執行的技術是虛擬記憶體 (Virtual Memory)
   ④ 個人電腦上大都有 Level1 (L1) 及 Level2 (L2) 快取記憶體 (Cache Memory),其中 L1 快取的速度較快,但容量較小。

   解析 Disk Cache 磁碟快取是為了減少 CPU 透過 I/O 讀寫磁碟機的次數,提昇磁碟讀寫效率,用一塊記憶體來暫存讀寫較頻繁的磁碟內容。

10. (　) 有關電腦衡量單位之敘述,下列何者「不正確」? (4)
    ① 衡量印表機解析度的單位是 DPI (Dots Per Inch)
    ② 磁帶資料儲存密度的單位是 BPI (Bytes Per Inch)
    ③ 衡量雷射印表機列印速度的單位是 PPM (Pages Per Minute)
    ④ 通訊線路傳輸速率的單位是 BPS (Bytes Per Second)。

    解析 電腦的數位通訊線路傳輸速率的單位通常是位元計算,應為 bit per second,代表每秒可以傳送幾個位元,也就是每秒可以傳送幾個 0 或 1。

283

11. (　) 有關電腦儲存資料所需記憶體的大小排序，下列何者正確？ (1)
    ① 1TB > 1GB > 1MB > 1KB
    ② 1KB > 1GB > 1MB > 1TB
    ③ 1GB > 1MB > 1TB > 1KB
    ④ 1TB > 1KB > 1MB > 1GB。

12. (　) 以微控制器為核心，並配合適當的周邊設備，以執行特定功能，主要是用來控制、監督或輔助特定設備的裝置，其架構仍屬於一種電腦系統 (包含處理器、記憶體、輸入與輸出等硬體元素)，目前最常見的應用有 PDA、手機及資訊家電，這種系統稱為下列何者？ (2)
    ① 伺服器系統
    ② 嵌入式系統
    ③ 分散式系統
    ④ 個人電腦系統。

13. (　) 有 A,B 兩個大小相同的檔案，A 檔案儲存在硬碟連續的位置，而 B 檔案儲存在硬碟分散的位置，因此 A 檔案的存取時間比 B 檔案少，下列何者為主要影響因素？ (4)
    ① CPU 執行時間 (Execution Time)
    ② 記憶體存取時間 (Memory Access Time)
    ③ 傳送時間 (Transfer Time)
    ④ 搜尋時間 (Seek Time)。

> **解析**：影響傳統硬碟 (非固態硬碟) 存取時間主要有三項搜尋時間 Seek Time、磁碟旋轉延遲時間 rotational latency time、資料傳輸時間 Data Transfer Time。由於硬碟的物理特性，若檔案資料散亂分佈在不同的磁軌上，當磁碟讀寫頭在讀取檔案時，碟讀寫頭可能必須要多繞好幾圈（磁碟讀寫臂的移動距離變長），才能將檔案全部讀取完畢，將會影響搜尋時間。因此建議硬碟在使用一段時間後，使用硬碟重組軟體，將散亂的檔案資料排序成連續區塊，可減少磁碟讀寫臂的移動距離及磁碟讀寫頭的損耗，提升存取效能並延長硬碟的使用壽命。

14. (　) 關資料表示，下列何者「不正確」？ (3)
    ① 1Byte = 8bits　　　　　　② 1KB = 2^{10}Bytes
    ③ 1MB = 2^{15}Bytes　　　　　④ 1GB = 2^{30}Bytes。

90011　資訊相關職類共用工作項目

> **解析**　1KB=1024Bytes=2^{10}Bytes
> 1MB=1024*1024Bytes=$2^{10}*2^{10}$Bytes=2^{20}Bytes
> 1GB=1024*1024*1024Bytes=$2^{10}*2^{10}*2^{10}$Bytes=2^{30}Bytes

15. (　) 有關資料儲存媒體之敘述，下列何者正確？　(4)
    ① 儲存資料之光碟片，可以直接用餐巾紙沾水以同心圓擦拭，以保持資料儲存良好狀況
    ② MO (Magnetic Optical) 光碟機所使用的光碟片，外型大小及儲存容量均與 CD-ROM 相同
    ③ RAM 是一個經設計燒錄於硬體設備之記憶體
    ④ 可消除及可規劃之唯讀記憶體的縮寫為 EPROM。

> **解析**　EPROM 是 Erasable (可消除) Programmable (可規劃或可程式) Read Only Memory 的縮寫，只可以由紫外線抹去記憶體內部資料並可以再次重新載入新的程式或資料。

16. (　) 下列何者為 RAID (Redundant Array of Independent Disks) 技術的主要用途？　(1)
    ① 儲存資料　② 傳輸資料　③ 播放音樂　④ 播放影片。

> **解析**　EPROM 是 Erasable(可消除) Programmable(可規劃或可程式) Read Only Memory 的縮寫，只可以由紫外線抹去記憶體內部資料並可以再次重新載入新的程式或資料。

17. (　) 硬碟的轉速會影響下列何者磁碟機在讀取檔案時所需花的時間？　(1)
    ① 旋轉延遲 (Rotational Latency)　② 尋找時間 (Seek Time)
    ③ 資料傳輸 (Transfer Time)　④ 磁頭切換 (Head Switching)。

> **解析**　影響傳統硬碟(非固態硬碟)存取時間主要有三項搜尋時間 Seek Time、磁碟旋轉延遲時間 rotational latency time、資料傳輸時間 Data Transfer Time。由於硬碟的物理特性，當磁碟讀寫頭在讀取檔案時，硬碟必須旋轉及配合磁碟讀寫臂的移動，碟讀寫頭才能將檔案全部讀取完畢，因此硬碟的轉速將會影響旋轉延遲時間。

285

18. ( ) 微處理器與外部連接之各種訊號匯流排，何者具有雙向流通性？ (3)
① 控制匯流排　② 狀態匯流排　③ 資料匯流排　④ 位址匯流排。

> **解析** 控制匯流排：單向流通或稱單工
> 資料匯流排：雙向流通或稱雙工
> 位址匯流排：單向流通或稱單工

19. ( ) 下列何者是「美國標準資訊交換碼」的簡稱？ (3)
① IEEE　② CNS　③ ASCII　④ ISO。

> **解析** 全文及中文說明如下：
> IEEE：Institute of Electrical and Electronics Engineers，電機電子工程師學會
> CNS：National Standards of the Republic of China，中華民國國家標準
> ASCII：American Standard Code for Information Interchange，美國標準資訊交換碼
> ISO：International Organization for Standardization，國際標準化組織

20. ( ) 列何者內建於中央處理器 (CPU) 做為 CPU 暫存資料，以提升電腦的效能？ (1)
① 快取記憶體 (Cache)
② 快閃記憶體 (Flash Memory)
③ 靜態隨機存取記憶體 (SRAM)
④ 動態隨機存取記憶體 (DRAM)。

90011 資訊相關職類共用工作項目 不分級
工作項目二：網路概論與應用

1. ( ) 下列何者為制定網際網路 (Internet) 相關標準的機構？ (1)
   ① IETF　② IEEE　③ ANSI　④ ISO。

   解析 IETF 網際網路工程任務組（Internet Engineering Task Force）負責開發和推廣網際網路標準（Internet Standard，英文縮寫為 STD）的國際組織。

2. ( ) 下列何者為專有名詞「WWW」之中文名稱？ (3)
   ① 區域網路　　　　　　② 網際網路
   ③ 全球資訊網　　　　　④ 社群網路。

3. ( ) 下列何者不是合法的 IP 位址？ (4)
   ① 120.80.40.20　　　　② 140.92.1.50
   ③ 192.83.166.5　　　　④ 258.128.33.24。

   解析 v4 的有效表示範圍為 0~255.0~255.0~255.0~255

4. ( ) 有關網際網路之敘述，下列何者「不正確」？ (1)
   ① IPv4 之子網路與 IPv6 之子網路只要兩端直接以傳輸線相連即可互相傳送資料
   ② IPv4 之位址可以被轉化為 IPv6 之位址
   ③ IPv6 之位址有 128 位元
   ④ IPv4 之位址有 32 位元。

5. ( ) 在 OSI (Open System Interconnection) 通信協定中，電子郵件的服務屬於下列哪一層？ (4)
   ① 傳送層 (Transport Layer)　　② 交談層 (Session Layer)
   ③ 表示層 (Presentation Layer)　④ 應用層 (Application Layer)。

6. ( ) 有關藍牙 (Bluetooth) 技術特性之敘述，下列何者「不正確」？ (4)
   ① 傳輸距離約 10 公尺　　　② 低功率
   ③ 使用 2.4GHz 頻段　　　　④ 傳輸速率約為 10Mbps。

   解析 藍牙 (Bluetooth) 5.1 版最大傳輸速度 48Mbs，傳輸距離 300 公尺。

7. (　) 有關網際網路協定之敘述，下列何者「不正確」？ (2)
    ① TCP 是一種可靠傳輸
    ② HTTP 是一種安全性的傳輸
    ③ HTTP 使用 TCP 來傳輸資料
    ④ UDP 是一種不可靠傳輸。

    解析 HTTP 是無加密非安全性傳輸，HTTPS 是 SSL 加密安全傳輸協定。

8. (　) 下列何者是較為安全的加密傳輸協定？ (1)
    ① SSH　② HTTP　③ FTP　④ SMTP。

    解析 SSH (Secure Shell) 是一種加密的網絡傳輸協議，為網路服務提供安全的傳輸環境。使用者可以以加密的形式，遠端控制電腦、傳輸檔案。

9. (　) 物聯網 (IoT) 通訊物件通常具備移動性，為支援這樣的通訊特性，需求的網路技術主要為下列何者？ (4)
    ① 分散式運算　　　　　② 網格運算
    ③ 跨網域運算能力　　　④ 物件動態連結。

10. (　) 若電腦教室內的電腦皆以雙絞線連結至某一台集線器上，則此種網路架構為下列何者？ (1)
    ① 星狀拓樸　　　　　② 環狀拓樸
    ③ 匯流排拓樸　　　　④ 網狀拓樸。

11. (　) 下列設備，何者可以讓我們在只有一個 IP 的狀況下，提供多部電腦上網？ (2)
    ① 集線器 (Hub)　　　　② IP 分享器
    ③ 橋接器 (Bridge)　　　④ 數據機 (Modem)。

12. (　) 當一個區域網路過於忙碌，打算將其分開成兩個子網路時，此時應加裝下列何種裝置？ (2)
    ① 路徑器 (Router)　　　② 橋接器 (Bridge)
    ③ 閘道器 (Gateway)　　④ 網路連接器 (Connector)。

13. (　) 下列何種電腦通訊傳輸媒體之傳輸速度最快？ (4)
    ① 同軸電纜　② 雙絞線　③ 電話線　④ 光纖。

14. ( ) 下列何者為真實的 MAC (Media Access Control) 位址？ (4)
    ① 00:05:J6:0D:91:K1
    ② 10.0.0.1-255.255.255.0
    ③ 00:05:J6:0D:91:B1
    ④ 00:D0:A0:5C:C1:B5。

    解析 MAC 位址共 48 位元（6 個位元組），以十六進位表示。前 24 位元由 IEEE 決定如何分配，後 24 位元由實際生產該網路裝置的廠商自行指定。

15. ( ) 下列何種 IEEE Wireless LAN 標準的傳輸速率最低？ (2)
    ① 802.11a   ② 802.11b
    ③ 802.11g   ④ 802.11n。

    解析 MAC 位址共 48 位元（6 個位元組），以十六進位表示。前 24 位元由 IEEE 決定如何分配，後 24 位元由實際生產該網路裝置的廠商自行指定。

標準	頻帶	傳輸速率	傳輸距離
IEEE 802.11b	2.4 GHz	11 Mbps	100 公尺
IEEE 802.11a	5 GHz	54 Mbps	50 公尺
IEEE 802.11g	2.4 GHz	54 Mbps	100 公尺
IEEE 802.11n	2.4 GHz / 5 GHz	MAX600Mbps	100 公尺

16. ( ) NAT (Network Address Translation) 的用途為下列何者？ (3)
    ① 電腦主機與 IP 位址的轉換
    ② IP 位址轉換為實體位址
    ③ 組織內部私有 IP 位址與網際網路合法 IP 位址的轉換
    ④ 封包轉送路徑選擇。

17. ( ) 下列何種服務可將 Domain Name 對應為 IP 位址？ (2)
    ① WINS　② DNS　③ DHCP　④ Proxy。

    > **解析**
    > - WINS：Windows Internet Name Service 其目的用來解決在路由環境中解析 NetBIOS 名稱的問題，WINS 是 NetBIOS 名稱解析解決方案，是由微軟公司所發展出來的一種網路名稱轉換服務，WINS 可以將 NetBIOS 電腦名稱轉換為對應的 IP 位址。
    > - DNS：Domain Name System (或 Service)，領域名稱 (Domain name) 與位址 (IP address) 相互之間的轉換。
    > - DHCP：負責動態分配 IP 位址，當網路中有任何一台電腦要連線時，向 DHCP 伺服器要求一組 IP 位址，DHCP 伺服器會從資料庫中找出一個目前尚未被使用的 IP 位址提供給該電腦使用，使用完畢後電腦再將這個 IP 位址還給 DHCP 伺服器，提供給其他上線的電腦使用。
    > - Proxy：在 WWW 上，提供其他網頁伺服器之資料項目 (存取慢或較貴) 的快取功能的一種處理。

18. ( ) 下列何者不是 NFC (Near Field Communication) 的功用？ (3)
    ① 電子錢包　　　　　　② 電子票證
    ③ 行車導航　　　　　　④ 資料交換。

    > **解析** 行車導航是利用 GPS 全球定位系統及 GIS 地理資訊系統。

19. ( ) 有關 xxx@abc.edu.tw 之敘述，下列何者「不正確」？ (2)
    ① 它代表一個電子郵件地址
    ② 若為了方便，可以省略 @
    ③ xxx 代表一個電子郵件帳號
    ④ abc.edu.tw 代表某個電子郵件伺服器。

20. ( ) 有關 OTG (On-The-Go) 之敘述，下列何者正確？ (3)
    ① 可以將兩個隨身碟連接複製資料
    ② 可以提昇隨身碟資料傳送之速度
    ③ 可以將隨身碟連接到手機，讓手機存取隨身碟之資料
    ④ 可以讓隨身碟直接透過 WiFi 傳送資料到雲端。

90011 資訊相關職類共用工作項目

21. (1) 根據美國國家標準與技術研究院 (NIST) 對雲端的定義，下列何者「不是」雲端運算 (Cloud Computing) 之服務模式？
   ① 內容即服務 (Content as a Service, CaaS)
   ② 基礎架構即服務 (Infrastructure as a Service, IaaS)
   ③ 平台即服務 (Platform as a Service, PaaS)
   ④ 軟體即服務 (Software as a Service, SaaS)。

22. (2) 下列何種雲端服務可供使用者開發應用軟體？
   ① Software as a Service (SaaS)
   ② Platform as a Service (PaaS)
   ③ Information as a Service (IaaS)
   ④ Infrastructure as a Service (IaaS)。

23. (4) 下列何者為「B2C」電子商務之交易模式？
   ① 公司對公司　　　　② 客戶對公司
   ③ 客戶對客戶　　　　④ 公司對客戶。

24. (1) 下列何者為 Class A 網路的內定子網路遮罩？
   ① 255.0.0.0　　　　　② 255.255.0.0
   ③ 255.255.255.0　　　④ 255.255.255.255。

25. (3) IPv6 網際網路上的 IP address，每個 IP address 總共有幾個位元組？
   ① 4Bytes　② 8Bytes　③ 16Bytes　④ 20Bytes。

   解析 IPv6 共有 128bits = 16 byte。(1 byte = 8 bits)

26. (4) 下列何者為 DHCP 伺服器之功能？
   ① 提供網路資料庫的管理功能　② 提供檔案傳輸的服務
   ③ 提供網頁連結的服務　　　　④ 動態的分配 IP 給使用者使用。

   解析 DHCP：負責動態分配 IP 位址，當網路中有任何一台電腦要連線時，向 DHCP 伺服器要求一組 IP 位址，DHCP 伺服器會從資料庫中找出一個目前尚未被使用的 IP 位址提供給該電腦使用，使用完畢後電腦再將這個 IP 位址還給 DHCP 伺服器，提供給其他上線的電腦使用。

27. (　) 有關乙太網路 (Ethernet) 之敘述，下列何者「不正確」？ (3)
    ① 是一種區域網路
    ② 採用 CSMA/CD 的通訊協定
    ③ 網路長度可至 2500 公尺
    ④ 傳送時不保證服務品質。

    > **解析** 採用雙絞線的乙太網路，傳輸距離大約在 100 公尺以內。現今高速乙太網路採用光纖的傳輸距離可達 40 公里遠。

28. (　) 一個 Class C 類型網路可用的主機位址有多少個？ (1)
    ① 254　② 256　③ 128　④ 524。

29. (　) 下列何者為正確的 Internet 服務及相對應的預設通訊埠？ (3)
    ① TELNET：21　② FTP：23　③ STMP：25　④ HTTP：82。

    > **解析**
    >
    > | 通訊協定 | http | ftp | Telent | SMTP | POP3 |
    > | --- | --- | --- | --- | --- | --- |
    > | 埠號 | 80 | 21 | 23 | 25 | 110 |

90011 資訊相關職類共用工作項目 不分級
工作項目三：作業系統

1. (　) 有關使用直譯程式 (Interpreter) 將程式翻譯成機器語言之敘述，下列何者正確？ (2)
   ① 直譯程式 (Interpreter) 與編譯程式 (Compiler) 翻譯方式一樣
   ② 直譯程式每次轉譯一行指令後即執行
   ③ 直譯程式先執行再翻譯成目的程式
   ④ 直譯程式先翻譯成目的程式，再執行之。

2. (　) 編譯程式 (Compiler) 將高階語言翻譯至可執行的過程中，下列何者是連結程式 (Linker) 負責連結的標的？ (1)
   ① 目的程式與所需之副程式
   ② 原始程式與目的程式
   ③ 副程式與可執行程式
   ④ 原始程式與可執行程式。

3. (　) Linux 是屬何種系統？ (2)
   ① 應用系統 (Application Systems)
   ② 作業系統 (Operation Systems)
   ③ 資料庫系統 (Database Systems)
   ④ 編輯系統 (Editor Systems)。

4. (　) 下列何種作業系統沒有圖形使用者操作介面？ (4)
   ① Linux　② Windows Server　③ MacOS　④ MS-DOS。

   解析 MS-DOS 屬單人單工作業系統，文字指令操作介面。

5. (　) 下列何者「不是」多人多工之作業系統？ (3)
   ① Linux　② Solaris　③ MS-DOS　④ Windows Server。

6. (　) 下列何者為 Linux 作業系統之「系統管理者」的預設帳號？ (3)
   ① administrator　② manager　③ root　④ supervisor。

7. (　) Windows 登入時，若鍵入的密碼其「大小寫不正確」會導致下列何種結果？ (3)
    ① 仍可以進入 Windows
    ② 進入 Windows 的安全模式
    ③ 要求重新輸入密碼
    ④ Windows 將先關閉，並重新開機。

8. (　) 下列何種技術是利用硬碟空間來解決主記憶體空間之不足？ (3)
    ① 分時技術 (Time Sharing)
    ② 同步記憶體 (Concurrent Memory)
    ③ 虛擬記憶體 (Virtual Memory)
    ④ 多工技術 (Multitasking)。

9. (　) 電腦中負責資源管理的軟體是下列何種？ (4)
    ① 編譯程式 (Compiler)
    ② 公用程式 (Utility)
    ③ 應用程式 (Application)
    ④ 作業系統 (OperatingSystem)。

10. (　) 下列何者為 Linux 系統所採用的檔案系統？ (2)
    ① NTFS　② XFS　③ HTFS　④ vms。

> **解析** NTFS：Windows 的檔案系統
> XFS：Linux 的檔案系統

90011 資訊相關職類共用工作項目 不分級
工作項目四：資訊運算思維

1. （　）下列流程圖所對應的 C/C++ 指令為何？　　　　　　　　　　　　　　(1)
    ① do...while　② while　③ switch...case　④ if...then...else。

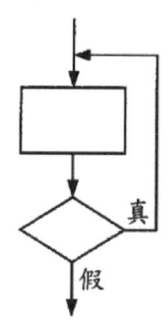

    解析 後判斷用 do...while。

2. （　）下列流程圖所對應的 C/C++ 指令為何？　　　　　　　　　　　　　　(4)
    ① do...while　② while　③ switch...case　④ if...then...else。

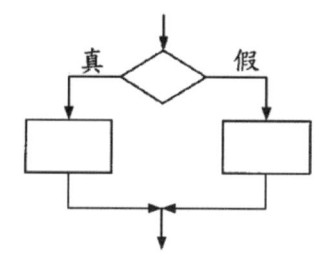

3. （　）下列流程圖所對應的 C/C++ 指令為何？　　　　　　　　　　　　　　(2)
    ① do...while　② while　③ switch...case　④ if...then...else。

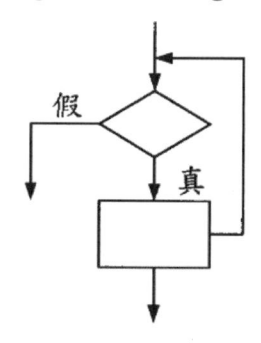

    解析 先判斷用 while。

4. (　　) 下列流程圖所對應的 C/C++ 程式為何？　(2)

①
```
X>3? cout<<B:cout<<A;
X=X+1
```

②
```
if (X>3) cout<<A; else
cout<<B;
X=X+1;
```

③
```
switch(X) {
    case 1: cout<<A;
    case 2: cout<<A;
    case 3: cout<<A;
    default: cout<<B;
```

④
```
while (X>3) cout<<A;
cout<<B;
X=X+1;
```

5. (　　) 下列 C/C++ 程式片段之敘述，何者正確？　(3)

① 輸入三個變數　　　　② 找出輸入數值最小值
③ 找出輸入數值最大值　④ 輸出結果為 the out put is:c。

```
int a,b,c;
cin>>a;
cin>>b;
c=a;
if(b>c)
    c=b;
cout<<"the output is:"<<c;
```

6. (　　) 下列何者「不是」C/C++ 語言基本資料型態？　(3)

① void　② int　③ main　④ char。

> 解析　main 是主要 (main) 函式，是指程式執行的起點。

90011 資訊相關職類共用工作項目

7. ( ) 下列何者在 C/C++ 語言中視為 false？ (3)
   ① -100　② -1　③ 0　④ 1。

   解析 true 視為 1，false 視為 0。

8. ( ) 有關 C/C++ 語言中變數及常數之敘述，下列何者「不正確」？ (4)
   ① 變數用來存放資料，以利程式執行，可以是整數、浮點、字串的資料型態
   ② 程式中可以操作、改變變數的值
   ③ 常數存放固定數值，可以是整數、浮點、字串的資料型態
   ④ 程式中可以操作、改變常數值。

9. ( ) 下列 C/C++ 程式片段，何者敘述正確？ (3)
   ① 小括號應該改成大括號
   ② sum=sum+30; 必須使用大括號括起來
   ③ While 應該改成 while
   ④ While (sum <=1000) 之後應該要有分號。
   ```
   While (sum <= 1000)
       sum = sum + 30;
   ```

   解析 建議正確語法如下：
   while (sum<=1000) {sum = sum + 30;}

10. ( ) 有關 C/C++ 語言結構控制語法，下列何者正確？ (3)
    ① while (x > 0) do {y=5;}
    ② for (x < 10) {y=5;}
    ③ while (x > 0 || x < 5) {y=5;}
    ④ do (x > 0) {y=5} while (x < 1)。

    解析 建議正確語法如下：
    (1) while (x > 0) {y=5;}
    (2) while (x < 10) {y=5;}
    (4) do {y=5} while (x < 1);

11. ( ) C/C++語言指令 switch 的流程控制變數「不可以」使用何種資料型態？ (4)
    ① char　② int　③ byte　④ double。

297

12. (　) C/C++ 語言中限定一個主體區塊，使用下列何種符號？ (4)
    ① () ② /**/ ③ "" ④ {}。

13. (　) 下列 C/C++ 程式片段，輸出結果何者正確？ (4)
    ① 1 ② 2 ③ 3 ④ 4。
    ```
    int x =3;
    int a[] = {1,2,3,4};
    int *z;
    z = a;
    z = z + x;
    cout << *z << "\n";
    ```

14. (　) 下列 C/C++ 程式片段，輸出結果何者正確？ (3)
    ① 1 ② 2 ③ 3 ④ 4。
    ```
    int x =3;
    int a[] = {1,2,3,4};
    int *z;
    z = &x;
    cout << *z << "\n";
    ```

15. (　) 下列 C/C++ 程式片段，若 x=2，則 y 值為何？ (4)
    ① 2 ② 3 ③ 7 ④ 9。
    ```
    int y = !(12 < 5 || 3 <= 5 && 3>x)?7:9;
    ```

16. (　) 下列 C/C++ 程式片段，其 x 之輸出結果何者正確？ (3)
    ① 2 ② 3 ③ 4 ④ 5。
    ```
    int x;
    x = (5 <= 3 && 'A' < 'F')?3:4
    ```

17. (　) 下列 C/C++ 程式片段，執行後 x 值為何？ (2)
    ① 0 ② 1 ③ 2 ④ 3。
    ```
    int a=0, b=0, c=0;
    int x=(a<b+4);
    ```

18. (　) 下列 C/C++ 程式片段，f(8,3) 輸出為何？ (2)
    ① 3 ② 5 ③ 8 ④ 11。
    ```
    int (f(int x, int y){
        if(x == y) return 0;
        else return f(x-1, y) +1;
    }
    ```

19. (　　) 對於下列 C/C++ 程式，何者敘述正確？　　(3)
    ① 將 a 及 b 兩矩陣相加後，儲存至 c 矩陣
    ② 若 a[2][2]={{1,2},{3,4}} 及 b[2][2]={{1,0},{2,-3}}，執行結束後 c[2][2]={{5,6},{11,12}}
    ③ 若 a 及 b 均為 2x2 矩陣，最內層 for 迴圈執行 8 次
    ④ 若 a 及 b 均為 2x2 矩陣，最外層 for 迴圈執行 4 次。

    ```
    for (i=0;i<=m-1;i++){
        for (j=0;j<=p-1;j++){
            c[i][j]=0;
            for (k=0;k<=n-1;k++){
                0[i][j]=c[i][j]+a[i][k]*b[k][j];
            }
        }
    }
    ```

20. (　　) 對於下列 C/C++ 程式片段，何者敘述有誤？　　(3)
    ① 程式輸出為 4x+-3y+8=0
    ② 若 (x1,x2) 及 (y1,y2) 視為兩個二維平面座標，程式功能為計算直線方程式
    ③ 若 (x1,x2) 及 (y1,y2) 視為兩個二維平面座標，則直線方程式的斜率為 $\frac{-4}{3}$
    ④ 若 (x1,x2),(y1,y2) 及 (5,4) 視為三個二維平面座標，則會構成一個直角三角形。

    ```
    x1=1;y1=4;
    x2=6;y2=8;
    a=y2-y1;
    b=x2-x1;
    c=-a*x1+b*y1;
    cout<<a<<"x+"<<-b<<"y+"<<c<<"=0";
    ```

    解析 y=(4/3)x+(8/3)，斜率為 4/3。

90011 資訊相關職類共用工作項目 不分級
工作項目五：資訊安全

1. ( ) 有關電腦犯罪之敘述，下列何者「不正確」？ (1)
   ① 犯罪容易察覺　　　　② 採用手法較隱藏
   ③ 高技術性的犯罪活動　④ 與一般傳統犯罪活動不同。

2. ( ) 「訂定災害防治標準作業程序及重要資料的備份」是屬何種時期所做的工作？ (2)
   ① 過渡時期　　　　② 災變前
   ③ 災害發生時　　　④ 災變復原時期。

3. ( ) 下列何者為受僱來嘗試利用各種方法入侵系統，以發覺系統弱點的技術人員？ (2)
   ① 黑帽駭客 (Black Hat Hacker)
   ② 白帽駭客 (White Hat Hacker)
   ③ 電腦蒐證 (Collection of Evidence) 專家
   ④ 密碼學 (Cryptography) 專家。

4. ( ) 下列何種類型的病毒會自行繁衍與擴散？ (1)
   ① 電腦蠕蟲 (Worms)　　② 特洛伊木馬程式 (Trojan Horses)
   ③ 後門程式 (Trap Door)　④ 邏輯炸彈 (Time Bombs)。

5. ( ) 有關對稱性加密法與非對稱性加密法的比較之敘述，下列何者「不正確」？ (3)
   ① 對稱性加密法速度較快
   ② 非對稱性加密法安全性較高
   ③ RSA 屬於對稱性加密法
   ④ 使用非對稱性加密法時，每個人各自擁有一對公開金匙與祕密金匙，欲提供認證性時，使用者將資料用自己的祕密金匙加密送給對方，對方再用相對的公開金匙解密。

   解析 RSA 屬於非對稱性加密法，非對稱是指利用了兩把不同的鑰匙，一把叫公開金鑰，另一把叫私密金鑰，來進行加解密。

300

6. ( ) 下列何種資料備份方式只有儲存當天修改的檔案？ (2)
① 完全備份　② 遞增備份　③ 差異備份　④ 隨機備份。

7. ( ) 下列何種入侵偵測系統 (Intrusion Detection Systems) 是利用特徵 (3)
(Signature) 資料庫及事件比對方式，以偵測可能的攻擊或事件異常？
① 主機導向 (Host-Based)　　② 網路導向 (Network-Based)
③ 知識導向 (Knowledge-Based)　④ 行為導向 (Behavior-Based)。

8. ( ) 下列何種網路攻擊手法是藉由傳遞大量封包至伺服器，導致目標電腦 (4)
的網路或系統資源耗盡，服務暫時中斷或停止，使其正常用戶無法
存取？
① 偷窺 (Sniffers)　　　　② 欺騙 (Spoofing)
③ 垃圾訊息 (Spamming)　　④ 阻斷服務 (Denial of Service)。

9. ( ) 下列何種網路攻擊手法是利用假節點號碼取代有效來源或目的 IP 位址 (2)
之行為？
① 偷窺 (Sniffers)　　　　② 欺騙 (Spoofing)
③ 垃圾資訊 (Spamming)　　④ 阻斷服務 (Denial of Service)。

10. ( ) 有關數位簽章之敘述，下列何者「不正確」？ (4)
① 可提供資料傳輸的安全性　② 可提供認證
③ 有利於電子商務之推動　　④ 可加速資料傳輸。

11. ( ) 下列何者為可正確且及時將資料庫複製於異地之資料庫復原方法？ (4)
① 異動紀錄 (Transaction Logging)　② 遠端日誌 (Remote Journaling)
③ 電子防護 (Electronic Vaulting)　④ 遠端複本 (Remote Mirroring)。

12. ( ) 字母 "B" 的 ASCII 碼以二進位表示為 "01000010"，若電腦傳輸內容為 (1)
"101000010"，以便檢查該字母的正確性，則下列敘述何者正確？
① 使用奇數同位元檢查　　② 使用偶數同位元檢查
③ 使用二進位數檢查　　　④ 不做任何正確性的檢查。

> **解析** 同位元檢查指檢查傳輸資料的位元數中出現 1 的個數。奇數同位元檢查是指傳輸資料中出現 1 是奇數個。

13. (　　) 下列何種方法「不屬於」資訊系統安全的管理？ (4)
    ① 設定每個檔案的存取權限
    ② 每個使用者執行系統時，皆會在系統中留下變動日誌 (Log)
    ③ 不同使用者給予不同權限
    ④ 限制每人使用時間。

14. (　　) 有關資訊中心的安全防護措施之敘述，下列何者「不正確」？ (4)
    ① 重要檔案每天備份三份以上，並分別存放
    ② 加裝穩壓器及不斷電系統
    ③ 設置煙霧及熱度感測器等設備，以防止災害發生
    ④ 雖是不同部門，資料也可以任意交流，以便支援合作，順利完成工作。

    解析 資料的分享及傳遞仍須加以規範。

15. (　　) 有關電腦中心的資訊安全防護措施之敘述，下列何者「不正確」？ (4)
    ① 資訊中心的電源設備必須有穩壓器及不斷電系統
    ② 機房應選用耐火、絕緣、散熱性良好的材料
    ③ 需要資料管制室，做為原始資料的驗收、輸出報表的整理及其他相關資料保管
    ④ 所有備份資料應放在一起以防遺失。

    解析 備份資料應異地保存。

16. (　　) 下列何種檔案類型較不會受到電腦病毒感染？ (4)
    ① 含巨集之檔案　② 執行檔　③ 系統檔　④ 純文字檔。

17. (　　) 有關重要的電腦系統如醫療系統、航空管制系統、戰情管制系統及捷運系統，在設計時通常會考慮當機的回復問題。下列何種方式是一般最常用的做法？ (3)
    ① 隨時準備當機時，立即回復人工作業，並時常加以演習
    ② 裝設自動控制溫度及防災設備，最重要應有 UPS 不斷電配備
    ③ 同時裝設兩套或多套系統，以俾應變當機時之轉換運作
    ④ 與同機型之電腦使用單位或電腦中心訂立應變時之支援合約，以便屆時作支援作業。

18. (　) 有關資料保護措施，下列敘述何者「不正確」？　(4)
　　　① 定期備份資料庫
　　　② 機密檔案由專人保管
　　　③ 留下重要資料的使用紀錄
　　　④ 資料檔案與備份檔案保存在同一磁碟機。

解析 異地保存。

19. (　) 如果一個僱員必須被停職，他的網路存取權應在何時關閉？　(3)
　　　① 停職後一週　　　　　② 停職後二週
　　　③ 給予他停職通知前　　④ 不需關閉。

20. (　) 有關資訊系統安全措施，下列敘述何者「不正確」？　(2)
　　　① 加密保護機密資料
　　　② 系統管理者統一保管使用者密碼
　　　③ 使用者不定期更改密碼
　　　④ 網路公用檔案設定成「唯讀」。

21. (　) 下列何種動作進行時，重新開機可能會造成檔案被破壞？　(4)
　　　① 程式正在計算　　　　② 程式等待使用者輸入資料
　　　③ 程式從磁碟讀取資料　④ 程式正在對磁碟寫資料。

22. (　) 下列何者「不是」資訊安全所考慮的事項？　(2)
　　　① 確保資訊內容的機密性，避免被別人偷窺
　　　② 電腦執行速度
　　　③ 定期做資料備份
　　　④ 確保資料內容的完整性，防止資訊被竄改。

23. (　) 下列何者「不是」數位簽名的功能？　(2)
　　　① 證明信件的來源　　　② 做為信件分類之用
　　　③ 可檢測信件是否遭竄改　④ 發信人無法否認曾發過信件。

24. (　) 在網際網路應用程式服務中，防火牆是一項確保資訊安全的裝置，下列何者「不是」防火牆檢查的對象？　(2)
　　　① 埠號(Port Number)　　② 資料內容
　　　③ 來源端主機位址　　　　④ 目的端主機位址。

25. (　) 有關電腦病毒傳播方式,下列何者正確? (3)
    ① 只要電腦有安裝防毒軟體,就不會感染電腦病毒
    ② 病毒不會透過電子郵件傳送
    ③ 不隨意安裝來路不明的軟體,以降低感染電腦病毒的風險
    ④ 病毒無法透過即時通訊軟體傳遞。

26. (　) 有關電腦病毒之敘述,下列何者正確? (4)
    ① 電腦病毒是一種黴菌,會損害電腦組件
    ② 電腦病毒入侵電腦之後,在關機之後,病毒仍會留在CPU及記憶體中
    ③ 使用偵毒軟體是避免感染電腦病毒的唯一途徑
    ④ 電腦病毒是一種程式,可經由隨身碟、電子郵件、網路散播。

    解析 關機後,電腦病毒隨做電源關閉,CPU或記憶體中的程式立即消失。

27. (　) 有關電腦病毒之特性,下列何者「不正確」? (2)
    ① 具有自我複製之能力
    ② 病毒不須任何執行動作,便能破壞及感染系統
    ③ 病毒會破壞系統之正常運作
    ④ 病毒會寄生在開機程式。

28. (　) 下列何種網路攻擊行為係假冒公司之名義發送偽造的網站連結,以騙取使用者登入並盜取個人資料? (2)
    ① 郵件炸彈　② 網路釣魚　③ 阻絕攻擊　④ 網路謠言。

29. (　) 下列何種密碼設定較安全? (3)
    ① 初始密碼如9999　　　　② 固定密碼如生日
    ③ 隨機亂碼　　　　　　　④ 英文名字。

30. (　) 有關資訊安全之概念,下列何者「不正確」? (3)
    ① 將檔案資料設定密碼保護,只有擁有密碼的人才能使用
    ② 將檔案資料設定存取權限,例如允許讀取,不准寫入
    ③ 將檔案資料設定成公開,任何人都可以使用
    ④ 將檔案資料備份,以備檔案資料被破壞時,可以回存。

31. (　) 下列何種技術可用來過濾並防止網際網路中未經認可的資料進入內部,以維護個人電腦或區域網路的安全? (1)
    ① 防火牆　② 防毒掃描　③ 網路流量控制　④ 位址解析。

32. (　) 網站的網址以「https://」開始,表示該網站具有何種機制? (2)
    ① 使用 SET 安全機制　　② 使用 SSL 安全機制
    ③ 使用 Small Business 機制　　④ 使用 XOOPS 架設機制。

33. (　) 下列何者「不屬於」電腦病毒的特性? (1)
    ① 電腦關機後會自動消失　　② 可隱藏一段時間再發作
    ③ 可附在正常檔案中　　④ 具自我複製的能力。

34. (　) 資訊安全定義之完整性 (Integrity) 係指文件經傳送或儲存過程中,必須證明其內容並未遭到竄改或偽造。下列何者「不是」完整性所涵蓋之範圍? (4)
    ① 可歸責性 (Accountability)　　② 鑑別性 (Authenticity)
    ③ 不可否認性 (Non-Repudiation)　　④ 可靠性 (Reliability)。

35. (　) 「設備防竊、門禁管制及防止破壞設備」是屬於下列何種資訊安全之要求? (1)
    ① 實體安全　② 資料安全　③ 程式安全　④ 系統安全。

解析
- 實體安全:硬體實際設備之安全;如電腦機房地點的選定、建築結構及材料的設計、防火防盜及防災設施的裝設、資訊管線管制、門禁管制、消防設備、媒體出入管制、資訊線路之管制及災害應變計劃、設備定期維護、不斷電系統及穩壓器等。
- 資料安全:(1) 檔案的備份。(2) 檔案保管人與維護人清單。(3) 訂定擷取檔案資料權責。(4) 檔案機密等級分類。(5) 研討檔案遭損壞之風險接受程度。(6) 資料的加密及解密。
- 程式(軟體)安全:模組的變更管理、問題管理、個人電腦硬式磁碟使用管理、網路監控管理、線上傳輸異動代號管理、終端機使用權責管理、依職務制定軟體使用權限、特定人員之專用線路及路線接頭控制、密碼的規則與變更期限都包括在內。
- 系統安全:網路作業系統之安全,設定好網路使用者之使用權限,時常監控網路環境的變化,並且定期備份系統重要資訊、安裝防毒軟體,不使用來源不明資料或軟體;架設備份磁碟機,提供系統復原能力資料。

36. ( ) 「將資料定期備份」是屬於下列何種資訊安全之特性？ (1)
①可用性 ②完整性 ③機密性 ④不可否認性。

> **解析** 現今的資訊安全服務有六大項，身分驗證鑑別性 (Authentication)、機密性 (Confidentiality)、完整性 (Integrity) 與不可否認性 (Non-repudiation)、可用性 (Availability) 及存取控制 (Access Control)。
> 加密技術可保證四種資訊安全服務：身分驗證鑑別性 (Authentication)、機密性 (Confidentiality)、完整性 (Integrity) 與不可否認性 (Non-repudiation)。以外，資料定期備份是提供資訊安全服務項目中的可用性的主要技術。可信賴的作業環境、防火牆系統或 IC 卡提供資訊安全服務項目中的存取控制 (Access Control) 的主要技術。

37. ( ) 有關非對稱式加解密演算法之敘述，下列何者「不正確」？ (3)
① 提供機密性保護功能
② 加解密速度一般較對稱式加解密演算法慢
③ 需將金鑰安全的傳送至對方，才能解密
④ 提供不可否認性功能。

38. ( ) 下列何種機制可允許分散各地的區域網路，透過公共網路安全地連接在一起？ (3)
① WAN ② BAN ③ VPN ④ WSN。

39. ( ) 加密技術「不能」提供下列何種安全服務？ (4)
①鑑別性 ②機密性 ③完整性 ④可用性。

> **解析** 加密技術可保證四種資訊安全服務：身分驗證鑑別性 (Authentication)、機密性 (Confidentiality)、完整性 (Integrity) 與不可否認性 (Non-repudiation)。以外，資料定期備份是提供資訊安全服務項目中的可用性的主要技術。

40. ( ) 有關公開金鑰基礎建設 (Public Key Infrastructure, PKI) 之敘述，下列何者「不正確」？ (2)
① 係基於非對稱式加解密演算法
② 公開金鑰必須對所有人保密
③ 可驗證身分及資料來源
④ 可用私密金鑰簽署將公布之文件。

附 A 錄
考前祕笈及注意事項

1. 抽籤崗位、區段後立刻進入自己崗位，並馬上算出自己的崗位 IP 及子網路遮罩【IP 起始段位子 + 工作崗位號碼】

2. 聽從監評指示，自己在瀏覽器輸入黑板上的伺服器 IP

   例 :192.168.168.168，若無法連線立刻舉手報告監評

   可以連上伺服器後，拆下網路測試線交給服務生。

   * 注意伺服器 IP 及 TCP/IP 是否正確。

3. 檢查材料及工具是否有短缺，等候監評開考時間 - 結束時間 (時間 180 分鐘 =3 小時)

4. 桌上網路線 6 條 (趁手還有力量先做 RJ-45 頭)

   1: 裁剪 0.7 公尺網路線 4 條，並距離網路線頭處寫上編號 ①②③④

   2: 裁剪 1 公尺網路線 1 條，並距離網路線頭處寫上編號 ⑤

   3: 裁剪 3 公尺網路線 1 條，並距離網路線頭處寫上編號 ⑥

   6 條網路線需逐一用網路線測試器測量是否 8 芯線都導通。

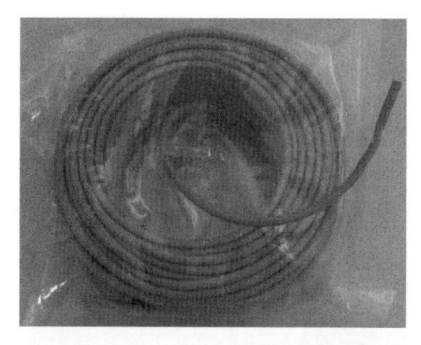

網路線由最內圈中心開始抽取裁剪　　　護套→識別環→識別環→護套

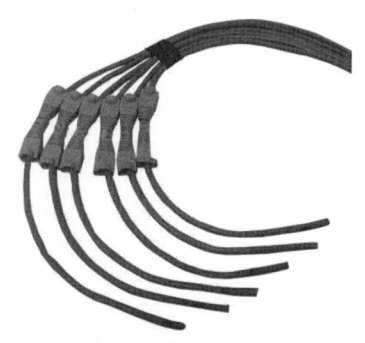

使用 TIA/EIA 568B 製做 12 個 RJ45 接頭　　用網路線測試器測量是否 8 芯線都導通

12 個 RJ-45 頭含護套號碼環共 40 分鐘做完

5. 木板上 5 條線，按照崗位施工圖示施工

　　裁剪網路線並將兩端寫上編號，

　　裁剪 2 條 3 公尺網路線，編號為❶❷

　　裁剪 3 條 2 公尺網路線，編號為❸❹❺

　　補充：正常考試時長度大約裁剪 2 條 5 公尺網路線，編號為❶❷

　　裁剪 3 條 3 公尺網路線，編號為❸❹❺

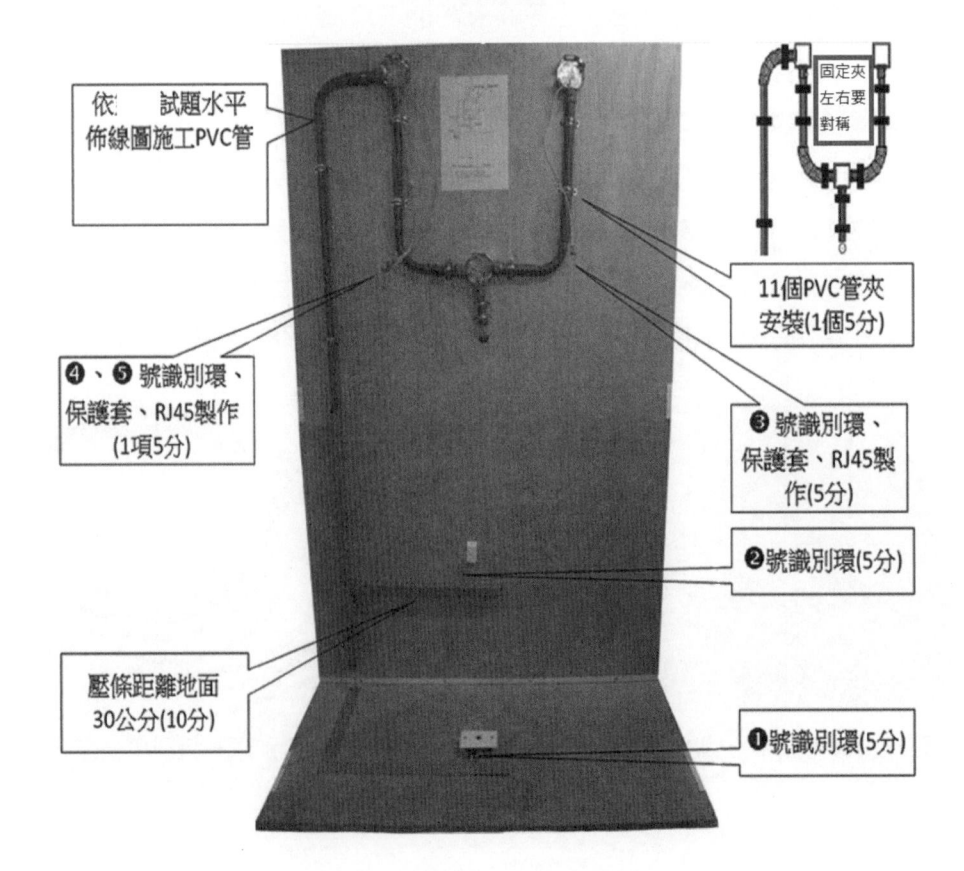

依 試題水平佈線圖施工PVC管

固定夾左右要對稱

11個PVC管夾安裝(1個5分)

❹、❺號識別環、保護套、RJ45製作(1項5分)

❸號識別環、保護套、RJ45製作(5分)

❷號識別環(5分)

壓條距離地面30公分(10分)

❶號識別環(5分)

附錄 A　考前祕笈及注意事項

整合式面板配線架，建議先從 ❺→❹→❸→❷→❶ 順序配線。

* 注意：要先套上號碼識別環。

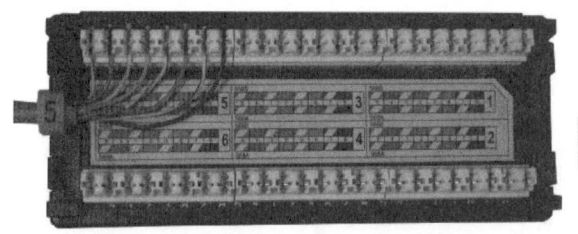

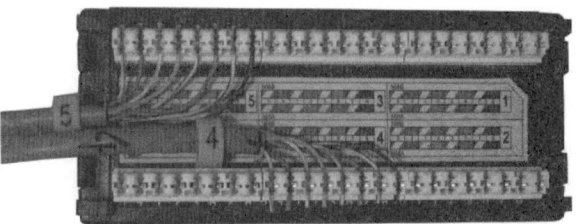

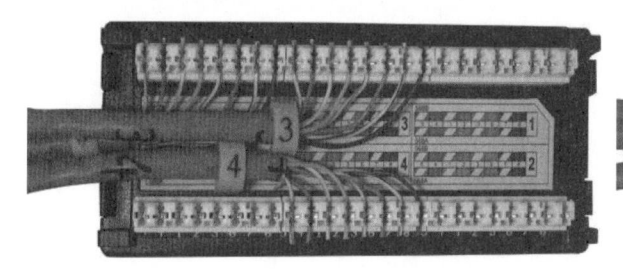

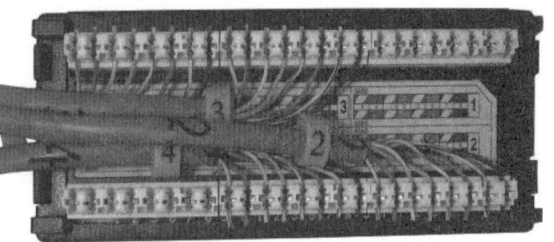

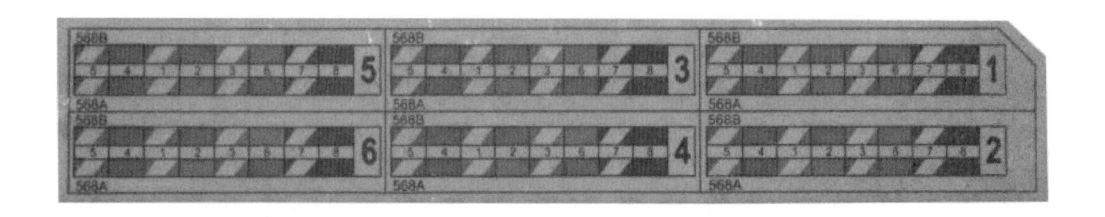

* 注意：上排 568B 色盤緊靠 1、3、5 端子台，依顏色打線即可。

　　　下排 568A 色盤緊靠 2、4、6 端子台，小心不要看錯，應使用 568B 色盤。

附錄 B

網路架設丙級技術士技能檢定術科測試應檢參考資料

壹、技術士技能檢定網路架設丙級術科測試應檢人須知

一、應檢人應攜帶自備工具（請參照檢定應檢人自備工具表）並準時至辦理單位指定報到處辦理報到手續，遲到十五分鐘（含）以上者，以棄權缺考論。

二、由監評人員主持公開抽題（無監評人員親自在場主持抽題時，該場次之測試無效），術科測試現場應準備電腦及印表機相關設備各一套，術科辦理單位依時間配當表辦理抽題，場地試務人員並將電腦設置到抽題操作介面，會同監評人員、應檢人，全程參與抽題，處理電腦操作及列印簽名事項。應檢人依抽題結果進行測試，遲到者或缺席者不得有異議。

三、報到時應攜帶檢定通知單及身分證或其他法定身分證明文件。

四、除規定自備工具及文具，不得攜帶其他任何東西及術科測試應檢參考資料。

五、入場後應依據技能檢定編號到達指定位置，然後將通知單掛在指定位置。

六、依據試題所需檢查材料、工具等。

七、實作中不得與他人交談或代人實作、託人實作。

八、實作中須注意自己的安全及他人安全。

九、向監評人員報驗後，不得作任何更改。

十、功能檢查後將組裝之器材及工作崗位恢復原狀後即離開檢定場，將術科測試通知單交監評人員簽名。

十一、不遵守試場規則或犯嚴重錯誤將危及機具設備安全者，監評人員得令即時停檢並離開檢定場所，並應負責賠償，其檢定結果以不及格論。

貳、技術士技能檢定網路架設丙級術科測試流程表

應檢人報到	1. 應檢人報到。 2. 審驗應檢人相關證件。
⇩	
應檢人進場	1. 應檢人進場。 2. 說明試題、應考須知及檢定場注意事項。 3. 應檢人代表抽籤抽定工作崗位/試題題號。 4. 應檢人代表抽籤IP網路區段及伺服器位址。
⇩	
應檢人檢查器材，並測試網路連線	1. 應檢人檢查器材。 2. 應檢人測試網路連線。
⇩	
應檢人實作	應檢人進行網路架設檢定實作。 檢定時間共計 3 小時。
⇩	
評分	監評人員於現場依序評定成績
⇩	
復原	1. 評分完成後，應檢人員將組裝之器材及工作崗位復原。 2. 經檢查後始得離場。

附錄 B　網路架設丙級技術士技能檢定 術科測試應檢參考資料

參、技術士技能檢定網路架設丙級術科測試應檢人自備工具表

項目	設備名稱	規　　　　　　　　　　　格	單位	數量	備　註
1	夾線工具	Cat.5e UTP 網路線 RJ-45 適用	把	1	
2	壓線工具	壓接 Cat.5e UTP 網路線（Punch Tool）	把	1	
3	十字起子（或電動起子）	8 吋以上	把	1	電工用
4	斜口鉗	5 吋以上	把	1	電子用
5	尖嘴鉗	5 吋以上	把	1	電子用
6	剝線工具	可剝 Cat.5e UTP 網路線	把	1	
7	穿線繩	拉 UTP 網路線用（5 公尺以上）	條	1	
8	簽字筆	油性	支	1	
9	原子筆	藍色或黑色	支	1	
10	捲尺	5 公尺	捲	1	

肆、技術士技能檢定網路架設丙級術科測試試題

試題編號：17200-940301

一、檢定範圍：網路架設（第一題）

二、測試前檢查器材，並測試網路連線階段(共 15 分鐘，不納入評分)：

　　(一) 依場地機具設備表、場地工具表及材料表，檢查機具設備、工具及材料。

　　(二) 預先測試網路連線：依據附圖三檢查個人電腦與伺服器之間連線是否正常，在測試階段伺服器的 IP 位址為 192.168.168.168，應檢人的 IP 位址為 192.168.168.X（X 表示應檢人工作崗位號碼，01-20），網路遮罩設為 255.255.255.0，請應檢人自行檢查工作崗位電腦是否可連上伺服器首頁，無異議者，視同個人電腦及網路連線正常，之後不得再提異議。

三、測試時間：3 小時(不包含測試前器材檢查、測試網路連線階段)

四、試題說明：本試題為從事網路佈線、網路元件安裝及網路應用軟體操作的能力實作測試。請參照附圖一、附圖二、附圖三、附圖四、第一題試題水平佈線圖施工，配接 PVC 管、壓條、接線盒、資訊插座、網路線、整線束線並製作網路跳接線等工作。依據現場抽定之 IP 網路區段及伺服器位址，設定電腦的 TCP/IP 參數，並透過佈放之網路線連接上伺服器首頁。

五、動作要求：

　　(一) 製作四條長 0.5 公尺的 UTP 跳接線，兩端裝設 1～4 號識別號碼環。

　　(二) 製作一條長 1 公尺的 UTP 跳接線，兩端裝設 5 號識別號碼環。

　　(三) 製作一條長 3 公尺的 UTP 跳接線，兩端裝設 6 號識別號碼環。

　　(四) 依照第一題試題水平佈線圖裝配網路導管、管夾、盒接頭及接線盒。（相關位置請參照附圖一工作崗位立體圖、附圖二工作崗位圖）

　　(五) 依照第一題試題水平佈線圖裝配網路線並裝設 1～5 號識別號碼環。

　　(六) 依照第一題試題水平佈線圖安裝資訊插座。

　　(七) 配線架 UTP 線由內而外結線及束線（參照附圖四配線板進線與整線圖）。

　　(八) 網路線路測試。

　　(九) 跳接線連接：使用依動作要求(一)製作之 0.5 公尺長 1～4 號 UTP 跳接線依序

附錄 B　網路架設丙級技術士技能檢定 術科測試應檢參考資料

　　連接配線機架之通訊埠與集線器對應之通訊埠；使用依動作要求(二)製作之 1 公尺長 5 號 UTP 跳接線連接集線器與檢定崗位配置之資訊插座。

(十)　設定電腦 TCP/IP 參數：（*網路區段 IP 位址及伺服器 IP 位址，由監評人員於現場主持抽籤並公佈*）應檢人的 IP 位址為：網路區段起始位址＋工作崗位號碼。

　　例如：第 30 號工作崗位的應檢人，若其網路區段位址為 192.168.1.X/27，伺服器 IP 位址為 192.168.1.188，則其 IP 位址為 192.168.1.160＋30，所以應檢人 IP 位址＝192.168.1.190，網路遮罩為 255.255.255.224，應檢人可依此位址瀏覽伺服器網頁。

(十一) 個人電腦可經由依動作要求(三)製作之 3 公尺長 6 號 UTP 跳接線依次連接每一資訊插座，以網頁瀏覽器瀏覽檢定場伺服器網頁。

(十二) 所有接線依照 TIA/EIA 568A-568A 或 TIA/EAI 568B-568B 標準。

(十三) 請監評人員評分，開始評分即不可修改功能。

(十四) 經評分後依序小心拆除組裝之器材，恢復工作崗位原狀。

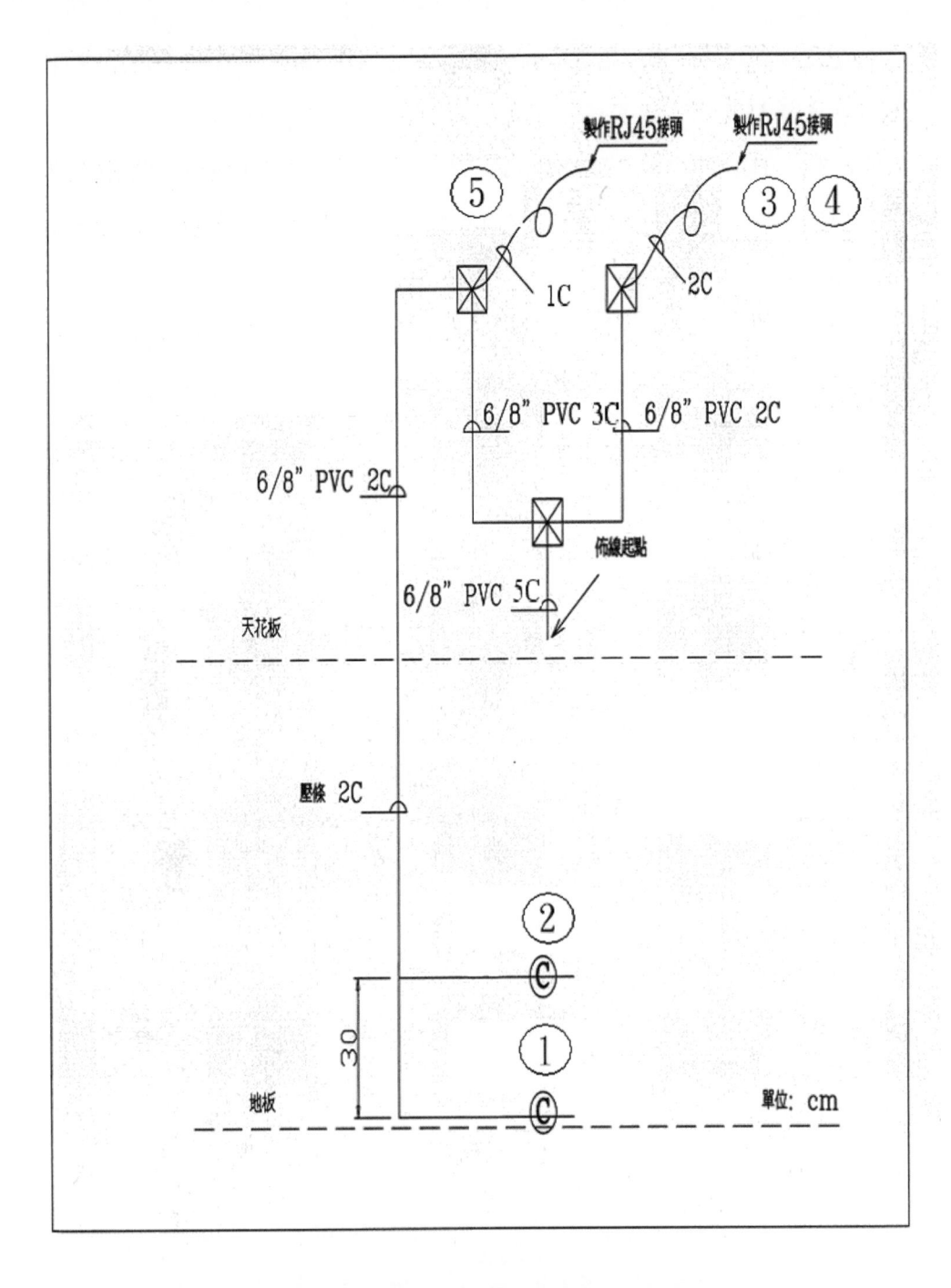

註： 1. 製作 RJ-45UTP 線，須將兩端加套識別環以資識別。

2. 圖中出線的標號與整合式跳接線面板號碼要相互對應。

第一題　試題編號：17200-940301　水平佈線圖

附錄 B　網路架設丙級技術士技能檢定 術科測試應檢參考資料

試題編號：17200-940302

一、檢定範圍：網路架設（第二題）

二、測試前檢查器材，並測試網路連線階段(共 15 分鐘，不納入不評分)：

　　(一)依場地機具設備表、場地工具表及材料表，檢查機具設備、工具及材料。

　　(二) 預先測試網路連線：依據附圖三檢查個人電腦與伺服器之間連線是否正常，在測試階段伺服器的 IP 位址為 192.168.168.168，應檢人的 IP 位址為 192.168.168.X（X 表示應檢人工作崗位號碼，01-20），網路遮罩設為 255.255.255.0，請應檢人自行檢查工作崗位電腦是否可連上伺服器首頁，無異議者，視同個人電腦及網路連線正常，之後不得再提異議。

三、測試時間：3 小時(不包含測試前器材檢查、測試網路連線階段)

四、試題說明：本試題為從事網路佈線、網路元件安裝及網路應用軟體操作的能力實作測試。請參照附圖一、附圖二、附圖三、附圖四、第一題試題水平佈線圖施工，配接 PVC 管、壓條、接線盒、資訊插座、網路線、整線束線並製作網路跳接線等工作。依據現場抽定之 IP 網路區段及伺服器位址，設定電腦的 TCP/IP 參數，並透過佈放之網路線連接上伺服器首頁。

五、動作要求：

　　(一) 製作四條長 0.5 公尺的 UTP 跳接線，兩端裝設 1～4 號識別號碼環。

　　(二) 製作一條長 1 公尺的 UTP 跳接線，兩端裝設 5 號識別號碼環。

　　(三) 製作一條長 3 公尺的 UTP 跳接線，兩端裝設 6 號識別號碼環。

　　(四) 依照第二題試題水平佈線圖裝配網路導管、管夾、盒接頭及接線盒。（相關位置請參照附圖一工作崗位立體圖、附圖二工作崗位圖）

　　(五) 依照第二題試題水平佈線圖裝配網路線並裝設 1～5 號識別號碼環。

　　(六) 依照第二題試題水平佈線圖安裝資訊插座。

　　(七) 配線架 UTP 線由內而外結線及束線（參照附圖四配線板進線與整線圖）。

　　(八) 網路線路測試。

　　(九) 跳接線連接：使用依動作要求(一)製作之 0.5 公尺長 1～4 號 UTP 跳接線依序連接配線機架之通訊埠與集線器對應之通訊埠；使用依動作要求(二)製作之 1

公尺長 5 號 UTP 跳接線連接集線器與檢定崗位配置之資訊插座。

(十) 設定電腦 TCP/IP 參數：（*網路區段 IP 位址及伺服器 IP 位址，由監評人員於現場主持抽籤並公佈*）應檢人的 IP 位址為：網路區段起始位址＋工作崗位號碼。

例如：第 30 號工作崗位的應檢人，若其網路區段位址為 192.168.1.X/27，伺服器 IP 位址為 192.168.1.188，則其 IP 位址為 192.168.1.160＋30，所以應檢人 IP 位址＝192.168.1.190，網路遮罩為 255.255.255.224，應檢人可依此位址瀏覽伺服器網頁。

(十一) 個人電腦可經由依動作要求(三)製作之 3 公尺長 6 號 UTP 跳接線依次連接每一資訊插座，以網頁瀏覽器瀏覽檢定場伺服器網頁。

(十二) 所有接線依照 TIA/EIA 568A-568A 或 TIA/EAI 568B-568B 標準。

(十三) 請監評人員評分，開始評分即不可修改功能。

(十四) 經評分後依序小心拆除組裝之器材，恢復工作崗位原狀。

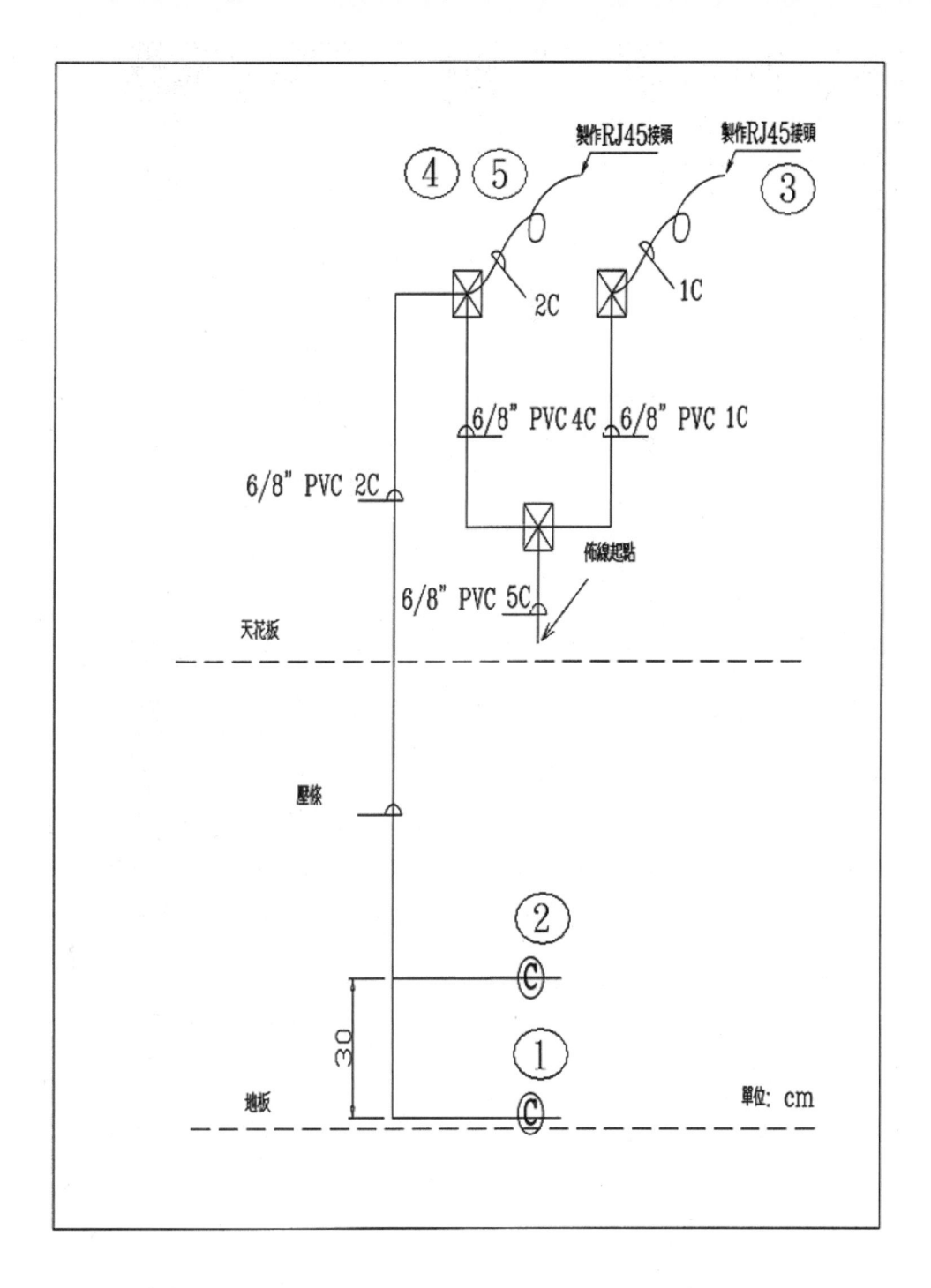

附錄 B　網路架設丙級技術士技能檢定 術科測試應檢參考資料

註： 1. 製作 RJ-45UTP 線，須將兩端加套識別環以資識別。

　　 2. 圖中出線的標號與整合式跳接線面板號碼要相互對應。

第二題　試題編號：17200-940302　水平佈線圖

試題編號：17200-940303

一、檢定範圍：網路架設（第三題）

二、測試前檢查器材，並測試網路連線階段(共 15 分鐘，不納入評分)：

(一) 依場地機具設備表、場地工具表及材料表，檢查機具設備、工具及材料。

(二) 預先測試網路連線：依據附圖三檢查個人電腦與伺服器之間連線是否正常，在測試階段伺服器的 IP 位址為 192.168.168.168，應檢人的 IP 位址為 192.168.168.X（X 表示應檢人工作崗位號碼，01-20），網路遮罩設為 255.255.255.0，請應檢人自行檢查工作崗位電腦是否可連上伺服器首頁，無異議者，視同個人電腦及網路連線正常，之後不得再提異議。

三、測試時間：3 小時(不包含測試前器材檢查、測試網路連線階段)

四、試題說明：本試題為從事網路佈線、網路元件安裝及網路應用軟體操作的能力實作測試。請參照附圖一、附圖二、附圖三、附圖四、第一題試題水平佈線圖施工，配接 PVC 管、壓條、接線盒、資訊插座、網路線、整線束線並製作網路跳接線等工作。依據現場抽定之 IP 網路區段及伺服器位址，設定電腦的 TCP/IP 參數，並透過佈放之網路線連接上伺服器首頁。

五、動作要求：

(一) 製作四條長 0.5 公尺的 UTP 跳接線，兩端裝設 1～4 號識別號碼環。

(二) 製作一條長 1 公尺的 UTP 跳接線，兩端裝設 5 號識別號碼環。

(三) 製作一條長 3 公尺的 UTP 跳接線，兩端裝設 6 號識別號碼環。

(四) 依照第三題試題水平佈線圖裝配網路導管、管夾、盒接頭及接線盒。（相關位置請參照附圖一工作崗位立體圖、附圖二工作崗位圖）

(五) 依照第三題試題水平佈線圖裝配網路線並裝設 1～5 號識別號碼環。

(六) 依照第三題試題水平佈線圖安裝資訊插座。

(七) 配線架 UTP 線由內而外結線及束線（參照附圖四配線板進線與整線圖）。

(八) 網路線路測試。

(九) 跳接線連接：使用依動作要求(一)製作之 0.5 公尺長 1～4 號 UTP 跳接線依序連接配線機架之通訊埠與集線器對應之通訊埠；使用依動作要求(二)製作之 1

附錄 B　網路架設丙級技術士技能檢定 術科測試應檢參考資料

公尺長 5 號 UTP 跳接線連接集線器與檢定崗位配置之資訊插座。

(十)　設定電腦 TCP/IP 參數：(*網路區段 IP 位址及伺服器 IP 位址，由監評人員於現場主持抽籤並公佈*) 應檢人的 IP 位址為：網路區段起始位址＋工作崗位號碼。

例如：第 30 號工作崗位的應檢人，若其網路區段位址為 192.168.1.X/27，伺服器 IP 位址為 192.168.1.188，則其 IP 位址為 192.168.1.160＋30，所以應檢人 IP 位址＝192.168.1.190，網路遮罩為 255.255.255.224，應檢人可依此位址瀏覽伺服器網頁。

(十一) 個人電腦可經由依動作要求(三)製作之 3 公尺長 6 號 UTP 跳接線依次連接每一資訊插座，以網頁瀏覽器瀏覽檢定場伺服器網頁。

(十二) 所有接線依照 TIA/EIA 568A-568A 或 TIA/EAI 568B-568B 標準。

(十三) 請監評人員評分，開始評分即不可修改功能。

(十四) 經評分後依序小心拆除組裝之器材，恢復工作崗位原狀。

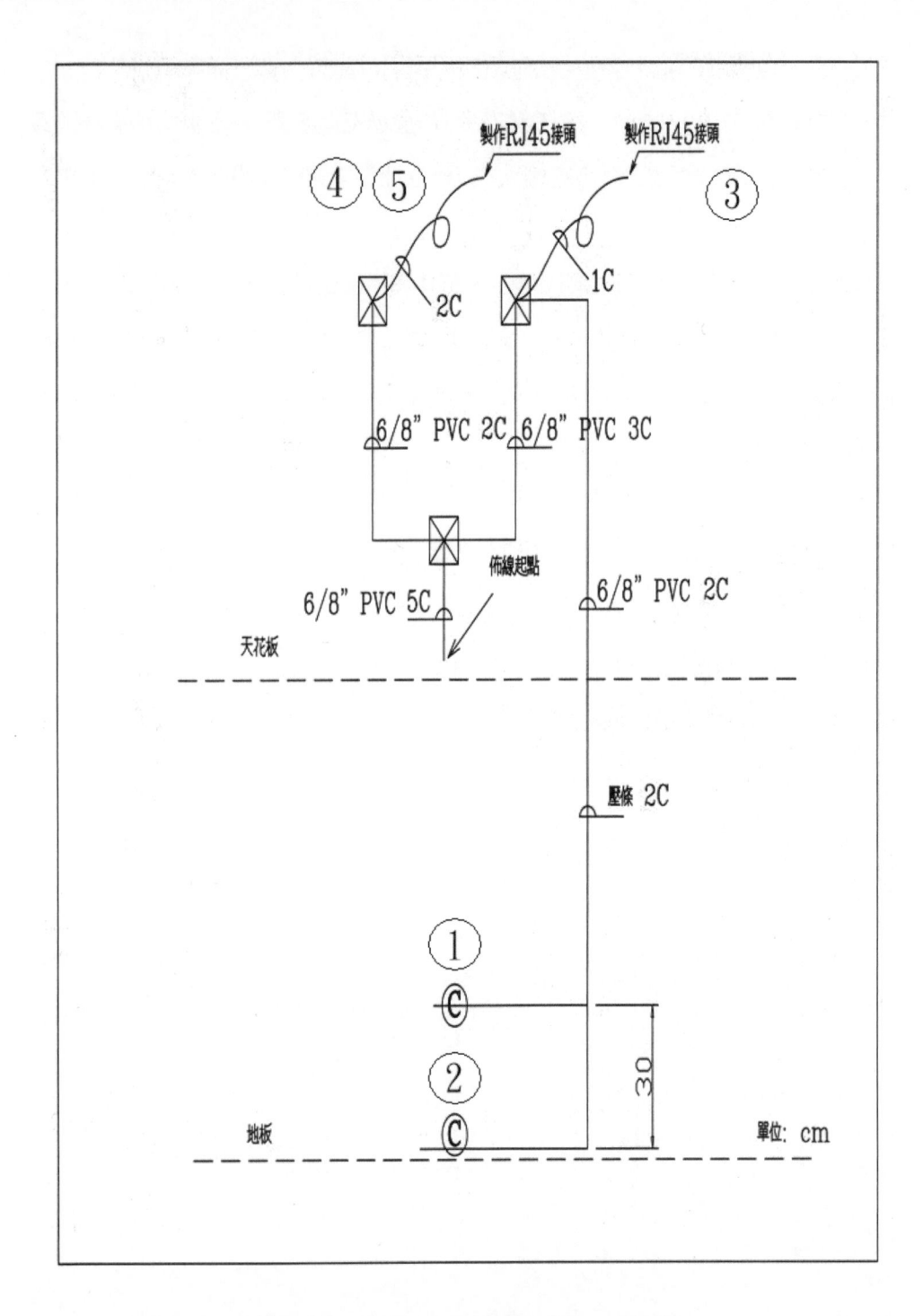

註： 1. 製作 RJ-45UTP 線，須將兩端加套識別環以資識別。
2. 圖中出線的標號與整合式跳接線面板號碼要相互對應。

第三題　試題編號：17200-940303　水平佈線圖

附錄 B　網路架設丙級技術士技能檢定 術科測試應檢參考資料

試題編號：17200-940304

一、檢定範圍：網路架設（第四題）

二、測試前檢查器材，並測試網路連線階段(共 15 分鐘，不納入評分)：

(一) 依場地機具設備表、場地工具表及材料表，檢查機具設備、工具及材料。

(二) 預先測試網路連線：依據附圖三檢查個人電腦與伺服器之間連線是否正常，在測試階段伺服器的 IP 位址為 192.168.168.168，應檢人的 IP 位址為 192.168.168.X（X 表示應檢人工作崗位號碼，01-20），網路遮罩設為 255.255.255.0，請應檢人自行檢查工作崗位電腦是否可連上伺服器首頁，無異議者，視同個人電腦及網路連線正常，之後不得再提異議。

三、測試時間：3 小時(不包含測試前器材檢查、測試網路連線階段)

四、試題說明：本試題為從事網路佈線、網路元件安裝及網路應用軟體操作的能力實作測試。請參照附圖一、附圖二、附圖三、附圖四、第一題試題水平佈線圖施工，配接 PVC 管、壓條、接線盒、資訊插座、網路線、整線束線並製作網路跳接線等工作。依據現場抽定之 IP 網路區段及伺服器位址，設定電腦的 TCP/IP 參數，並透過佈放之網路線連接上伺服器首頁。

五、動作要求：

(一) 製作四條長 0.5 公尺的 UTP 跳接線，兩端裝設 1～4 號識別號碼環。

(二) 製作一條長 1 公尺的 UTP 跳接線，兩端裝設 5 號識別號碼環。

(三) 製作一條長 3 公尺的 UTP 跳接線，兩端裝設 6 號識別號碼環。

(四) 依照第四題試題水平佈線圖裝配網路導管、管夾、盒接頭及接線盒。（相關位置請參照附圖一工作崗位立體圖、附圖二工作崗位圖）

(五) 依照第四題試題水平佈線圖裝配網路線並裝設 1～5 號識別號碼環。

(六) 依照第四題試題水平佈線圖安裝資訊插座。

(七) 配線架 UTP 線由內而外結線及束線（參照附圖四配線板進線與整線圖）。

(八) 網路線路測試。

(九) 跳接線連接：使用依動作要求(一)製作之 0.5 公尺長 1～4 號 UTP 跳接線依序連接配線機架之通訊埠與集線器對應之通訊埠；使用依動作要求(二)製作之 1

公尺長 5 號 UTP 跳接線連接集線器與檢定崗位配置之資訊插座。

(十) 設定電腦 TCP/IP 參數：（*網路區段 IP 位址及伺服器 IP 位址，由監評人員於現場主持抽籤並公佈*）應檢人的 IP 位址為：網路區段起始位址＋工作崗位號碼。

例如：第 30 號工作崗位的應檢人，若其網路區段位址為 192.168.1.X/27，伺服器 IP 位址為 192.168.1.188，則其 IP 位址為 192.168.1.160＋30，所以應檢人 IP 位址＝192.168.1.190，網路遮罩為 255.255.255.224，應檢人可依此位址瀏覽伺服器網頁。

(十一) 個人電腦可經由依動作要求(三)製作之 3 公尺長 6 號 UTP 跳接線依次連接每一資訊插座，以網頁瀏覽器瀏覽檢定場伺服器網頁。

(十二) 所有接線依照 TIA/EIA 568A-568A 或 TIA/EAI 568B-568B 標準。

(十三) 請監評人員評分，開始評分即不可修改功能。

(十四) 經評分後依序小心拆除組裝之器材，恢復工作崗位原狀。

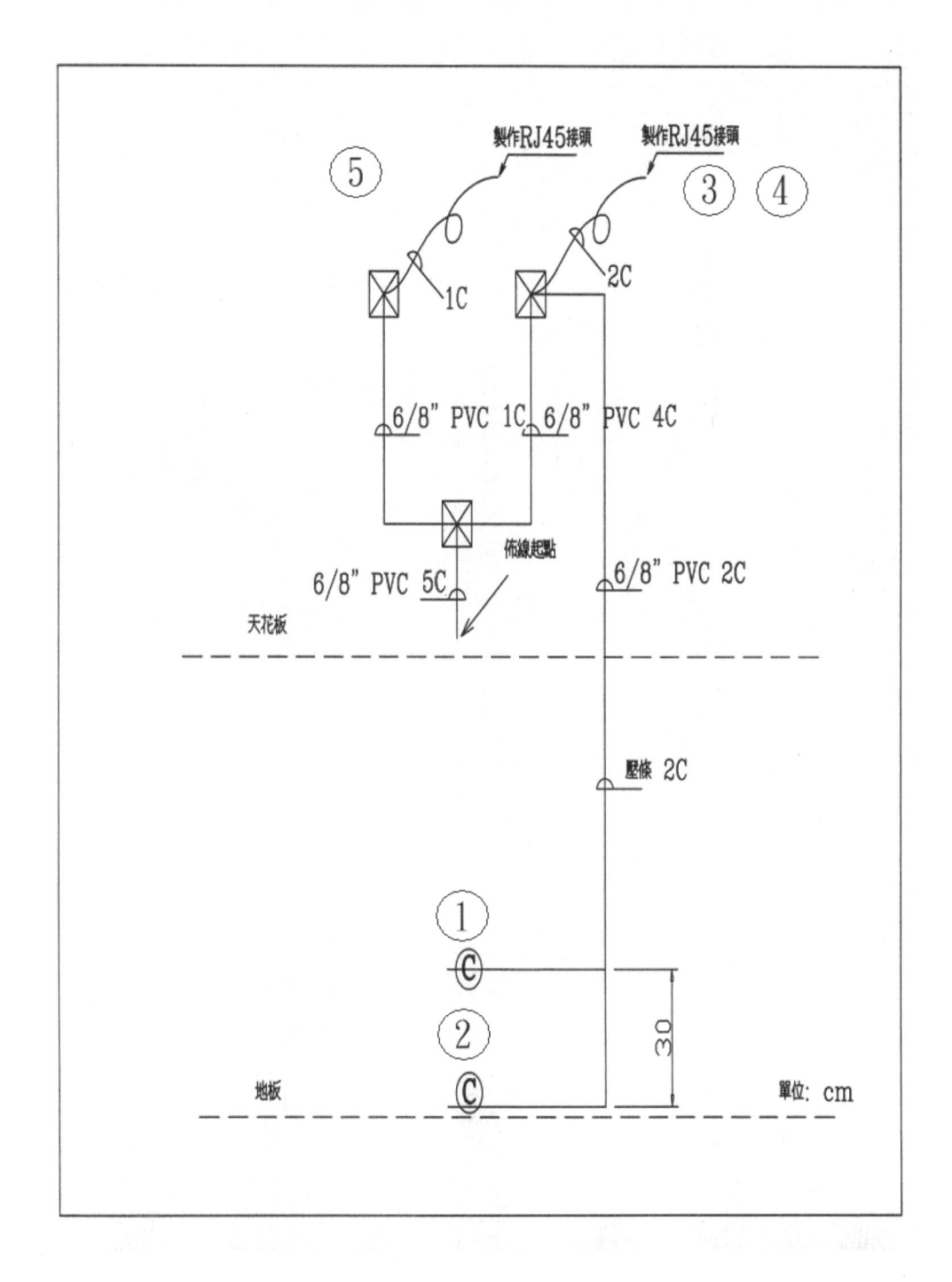

附錄 B　網路架設丙級技術士技能檢定 術科測試應檢參考資料

註： 1. 製作 RJ-45UTP 線，須將兩端加套識別環以資識別。

　　 2. 圖中出線的標號與整合式跳接線面板號碼要相互對應。

第四題　試題編號：17200-940304　水平佈線圖

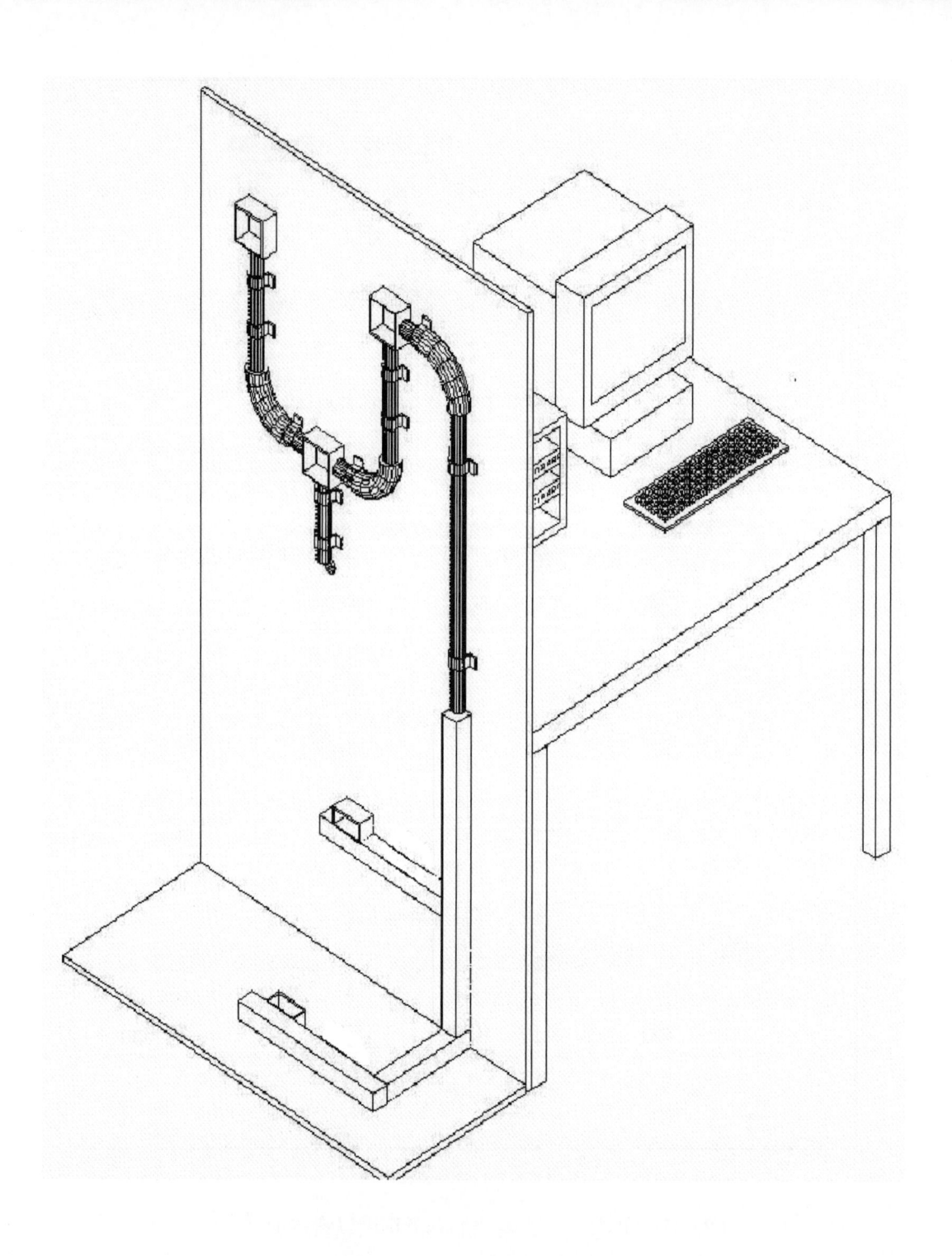

附圖一、工作崗位立體圖

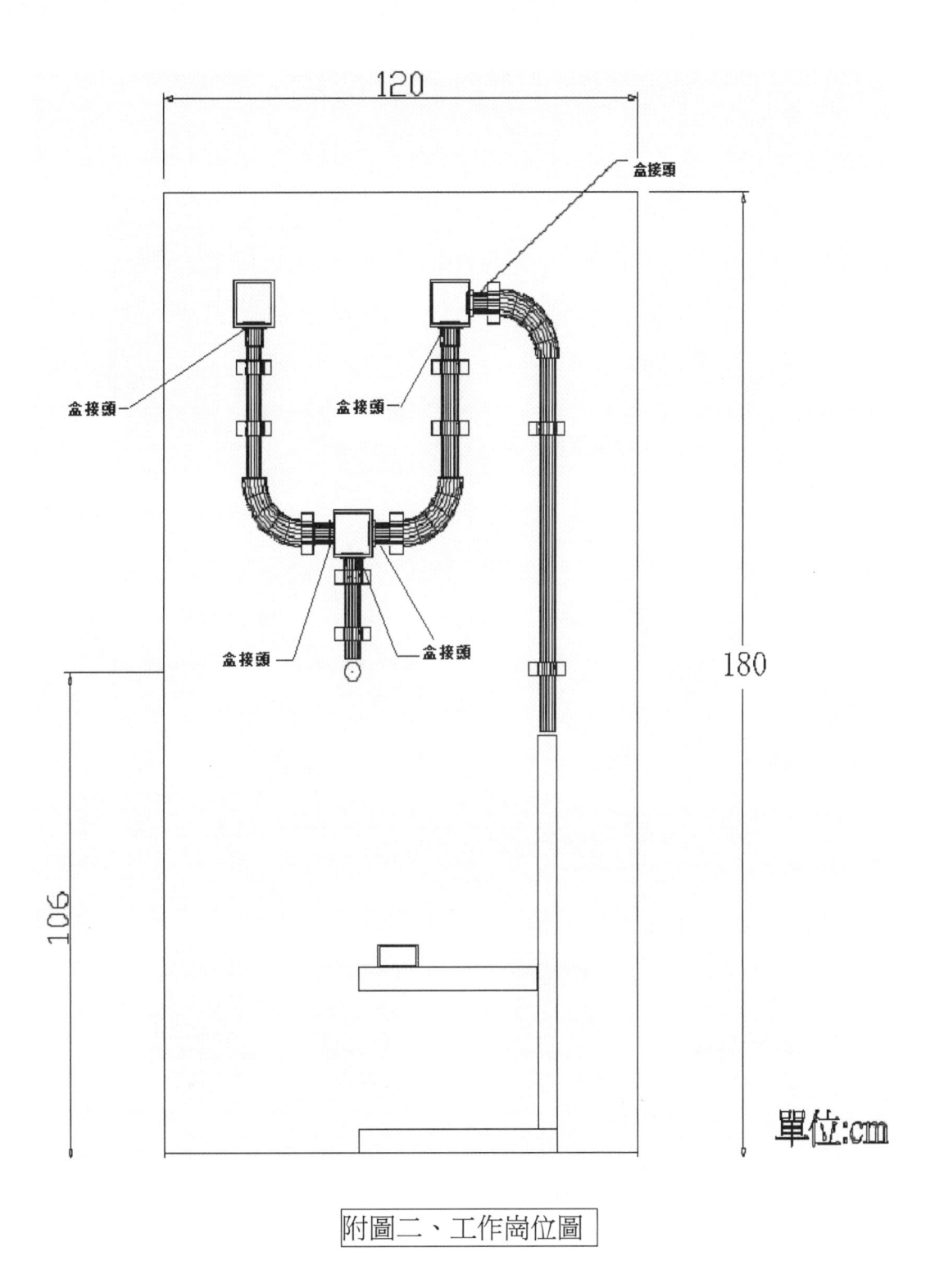

附錄 B　網路架設丙級技術士技能檢定 術科測試應檢參考資料

附圖二、工作崗位圖

單位:cm

網路架設術科測驗邏輯示意圖

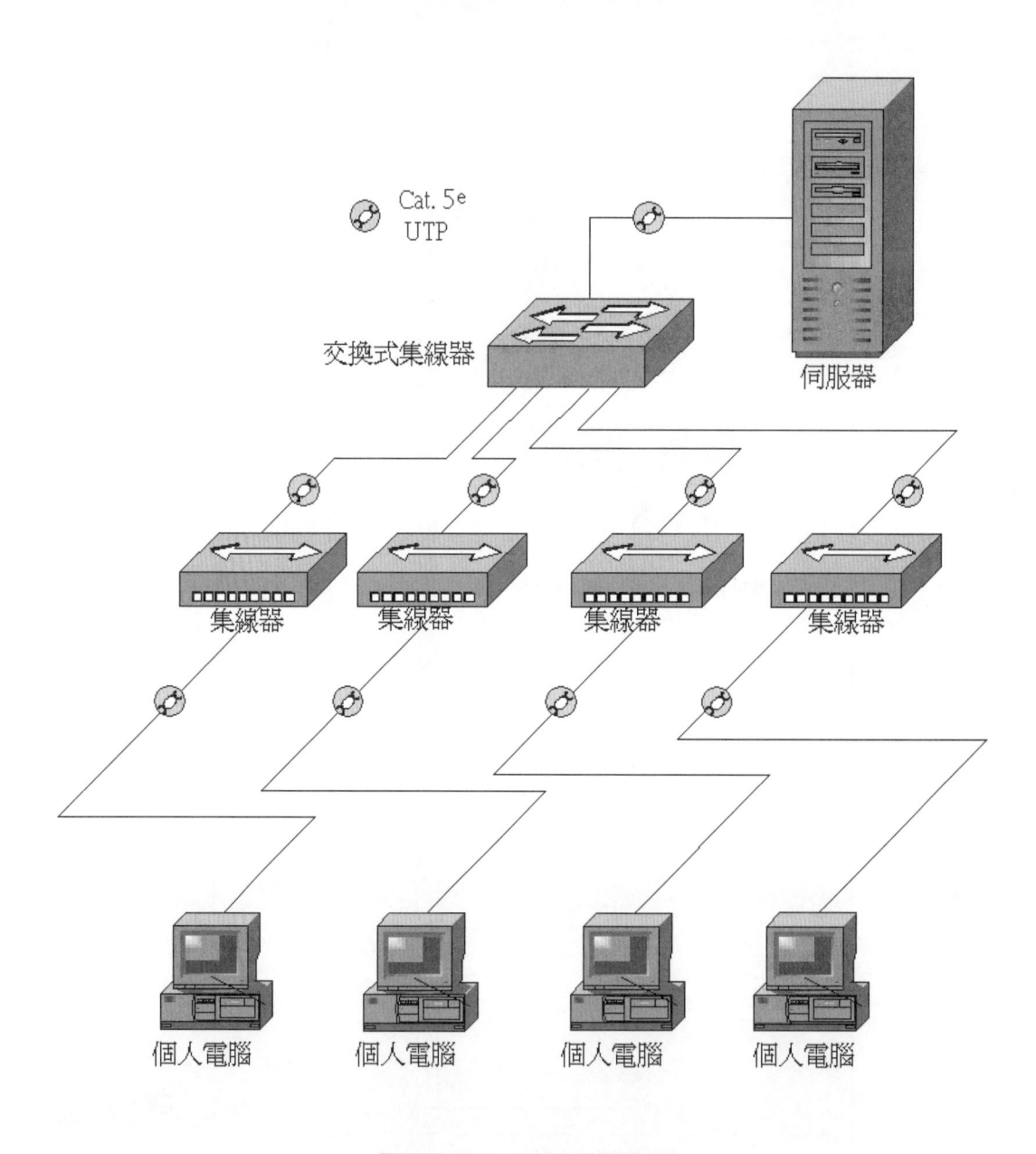

Cat. 5e UTP

交換式集線器

伺服器

集線器　集線器　集線器　集線器

個人電腦　個人電腦　個人電腦　個人電腦

附圖三、邏輯示意圖

附錄 B　網路架設丙級技術士技能檢定 術科測試應檢參考資料

伍、技術士技能檢定網路架設丙級術科測試評審表

檢定日期	＿＿＿年＿＿＿月＿＿＿日	題　　號	第＿＿＿題
准考證編號		總評結果	□及格　□不及格
應檢人姓名		監評長簽名	
檢定崗位號碼		重大缺點應檢人簽名處	
設定子網路遮罩		**設定 IP 位址**	

項目	評審標準		備註
一、有下列任一情形者，以不及格論。		不及格	
重大缺點	1. 未能於規定時間內完成工作或棄權者。		
	2. 未依照試題水平佈線圖示架設網路。		
	3. 個人電腦在所有資訊插座皆無法瀏覽指定伺服器網頁。		
	4. 未注意工作安全致使自身或他人受傷而無法工作者。		
	5. 具有舞弊行為或其他重大錯誤，經監評人員在評分表內登記具體事實，並經監評長認定者。		

二、以下各小項扣分標準依應檢人實作狀況評分，每項之扣分，不得超過最高扣分，採扣分方式，100 分為滿分，0 分為最低分，60 分（含）以上為【及格】。

	扣分標準	每處扣分	最高扣分	實扣分數
一般狀況	IP 位址設定錯誤	25 分	25 分	
	子網路遮罩設定錯誤	25 分	25 分	
	跳接線不通(含有一 RJ-45 接頭未製作之情形)	15 分	60 分	
	資訊插座不通	25 分	50 分	
	管夾、盒接頭、束線未安裝或安裝不良	5 分	40 分	
	網路導管、接線盒未安裝或安裝不良	10 分	40 分	
	線路佈線未依試題動作要求	10 分	50 分	
	識別環未標示或標示不正確	5 分	30 分	
	RJ-45 接頭製作不良或不符合 568A/B 標準	5 分	40 分	
工作態度	1. 工作態度不當或行為影響他人，經糾正仍不改正者	50 分	50 分	
	2. 功能檢查後未將組裝之器材及工作崗位恢復原狀。	10 分	20 分	
	小計（累計扣分）			

監評人員簽名		總分	

使用說明	1. 有重大缺點不及格者，務必請應檢人於重大缺點應檢人簽名處簽名確認。並請監評人員於評審表之備註欄列出錯誤之處所。 2. 小計欄計算實扣分數。

329

陸、技術士技能檢定網路架設丙級術科測試場地機具設備表

項目	設 備 名 稱	規　　　　　　　　　　　　　　　　　格	單位	數量	備註
1	網 路 伺 服 器	1. Pentium III（含）以上或同級品。 2. 記憶體 128MB（含）以上。 3. 硬碟 10GB（含）以上×1。 4. 軟碟 3.5 英吋×1。 5. 光碟機 20 倍速（含）以上。 6. 彩色螢幕 14 吋（含）以上。 7. 鍵盤。 8. 滑鼠。 9. 10/100 Mbps 網路卡。 10. MS Windows 2000 Server（含）以上或同等級作業系統。 11. 網頁首頁。 12. 以上項目需事先安裝完成。	套	2	
2	個 人 電 腦	1. Pentium III（含）以上或同級品。 2. 記憶體 128MB（含）以上。 3. 硬碟 4GB（含）以上×1。 4. 軟碟 3.5 英吋×1。 5. 光碟機 20 倍速（含）以上。 6. 彩色螢幕 14 吋（含）以上。 7. 鍵盤。 8. 滑鼠。 9. 10/100 Mbps 網路卡。 10. 具還原功能的軟體或硬體。 11. MS Windows 2000（含）以上或同等級作業系統。 12. 以上項目需事先安裝完成。	套	22	
3	交換式集線器（Switch）	1. 24 Port（含）以上。 2. 佈設一條 UTP 上連到伺服器。 3. 佈設到每一個檢定崗位一條 UTP 線，且配置一個資訊插座供應檢人連線伺服器。	台	2	
4	集線器（Hub）	具有 8 Port（含）以上，固定在機架上。	台	22	
5	配線機架（Rack）	寬 19 吋，3U（含）以上無背板（Switch 用）。	台	1	
6	配線機架（Rack）	寬 19 吋，3U（含）以上無背板。	台	22	

附錄 B 網路架設丙級技術士技能檢定 術科測試應檢參考資料

項目	設備名稱	規格	單位	數量	備註
7	整合式配線板	寬 19 吋，24 Port（Patch Panel）。	台	22	
8	工 作 板 一	4 尺x6 尺木心板，厚度 5 分（含）以上。	片	22	
9	工 作 板 二	4 尺x2 尺木心板，厚度 5 分（含）以上。	片	22	
10	工 作 區 域	前後左右各 150cm，含工作桌椅。	式	22	
11	測試用跳接線	Cat.5e 或 Cat6 UTP 網路線長 3 公尺，須與應檢人使用之線材不同顏色。	條	1	
12	場 地 佈 置	第一至第十一項需依網路示意圖及工作崗位立體圖完成佈置及測試成功	式	1	
13	網 路 測 試 器	可測試 100 BaseT UTP 網路線	台	22	
14	冷氣空調設備	需 5 噸以上(含)之窗型或箱型，或中央空調	式	1	
15	擴 音 機	麥克風，交直流擴大機可調音量。	套	1	
16	時 鐘	壁掛式	個	1	
17	白 板	3 尺x6 尺（含）以上置於檢定場	個	1	
18	其 他 設 備	依實習工場安全設備規定，如急救包、滅火器等。	式	1	

※承辦檢定場應將符合場地機具設備表之實際機具規格通知應檢人。

柒、技術士技能檢定網路架設丙級術科測試材料表

（每人份）共一頁

	項目	設備名稱	規　　　　　　　　格	單位	數量	備　註
不重複使用材料	1	RJ-45 接頭	Cat.5e（或 Cat.6）	個	17	
	2	護　　套	RJ-45	個	17	
	3	雙　絞　線	Cat.5e（或 Cat.6）	公尺	30	
	4	識　別　環	UTP 雙絞線用（1-6 號/組）	組	4	
	5	管　　夾	六分（PVC 管用）	個	11	
	6	束　線　帶	長度 10 公分以上（可束 10 條（含）以上 UTP 線）	條	10	
	7	螺　　絲	自攻螺絲 M6×20 厘米以上（管夾與接線盒固定用）	個	50	
	8	膠　　帶	寬 1.5 公分	捲	1	電工用
	9	資　訊　插　座	單孔埋入型 RJ-45	個	1	配 17 項
	10	資　訊　插　座	單孔桌上型 RJ-45	個	1	
可重複使用材料	11	PVC 盒接頭	6 分	個	6	PVC 管接線盒用
	12	P V C 管	6 分 × 80 公分	支	1	電工用
	13	P V C 管	6 分 × 10 公分	支	4	電工用
	14	P V C 管	6 分 × 35 公分	支	2	電工用
	15	P V C 彎頭	6 分 6R	個	3	電工用
	16	接　線　盒	八角型（長 97×高 44 厘米）	個	3	出線用
	17	接　線　盒	長方型（長 101×寬 55×高 36 厘米）	個	1	資訊插座用
	18	壓　　條	圓弧（穿過三條 UTP 線以上）1.5 公尺	條	1	地板用
	19	壓　　條	方形（穿過三條 UTP 線以上）1.5 公尺	條	1	牆面用
	20	壓　　條	方形（穿過六條 UTP 線以上）1.5 公尺	條	1	牆面用

※ 應檢人不得將檢定場之設備、工具及材料攜出檢定場。

附錄 B　網路架設丙級技術士技能檢定 術科測試應檢參考資料

捌、技術士技能檢定網路架設職類丙級術科測試時間配當表

每一檢定場，每日排定測試場次為上、下午各 1 場；程序表如下：

時　　　　間	內　　　　　　　　　　　　容	備　註
07:30～08:20	1.監評前協調會議（含監評檢查機具設備）。 2.應檢人報到完成。 3.應檢人代表抽題（含 IP 網路區段及伺服器位址）及工作崗位。 4.場地設備及供料、自備機具及材料等作業說明。 5.測試應注意事項說明。 6.應檢人試題疑義說明。 7.應檢人檢查設備及材料。 8.應檢人測試網路連線。 9.其他事項。	
08:20～11:20	**第一場測試** 應檢人進行網路架設檢定實作，檢定時間共計 3 小時。	
11:20～12:10	監評人員進行評分。	
12:10～13:20	1.監評人員休息用膳時間。 2.檢定場地復原。 3.應檢人報到完成。 4.應檢人代表抽題（含 IP 網路區段及伺服器位址）及工作崗位。 5.場地設備及供料、自備機具及材料等作業說明。 6.測試應注意事項說明。 7.應檢人試題疑義說明。 8.應檢人檢查設備及材料。 9.其他事項。	
13:20～16:20	**第二場測試** 應檢人進行網路架設檢定實作，檢定時間共計 3 小時。	
16:20～17:10	監評人員進行評分。	
17:10～	檢討會（監評人員及術科測試辦理單位視需要召開）。	

技術士技能檢定網路架設丙級技能檢定學術科｜2025 版

作　　者：	胡秋明 / 李成祥
企劃編輯：	郭季柔
文字編輯：	王雅雯
設計裝幀：	張寶莉
發 行 人：	廖文良
發 行 所：	碁峰資訊股份有限公司
地　　址：	台北市南港區三重路 66 號 7 樓之 6
電　　話：	(02)2788-2408
傳　　真：	(02)8192-4433
網　　站：	www.gotop.com.tw
書　　號：	AER062000
版　　次：	2025 年 01 月初版
建議售價：	NT$460

國家圖書館出版品預行編目資料

技術士技能檢定網路架設丙級技能檢定學術科. 2025 版 / 胡秋明,李成祥著. -- 初版. -- 臺北市：碁峰資訊, 2025.01
　面；　公分
ISBN 978-626-324-992-9(平裝)
1.CST：電腦網路　2.CST：考試指南
312.16　　　　　　　　　　　　　　　　113020414

商標聲明：本書所引用之國內外公司各商標、商品名稱、網站畫面，其權利分屬合法註冊公司所有，絕無侵權之意，特此聲明。

版權聲明：本著作物內容僅授權合法持有本書之讀者學習所用，非經本書作者或碁峰資訊股份有限公司正式授權，不得以任何形式複製、抄襲、轉載或透過網路散佈其內容。
版權所有‧翻印必究

本書是根據寫作當時的資料撰寫而成，日後若因資料更新導致與書籍內容有所差異，敬請見諒。若是軟、硬體問題，請您直接與軟、硬體廠商聯絡。